普通高等教育"十一五"国家级规划教材

高职高专系列教材

制冷压缩机与设备

主　编　朱　立

副主编　魏　龙

参　编　方应国　刘佳霓

主　审　匡奕珍

机械工业出版社

本书介绍了各种类型的制冷压缩机与制冷设备的工作原理、零部件的结构以及泵与风机的选型和计算。书中配有适量的图、表供读者参考和使用。

本书是高等职业技术学院"制冷与空调"专业学生的专用教材，也可供从事制冷与空调工作的工人与工程技术人员自学和参考。

本书配有电子教案，**凡选用本书作为教材的教师**可登录机械工业出版社教材服务网 www.cmpedu.com 下载。咨询邮箱：cmpgaozhi@sina.com。咨询电话：010-88379375。

图书在版编目（CIP）数据

制冷压缩机与设备/朱立主编. —北京：机械工业出版社，（2024.1重印）
普通高等教育"十一五"国家级规划教材. 高职高专系列教材
ISBN 978-7-111-16380-0

Ⅰ. 制… Ⅱ. 朱… Ⅲ. 制冷—压缩机—高等学校：技术学院—教材
Ⅳ. TB652

中国版本图书馆 CIP 数据核字（2007）第 089407 号

机械工业出版社（北京市百万庄大街22号　邮政编码100037）
策划编辑：王世刚　于奇慧
责任编辑：张双国　版式设计：冉晓华
责任校对：张晓蓉　责任印制：刘　媛
涿州市般润文化传播有限公司印刷
2024 年 1 月第 1 版第 16 次印刷
184mm×260mm · 18.25 印张 · 448 千字
标准书号：ISBN 978-7-111-16380-0
定价：49.80 元

电话服务　　　　　　　　　网络服务
客服电话：010-88361066　机 工 官 网：www.cmpbook.com
　　　　　010-88379833　机 工 官 博：weibo.com/cmp1952
　　　　　010-68326294　金 书 网：www.golden-book.com
封底无防伪标均为盗版　机工教育服务网：www.cmpedu.com

编 写 说 明

　　随着科技发展、社会进步和人民生活水平的不断提高，制冷与空调设备的应用几乎遍及生产、生活的各个方面。运行和维护制冷与空调设备需要大批专门技术人才，尤其我国加入 WTO，融入国际竞争的大潮，社会对制冷空调设备的安装、维修、管理专业高级技术人才的需求量也愈来愈大。为了满足和适应社会不断增长的需要，全国已有数十所高职高专院校先后开设了"制冷与空调"专业，以加速制冷与空调专业应用型高级技术人才的培养。

　　为了编写出既有行业特色，又有较宽覆盖面，适应性、实用性强的专业教材，我们组织了全国十几所不同行业高职院校具有丰富教学和工程实践经验的教师编写了这套高职高专制冷与空调专业规划教材。书目见封四。

　　本套教材在编写过程中，结合我国制冷与空调专业的发展以及行业对高职高专人才的实际要求，在形式和内容上都进行了有益探索。在专业面向上，既涉及家用、商用制冷与空调设备，又涉及工业制冷空调设备，其覆盖范围广；在内容安排上，既介绍传统的制冷空调原理、方法、设备，又补充了大量的新技术、新工艺、新设备，立足专业最前沿；在课程组织上，基本理论力求深入浅出、通俗易懂，实验、实训力求贴近生产，强调实际、实用；特别强调突出能力培养，体现高职特色，既可作为高职高专院校的专用教材，也可作为社会从业人员岗位培训教材。

　　本套教材编写过程中，得到了有关设计、施工、管理、生产企业和有关专家学者的大力支持。他们提出了许多宝贵意见，提供了大量技术资料和工程实例，使得教材内容更加丰富、详实，在此向他们表示衷心的感谢！

　　由于受理论水平、专业能力和知识面的限制，全套教材中难免有疏漏和错误，恳请广大师生和读者批评指正，以便再版时修订、补充，不断完善和提高。

高职高专制冷与空调专业教材编审委员会

前　言

随着制冷与空调行业的迅速发展，越来越多的高职高专院校新增设了"制冷与空调"专业。而目前适合于高职高专"制冷与空调"专业学生使用的教材又太少。为了适应我国高等职业技术教育的发展需要，由机械工业出版社组织十多所高职院校的教师编写了这套适合于高职高专"制冷与空调"专业学生选用的系列教材。

《制冷压缩机与设备》是这套系列教材中的一本。在编写时根据"制冷与空调"专业教学计划和教学大纲的要求，结合我国制冷和空调行业的发展情况，本教材在内容及章节的处理上，与以往同类教材有较大区别。

本教材教学总学时数为80~90学时，有关章节任课教师可根据具体情况酌情取舍。

本教材由武汉商业服务学院朱立任主编，南京化工机械学院魏龙任副主编。各章的编写分工为：朱立编写绪论、第一章、第二章、第三章、第八章；魏龙编写第四章、第五章、第七章、第十二章；方应国编写第六章；刘佳霓编写第九章、第十章、第十一章。

本教材承匡奕珍教授主审，并在审稿时提出许多宝贵的修改意见，特予致谢。由于编写时间仓促，编者水平有限，书中不足之处，恳望读者指正。

编　者

目　　录

绪　　论

制冷机是依靠消耗外功或外界供给的其他能量将低温热源（低于环境温度的热源）中的热量转移到高温热源（环境温度或更高温度热源）中去的机器。

随着制冷与空调技术的高速发展，制冷机的种类、型式日益增多。特别是"三新"（新技术、新工艺和新材料）的研究、开发和应用，更促使高效节能的新制冷机不断涌现。

制冷机种类很多，如蒸气压缩式制冷机、溴化锂吸收式制冷机、半导体式制冷式、蒸气喷射式制冷机等。各类制冷机由于其不同的特点，适用于不同的场合。如半导体制冷机由于其振动小无污染，在 10W 之下冷量范围内，适于仪器温控或医用；溴化锂吸收式制冷机可以利用发电厂废气热水等做能源，甚至可以利用太阳能辅助加热，近年来在大型空调方面应用日渐增多；压缩式制冷机由于其温度和制冷量的使用范围大，而得以广泛使用。本教材主要介绍蒸气压缩式制冷机。

制冷压缩机在系统中的作用在于：抽吸来自蒸发器的制冷剂蒸气，并提高其温度和压力后，将它排至冷凝器。在冷凝器中，高压过热制冷剂蒸气在冷凝温度下放热冷凝。而后通过节流元件，降压后的气液混合物流向蒸发器，在那里制冷剂液体在蒸发温度下吸热沸腾，变为蒸气后进入压缩机，从而实现了制冷系统中制冷剂的不断循环流动。由此可见，制冷压缩机相当于制冷系统中的"心脏"。

在制冷机中，换热设备占很大的比重，而且在制冷系统中起重要的作用，它们的特性对制冷机的性能具有较大的影响。

制冷机的换热设备是使制冷剂在其中吸收或放出热量的设备，它包括蒸发器、冷凝器和一些辅助换热器等，其共同点是热流体和冷流体在换热器内流动，热量通过壁面从热流体传给冷流体。

蒸发器与冷凝器是制冷系统中主要的热交换设备，用于制冷剂与热源间的换热，同样也用于不同工况下制冷剂、载冷剂间的换热：为了保证制冷系统的正常运行，提高运行的经济性和安全性，在实际制冷循环中，还使用冷却、分离、贮存及保护等辅助设备与制冷压缩机、冷凝器、蒸发器等一起构成完整的制冷系统。

本书将先介绍各种不同类型的制冷压缩机，然后介绍与之配合的蒸发器、冷凝器、节流元件，最后再讲述制冷系统的辅助设备以及泵与风机。

第 一 章

制冷压缩机概述

1

第一节 制冷压缩机的种类及分类

制冷压缩机可根据其工作原理、结构和工作的蒸发温度划分种类，并进行分类。

一、制冷压缩机的种类

制冷压缩机根据其对制冷剂蒸气的压缩热力学原理可以分为容积型和速度型两大类。

1. 容积型压缩机

在容积型压缩机中，一定容积的气体先被吸入到气缸里，继而在气缸中其容积被强制缩小，压力升高，当达到一定压力时气体便被强制从气缸排出。由此可见，容积型压缩机的吸排气过程是间歇进行，其流动并非连续稳定的。

容积型压缩机按其压缩部件的运动特点可分为两种形式：往复活塞式（简称活塞式）和回转式。后者又可根据其压缩机的结构特点分为滚动转子式（简称转子式）、滑片式、螺杆式、涡旋式等。

2. 速度型压缩机

在速度型压缩机中，气体压力的增长是由气体的速度转化而来，即先使吸入的气流获得一定的高速，然后再使之降下来，让其动量转化为气体的压力升高，而后排出。由此可见，速度型压缩机中的压缩过程可以连续地进行，其流动是稳定的。

图 1-1 所示为制冷压缩机分类及其结构示意图。各类压缩机的工作原理、结构特点和工作性能将在以后各章中分别阐述。

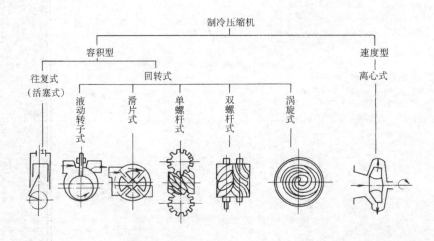

图 1-1 制冷压缩机分类和结构示意图

二、制冷压缩机的分类

1. 按工作的蒸发温度范围分类

对于单级制冷压缩机，一般可按其工作蒸发温度的范围分为高温、中温和低温压缩机三类，但在具体蒸发温度区域的划分上并不统一。下面列举的某些著名压缩机产品沿用的大致工作蒸发温度的分类范围如下：

高温制冷压缩机　　　　–10～0℃；
中温制冷压缩机　　　　–15～0℃；
低温制冷压缩机　　　　–40～–15℃。

2. 按密封结构形式分类

制冷系统中的制冷剂是不容许泄漏的，这意味着系统中凡与制冷剂接触的每个部件对外界都应是密封的。根据制冷压缩机所采取的防泄漏方式和结构，可分为三种不同的形式。

（1）开启式压缩机　图1-2是以活塞式为例的开启式压缩机结构图。压缩机曲轴3的功率输入端伸出压缩机机体之外，再通过传动装置与原动机相连接。在伸出部位要用轴封装置8防止轴段和机体间的泄漏。利用这种轴封装置的隔离作用使原动机独立于制冷剂系统之外的压缩机形式称为开启式压缩机。通常，这种压缩机的制冷量临界状态大。若原动机是电动机，因它与制冷剂和润滑油不接触而无需具备耐制冷剂和耐油的要求。因此，开启式压缩机可用于以氨为工质的制冷系统中。

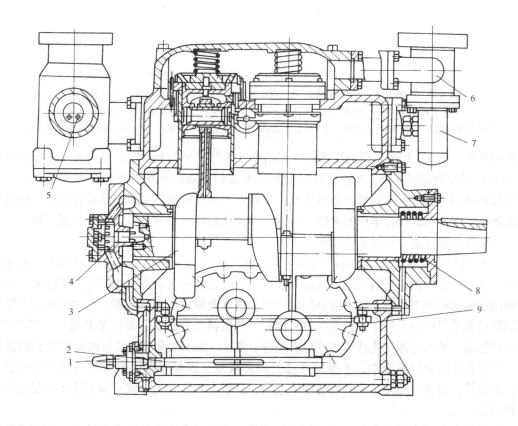

图1-2　开启式压缩机（活塞式）的结构图

1—加油三通阀　2—过滤器　3—曲轴　4—液压泵　5—吸气滤网
6—排气集管　7—安全阀　8—轴封装置　9—供油管

（2）半封闭式压缩机　采用封闭式的结构，把电动机和压缩机连成一整体，装在同一机体内共用一根主轴，因而可以取消开启式压缩机中的轴封装置，避免了由此产生或多或少泄

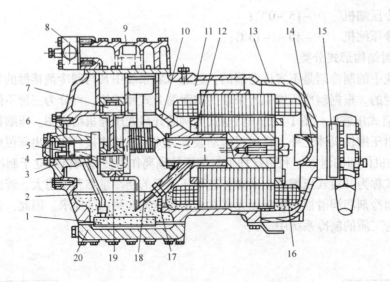

图1-3 半封闭式压缩机（活塞式）的结构图

1—过滤器 2—吸油管 3—端轴承盖 4—液压泵轴承 5—液压泵 6—曲轴 7—活塞连杆组
8—排气截止阀 9—气缸盖 10—曲轴箱 11—电动机室 12—主轴承 13—电动机室端盖
14—吸气过滤器 15—吸气截止阀 16—内置电动机 17—油孔 18—油面 19—油压调节阀 20—底盖

漏的可能性。图1-3是半封闭式压缩机（以活塞式为例）的结构例子。从中可见，电动机室11内充有制冷剂和润滑油，这种与制冷剂和润滑油相接触的电动机被称为内置电动机，其所用材料必须与制冷剂和润滑油相容共处。半封闭式压缩机的另一特点是在其机体上的各种端盖都是用垫片和螺栓拧牢压紧来防止泄漏，因而压缩机内零部件易于拆卸修复更换。半封闭式压缩机的制冷量一般居中等水平。

（3）全封闭式压缩机 全封闭式压缩机也像半封闭式一样，把电动机和压缩机连成一整体，共用一根主轴。它与半封闭式的差异在于，连接在一起的压缩机和电动机组安装在一个密闭的薄壁机壳中，机壳由两部分焊接而成，这样既取消了轴封装置，又大大减轻了整个压缩机的重量且缩小了尺寸。机壳外表只焊有一些吸排气管、工艺管以及其他（如喷液管）必要的管道、输入电源接线柱和压缩机支架等。图1-4所示的全封闭式压缩机电动机组是装在一不能拆开的密封机壳中，不易打开进行内部修理，因而要求这类压缩机的使用可靠性高，寿命长，对整个制冷系统的安装要求也高。这种全封闭结构形式一般用于小冷量制冷压缩机中。

无论是半封闭式还是全封闭式的制冷压缩机，由于氨含有水分时要腐蚀铜，因而都不能用于以氨为工质的制冷系统中。但是，也该看到，基于 CFC_S 和 $HCFC_S$ 的替代和扩大天然制冷剂氨的使用的需要，采用能与氨制冷剂隔离的屏蔽式电动机的半封闭式压缩机已研制成功并获得应用。

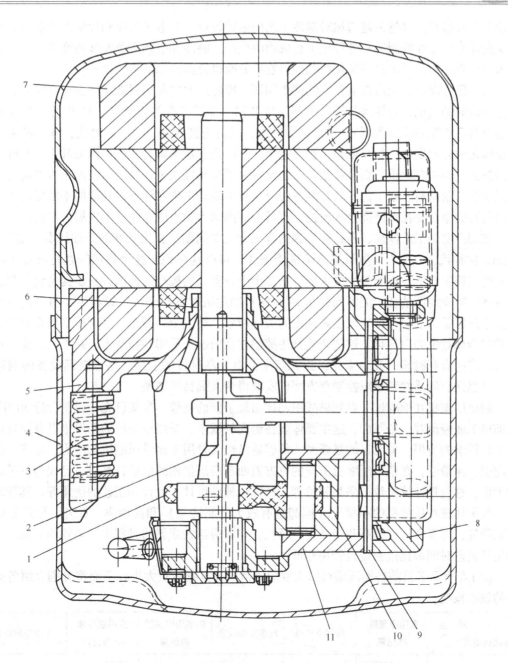

图 1-4 全封闭式压缩机(活塞式)的结构剖面图

1—连杆 2—偏心轴 3—内部支承弹簧 4—机壳 5—电动机座 6—主轴承座
7—内置电动机 8—气缸盖 9—阀板 10—活塞 11—气缸体

第二节 制冷压缩机的发展概况

20 世纪后半叶,制冷和空调产业获得前所未有的高速发展。制冷已成为全球保证食物贮藏供应的基本手段,而空调是当今社会赖以达到工作及生活环境舒适要求的必要手段。从工业生产方面看，也越来越增加对制冷工艺的依赖程度，如电子工业和化学工业必须利用它来实现计算机芯片的制造和各种化工合成物的生产。制冷和空调产业发展的推动力，跟其他技术型产业一样，是来自环境保护和经济发展方面以及新技术进步的要求。

从环保方面看，全球普遍关注的两个问题，即防止大气臭氧层破坏和全球气候变暖，引起世界普遍的重视，并导致各国政府间达成共识，签署了有关协议（1987 年的蒙特利尔协议书及其后相继的修订条例）。从经济方面看，当前正进入知识经济的时代，各国经济亦向着全球化的方向发展，相互依赖，相互竞争，不论是发达国家与发展中国家都面临着许多类似的挑战，如能源涨价、新企业增多，由此带来了全球性竞争。再从新技术进步方面看，新型压缩机、新材料、新工艺、新控制方法以及新工质的出现和计算机功能的不断提高等，都使得已有的企业要耗费巨资投入改造，而另一方面却为新生的企业带来发展的契机。

在制冷空调工业面前，现在所遇到的有三个主要问题。首当其冲的是如何实现 CFC_S 和 $HCFC_S$ 的替代，以免大气臭氧层继续遭受破坏。可以这样说，这个替代问题是近几十年来对制冷空调工业产生影响最大的大事。第二个十分重要的挑战是要求进一步提高设备和系统的效率以减少能源消耗。能源问题在 1970 年石油危机时首次变得尖锐起来，而今进一步强调这个问题是由于对全球气候变暖现象的关注所致。第三个问题是许多制冷空调企业的崛起引发起全球竞争的白热化。这些企业都想捕捉住当前这个采用高新技术、新工艺已变为可行和对经济的有利时机。其结果是，近几年来，由于高科技的引用，制冷空调设备的制造工艺、可靠性、舒适性和噪声控制等方面确实取得令人瞩目的进展。

制冷压缩机在面临这一系列挑战中同样出现了新的突破。事实已充分说明，近 30 年来，压缩机工业经历着一场革命，这主要体现在研究领域中、新型压缩机的开发中以及设计过程中工程科学的应用。最明显的是新型的传感器已经大量用于测量压缩机的压力、温度、振动和应变。而最近，在整个压缩机工业的方方面面都广泛使用的电子计算机，已成为不可缺少的手段，这包括计算机数据采集和整理，计算机辅助设计、设计和工艺的优化等。其带来的总体效果体现在压缩机的小型化（但却拥有较大的制冷量）和高效率。此外，噪声和振动得到降低，可靠性得到提高和寿命得到延长。在取得这些成就的过程中所消耗的开发、设计和生产制造时间都比过去短且费用亦低。

图 1-5 表示了目前各类压缩机的大致应用范围及其制冷量大小。下面将分别介绍各类机器的发展概况。

用途 压缩机型式	家用冷藏箱、冻结箱	房间空调器	汽车空调设备	住宅用空调器和热泵	商用制冷和空调设备	大型空调设备
活 塞 式	100W				200kW	
滚动转子式	100W			10kW		
涡 旋 式		5kW			70kW	
螺 杆 式					150kW	1400kW
离 心 式						350kW 及以上

图 1-5 各类压缩机的应用范围及其制冷量大小

一、活塞式制冷压缩机

活塞式压缩机迄今还是应用最广泛的一种机型，尽管它的市场份额已被其他形式压缩机占去一部分，这是因为后者具有比活塞式机器更好的可靠性、输气系数、压力稳定等性能。因此，可以预料，除了在小制冷量应用场合，活塞式压缩机还会继续扩展其占有的市场。而且，它还在采用新技术来力保自身的市场范围，其方法是应用热力学和流体力学的新成果，采取计算机辅助设计的手段使压缩机的设计、气阀的改进等方面更为合理，对其整体性能的预测更加精确。目前，其性能系数约为 2～2.5W/W（制冷）和 2.9～3.4W/W（空调）。

二、螺杆式制冷压缩机

随着近年来螺杆式压缩机工作可靠性的不断改进，尽管其价格较高，但在中等制冷量范围内的制冷空调工程中还是得到较普遍的应用，并可望取得更广泛的推广；它已开始取代一些较大的活塞式压缩机（小至 50kW，甚至更小些），同时也取代了一些中等冷量的离心式压缩机（大至 1500kW）。它之所以能挤入原来一直由离心式压缩机主宰的领域（350kW～1500kW）是由于其部分负荷时的良好性能，其效率一般可高出 8%～10%；并且没有离心式压缩机所特有的喘振问题。在原来活塞式压缩机所主宰的较小冷量范围内（750kW 以下），螺杆式压缩机是以其较高的可靠性和效率才成功地跻身其中，这是因为其装配零部件少，螺杆型线的最新发展以及螺杆加工精度的提高。另外，它还有尺寸小、重量轻和易于维护保养等优点。

螺杆式压缩机有双螺杆和单螺杆两种基本形式，在我国双螺杆压缩机应用得较为广泛。但在欧洲，使用较多的却是单螺杆压缩机。

三、转子式制冷压缩机

转子式压缩机如今广泛应用于家用电冰箱和空调器中，它从结构上看主要是因为不需用吸气阀而显得可靠性更高。同样的原因亦使它适用于变速运行，在家用空调器中其变速比可达 10:1（从 10～15Hz 到 100～150Hz）。机器的零部件少，尺寸紧凑，重量轻也是它的明显优点。但是也有其受限制的一面，即这种压缩机一旦在其轴承、主轴、滚轮或是滑片处发生磨损，则机器性能迅速恶化。单缸的转子式压缩机在很低转速时的转速不均匀度会增大，因而开发了双缸机来克服这个缺点。

转子式压缩机的研究集中在降低能耗、采用替代工质（如 HFC-134a）、采用新的润滑油、电动机变速控制和降低噪声等方面。其性能系数可达 2.9W/W（制冷）和 3.4W/W（制热）。

四、涡旋式制冷压缩机

数控加工工艺的发展使涡旋式压缩机得以制成并进入市场。随着这种加工工艺的生产率提高，这类压缩机的价格更具有竞争力。尽管它需要有一平动传动机构而使其结构有所复杂化，但它却具有许多潜在的技术优势。机器中没有吸气阀，也可以不带排气阀，从而提高了其可靠性，转速变化范围可增大；还有动力平衡性较好，轴的扭矩较均匀，压力波动小以及较小的振动和噪声。进一步看其性能特点，涡旋式压缩机的输气系数在给定吸气条件下几乎与工况的压力比无关，这是因为它没有如活塞式压缩机的余隙容积损失的缘故。这种特性使它在制冷，空调和热泵应用场合中比活塞式更具有优势。

在制冷应用中，涡旋式压缩机可以用较小的压缩机工作容积在很低的蒸发温度和较高的压力比下提供足够的制冷剂流量，这样，压缩机用同一电动机可在更宽广的工况下高效率地工作。同理，在热泵应用中，在环境气温低及压力比高的情况下，压缩机具有较高的供热能力。在空调应用中，亦会在宽广的环境气温下，减轻电动机的负荷，提高了系统的总效率。

同转子式压缩机一样，相同制冷量的涡旋式压缩机的尺寸要比活塞式压缩机的小。采用了柔性传动机构后可使其忍受液体压缩和杂质侵入的能力有所加强，不致产生过大的性能损失或失效。轴承和其他部件的磨损几乎对压缩机的性能影响很小，工作可靠性提高。

涡旋式压缩机的发展在于扩大其制冷量范围，特别是做成小制冷量的机型、提高效率、使用替代工质和降低制造成本等方面。

五、离心式制冷压缩机

离心式压缩机目前在大冷量范围内（大于 1500kW）仍保持优势，这主要是受益于在这个冷量范围内，它具有无可比拟的系统总效率。离心式压缩机的运动零件少而简单，且其制造精度要比螺杆式压缩机低得多，这些都带来制造费用相对较低且可靠的特点。此外，大型离心式压缩机如应用在工作压力变化范围狭小的场合中，可以避开由喘振所带来的问题。可是，在不久的将来，总合部分负荷值（Integrated part load value）将越来越被重视，从而要求离心式压缩机要在较宽广的应用工况中工作效率高。这对下一代离心式压缩机是一个挑战，要求它不仅在满负荷时的效率保持较高水平，而且要兼顾部分负荷时的效率要求。

由于受到螺杆式压缩机和吸收式制冷机的挑战，离心式压缩机的发展相对来讲近来有所缓慢。

离心式压缩机自 1993 年就开始根据 CFC_S 替代的需要进行重新设计，以使其热力和气动力性能得到更好的改善。目前，在美国和日本已有很多离心式压缩机用 HCFC-123 替代原来的 CFC-11。但 HCFC 的使用终究不是长久之计，因而已有很多离心式压缩机的工质替代转向从 HCFC-22 置换为 HFC-134a 方面，其制冷量范围为 90~1250kW。

六、CFC_S 和 $HCFC_S$ 替代

众所周知，制冷剂的选用是影响压缩机设计的诸多因素中应予高度重视的一个。

为了开发用替代制冷剂的新压缩机，设计者首先遇到两个问题：其一，压缩机必须把其工作容积的尺寸重新划定，以适应不同流量的压力要求；其二，压缩机中与制冷剂接触的各种材料之间的相容性，如合成橡胶和润滑油，必须予以解决。

在过去的历史中，有十余种物质曾被用作制冷剂。二次大战后，除了在大冷量范围内还用氨以外，几乎所有制冷空调领域中都被卤代烃 CFC_S 和 $HCFC_S$ 所主宰。1974 年蒙特利尔协议书中所规定的 CFC_S 替代已在工业化国家中实现，而 $HCFC_S$ 的替代计划将要在 2020 年完成；而对发展中国家，则将分别在 2010 年和 2040 年停用。但是，某些发达国家已准备提前实现。图 1-6 表示了欧洲原来常用的 CFC-11、CFC-12、HCFC-22 和 R502 的应用领域及其可能采用的替代剂（箭头横线之下）。

CFC-11 是一种低压制冷剂，主要用于离心式冷水机组中，其过渡替代剂为 HCFC-123。另外，HFC-245ca 也属低压制冷剂，但它具有可燃性，故而对其减燃方法和毒性尚待研究，而且它的使用不及 CFC-11 和 HCFC-123 效率高。因而，许多企业已改用 HFC-134a 于离心式冷水机组中。

CFC-12 由于它的应用面广和在汽车空调中的泄漏问题，因而是首先考虑要替代的对象。在家用电冰箱和汽车空调中可用 HFC-134a 来替代。用于中温和高温范围里，HFC-134a 具有和 CFC-12 相近的制冷量和效率。但在低于 $-23℃$ 的工况下，则因其制冷量和效率都比

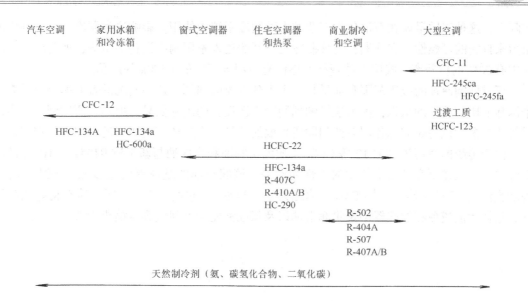

图 1-6 CFC$_S$ 和 HCFC$_S$ 及其可能替代制冷剂的应用领域

CFC-12 低而失去吸引力。虽然 HFC-134a 的臭氧消耗潜能 ODP 值为零，但其全球变暖潜能 GWP 值高达 1300（以 CO_2 的 GWP 值为基准的比较值），从长远考虑，这也会影响其发展使用。

　　HCFC-22 已广泛用于商业制冷及商业和住宅空调及热泵中，其 ODP 值远小于 CFC-11 和 CFC-12 的，仅为 0.055。但其 GWP 值却相当高，约为 1700。正是由于这些原因，已经在欧洲一些国家，如德国，正在被迅速淘汰。已经有好几种混合制冷剂作为 HCFC-22 的替代物。美国制冷协会在其制冷剂替代物的评估计划（AREP）中已推荐了 4 种：HFC-134a、R407C、R410A 和 R410B。但是，其中 HFC-134a 比其他三种制冷量和压力都较小，用它作制冷剂需要对系统作较大的重新设计，故由它来替代 HFCF-22 的可能性似乎最小，但用在较大的冷水机组中的可能性还是存在的。非共沸工质 R407C 很可能是一种对现有机器的"可用"（drop in）替代剂，因它与 HCFC-22 最相近，替代后对系统的设备只需作最小的改动，且采用酸类润滑油来取代矿物油，还应注意适应工质的较大温度滑移（可达 5～7℃）。近共沸工质 R410A 和 R410B 是两种相同的 HFC$_S$ 的混合物，不同的仅是混合比例而已。R410A 适用于分体式小型空调器，但其蒸发压力约为 HCFC-22 的 1.5 倍，因此，用这种工质的系统需要全部重新设计，故仅用于新的制冷空调系统中。经过优化设计的这种系统可使其效率提高 5%。

　　R502 曾广泛用于低温的制冷系统里。AREP 推荐了两种可能的替代物：R404A 和 R507。R404A 具有与 R502 相近的制冷量和效率，但在采用时尤需对系统的部件作较多的试验，特别是压缩机。R507 的混合级份中有一种成分起着阻燃的作用，它与 R502 的性能相似，但在美国还在继续进行毒性试验；可是在欧洲，它已被应用于超市冷冻设备中。

　　在自然界中大量存在着"天然制冷剂"，例如氨、碳氢化合物、二氧化碳等。氨的应用已有百余年的历史，至今还有许多国家将它用在大型工业制冷、食品冷冻冷藏中。但其易燃、易爆、有毒且具有强烈的刺激味，这些限制了它的应用范围。

　　碳氢化合物具有十分好的热力性质和传热特性，它和所有机械材料和油类完全相容。而实际上，这种工质早就在石油化学工业的大型制冷系统中使用。影响这类制冷剂大量推广的阻力来自它的可燃性。在欧洲，这种制冷剂已开始进入家用制冷设备的市场，如德国已在产品中有 90% 的覆盖率。我国电冰箱行业亦已有使用异丁烷的 R600a 的产品。

可燃性制冷剂的应用范围和前景是一个十分重要的问题，这一问题的普遍解决尚需有一个国际上比较统一的认识，因为这影响到制冷空调设备的国际贸易。但是，要做到这一步尚需等待更多的试验研究和各国对此问题所采取的政策，看来还需要相当的时间方见端倪。

由于传统的适用于 CFC-12 等 CFC$_S$ 工质的矿物油和合成油与新工质 R134a 等 HFC$_S$ 的相溶性差，人们遂研究开发出新型的极性润滑油，该润滑油的基体有的是多元酯 POE（称之为酯类油），有的是聚乙二醇 PAG（称之为乙二醇油），它们与 HFC$_S$ 新工质有良好的相溶性，这样才能避免在换热器中聚集润滑油以及保证油能顺利回流到压缩机中去。

第 二 章

活塞式制冷压缩机的基本构造与热力过程

2

第一节 压缩机的基本结构和工作原理

活塞式压缩机广泛应用于中、小型制冷装置中。其结构如图 2-1 所示。图中画出了压缩机的主要零、部件及其组成。压缩机的机体由气缸体 1 和曲轴箱 3 组成。气缸体中装有活塞 5，曲轴箱中装曲轴 2，通过连杆 4 将曲轴和活塞连接起来。在气缸顶部装有吸气阀 9 和排气阀 8，通过吸气腔 10 和排气腔 7 分别与吸气管 11 和排气管 6 相连。当曲轴被原动机带动而旋转时，通过连杆的传动，活塞在气缸内作上、下往复运动，并在吸、排气阀的配合下，完成对制冷剂的吸入、压缩和排出。

压缩机的工作过程，一般都是通过工作循环来说明。为了更方便地了解压缩机的实际工作过程，我们先研究讨论压缩机在理想工作条件下的工作过程即所谓的理想工作过程，即假设无任何容积损失和能量损失的最佳工作过程。因为理想工作过程可以作为衡量压缩机实际工作过程优劣的比较标准，并通过比较所反映出的实际工作过程与理想工作过程之间的差别，来对压缩机的原始设计进行修改，使其日臻完善。

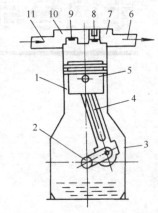

图 2-1 单缸压缩机示意图
1—气缸体 2—曲轴 3—曲轴箱
4—连杆 5—活塞 6—排气管
7—排气腔 8—排气阀 9—吸气阀
10—吸气腔 11—吸气管

一、压缩机的理想工作过程

压缩机的理想工作过程是指其在下列假设情况下压缩机应具备的条件：

1）压缩机没有余隙容积，即压缩机的理论输气量与气缸容积相等，也就是说曲轴旋转一周吸入的气体容积等于气缸的工作容积。

2）吸气与排气过程中没有压力损失。

3）吸气与排气过程中无热量传递，即气体与机件之间不发生热交换，压缩过程为绝热压缩。

4）无漏气损失，机体内高低压气体之间不发生窜漏。

5）无摩擦损失，即运动部件在工作中没有摩擦，因而不消耗摩擦功。

实际上，符合上述理想工作过程条件的压缩机是无法实现的。但它可使我们便于分析研究和用来作为比较实际工作过程的完善程度的标准还是十分有益的。

由以上条件可以看出：理想工作过程不存在任何容积和能量损失，因而对于给定的压缩机来说，其输气量为最大，耗功量为最小。

二、压缩机理想工作过程的组成

压缩机的理想工作过程在 p-V 图上是由三个过程组成的，如图 2-2 所示。

1. 吸气过程

当活塞从最左点 0（外止点）位置向右移动时，缸内容积增大，压力降低，于是吸气管中压力为 p_1 的气体（制冷剂蒸气）顶开吸气阀而进入气缸内，直到活塞行程的最右点 1（内止点）为止，这就是吸气过程（图 2-2a 和 b），活塞处于 0（外止点）时，缸内气体容积为零。吸气过程缸内气体压力不变，如图 2-2b 中的水平线 0—1 所示。

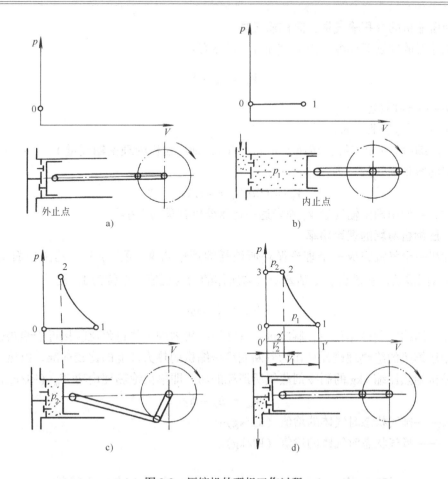

图 2-2　压缩机的理想工作过程

2. 压缩过程

当活塞从点 1（内止点）向左回行时，吸气阀关闭，缸内容积逐渐缩小，被吸入缸内的气体受到压缩，其压力因而逐渐升高，直至点 2，这就是压缩过程。因为在理想条件下气体与机件之间不发生热交换，所以此过程为绝热压缩。压缩过程如图 2-2c 中曲线 1—2 所示。

3. 排气过程

当缸内气体容积减少至 V_2 压力升高到 p_2 时，气体顶开排气阀进入排气管道。活塞继续向左移行，缸内气体容积不断减少，但压力不再升高，直至点 3，此时缸内气体全部排尽，排气阀关闭，这就是排气过程。排气过程如图 2-2d 中的水平线 2—3 所示。

在压缩机的理想工作过程中，排气过程的结束与进气过程的开始是同步进行的（即排气阀的关闭与进气阀的开启是在活塞达到上止点的瞬间同时动作的），由于没有余隙容积，且吸气和排气过程都没有压力损失，所以在此瞬间不但气缸容积为 0，而且我们可认定排气时缸内压力等于排气管内的压力 p_2，吸气时气缸内压力等于吸气管内的压力 p_1。这样，在 p-V 图上就形成由 0—1—2—3—0 组成的一个封闭的环线，称之为压缩机的理想工作循环（图 2-2d）。

三、压缩机的理论输气量

压缩机在单位时间内经过压缩并输送到排气管内的气体，换算到吸气状态下所占有的容积，称为压缩机的容积输气量，简称输气量。

设压缩机的气缸工作容积为 V_p（m^3），显然有：

$$V_p = \frac{\pi}{4} D^2 S$$

式中 D——气缸直径（m）；

S——活塞行程（m）。

假定压缩机有 i 个气缸，转速为 n（r/min），则压缩机的理论输气量 V_h（m^3/h）（理想工作过程的容积输气量）为：

$$V_h = 60inV_p = 47.12inSD^2 \tag{2-1}$$

通常，我们用理论输气量 V_h 来表达一台压缩机容量的大小。

四、压缩机消耗的理论功率

压缩机一个气缸完成一个理论循环所消耗的理论功 W_{th} 可从 p-V 示功图的面积 0—1—2—3—0 所围成的面积求得，令活塞对气体所作的功为正值，单位为 J，则

$$W_{th} = \int_1^2 V \mathrm{d}p \tag{2-2}$$

在蒸气压缩式制冷循环中，制冷剂蒸气在压缩机内的工作过程比较接近于绝热过程。因此，可用压缩机的绝热理论耗功作为判断制冷压缩机的热力性能的比较标准。由热工理论可知，压缩机绝热压缩 1kg 的制冷剂蒸气所消耗的功，即单位绝热理论功 W_{th}（kJ/kg）为

$$W_{th} = h_2 - h_1 \tag{2-3}$$

式中 h_2——排气状态时气体的焓值（kJ/kg）；

h_1——吸气状态时气体的焓值（kJ/kg）。

第二节 压缩机的实际工作过程与输气系数

一、实际工作过程与理想工作过程的差别

上述的理想工作过程是在符合理想工作条件下进行分析研究的。然而，这些理想工作条件在实际工作过程中是无法实现的，因此，压缩机的实际工作过程与理想工作过程存在着很大的差异。其中的主要原因是：压缩机存在着余隙容积；吸气与排气时有压力损失；制冷剂与零部件之间不可避免地存在热交换和摩擦损失以及气体泄漏损失等。这就使压缩机的实际输气量低于理论输气量，并使其实际消耗的功率大于理论功率。

二、实际循环

压缩机的实际工作过程与理论工作过程虽存在着一定的差异，但仍可用 p-V 图来进行分析。由于 p-V 图表达了理论循环耗功 W_{th} 的大小，因此也称之为示功图。

图 2-3 是用示功器测量和记录的某压缩机每往复运动一次，气体在气缸内的压力和容积实际变化情况的图形，因此称为压缩机的实际示功图。我们将其与图 2-4 的压缩机理论示功图相比较就不难发现：其图形不像理论工作过程的那么规则，这是由于上述工作条件的变化而导致的结果。

我们将压缩机压力表上记录的吸气腔（吸气管）内气体压力 p_1 和排气腔（排气管）内气体压力 p_2 画在图上，再将活塞外止点和内止点的位置画上，则坐标原点与活塞外止点的位置

之间的距离表示余隙容积 V_c，活塞外止点与内止点位置之间的距离表示气缸工作容积 V_p。

从图 2-3 可见：压缩机的实际工作过程由以下四个过程所组成的。

1. 吸气过程

由于要克服吸气阀弹簧等阻力，故吸气时气缸内的压力要低于吸管道处的压力，吸气过程方能进行。吸气过程如图 2-3 波浪线 4′—1′所示。

2. 压缩过程（n 为多变压缩指数，$n \neq$ 常数）

当活塞从内止点 1′向左移动，此时吸气阀关闭，缸内气体开始压缩，压力逐渐升高，直至点 2′，此即压缩过程。因制冷剂与气缸壁发生热交换，故此过程为多变压缩过程。压缩过程如图 2-3 曲线 1′—2′所示。

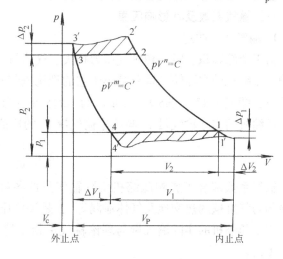

图 2-3　压缩机的实际示功图

3. 排气过程

由于要克服排气阀弹簧等阻力，故只有当蒸气压缩至气缸内的压力大于排气管道处的压力时，排气过程才开始进行。在排气过程中蒸气的压力也是不断波动的，这也可从示功图中清楚地看出。排气过程如图 2-3 中曲线 2′—3′所示。

4. 膨胀过程

当排气终了时，残存在余隙容积内的高压气体使缸内出现了气体的膨胀过程。同样，膨胀过程中的多变膨胀指数 $m \neq$ 常数。膨胀过程如图 2-3 曲线 3′—4′所示。

从图 2-3 中我们可以看出：实际工作过程是由吸气线 4′—1′，压缩线 1′—2′，排气线 2′—3′，余隙容积内气体的膨胀线 3′—4′所组成，其在一个循环中所作的功，则可用这四条过程线所围成的面积来表示。

通过以上分析，将压缩机的实际工作过程与理想工作过程进行比较，就可发现它们在以下几个方面存在差别：

1）由于存在余隙容积，压缩机排气结束后，气缸中有部分高压气体残余在余隙容积内，当活塞下行时，这部分残余的高压气体随之膨胀，占据了一部分气缸工作容积，使压缩机的输气量减少，同时还多了一个膨胀过程。

2）存在吸排气阻力损失，它包括要克服阀片重力、气阀弹簧力和气体的流动阻力，使吸气时气缸内的气体压力要低于吸气腔（吸气管）内的压力，并使进入气缸内的气体比容增大，导致压缩机的输气量减少。另一方面，使排气时气缸内的气体压力要大于排气腔（排气管）内的压力。这样，就使排气结束后残余气体的压力升高，膨胀后气体所占据的气缸工作容积增大，导致压缩机的输气量减少；同时压缩过程加长，耗功量亦增大。

3）气体与气缸壁、活塞等零部件之间存在热交换。进气吸热膨胀，比容增大，使压缩机的输气量减少。而且由于压缩时不是绝热过程，存在热量的损失，亦使耗功量增大。

4）由于密封部件密封不严，机体内高、低压气体之间存在泄漏，也使耗功量增大。

总之，与理想工作过程相比，压缩机实际工作过程的输气量要减少，耗功量要增大。

三、输气系数及其影响因素

1. 输气系数的定义

由于余隙容积、吸气和排气压力损失、气体与气缸壁之间的热量交换以及泄漏等因素的影响，压缩机的实际输气量总是小于它的理论输气量。压缩机的理论输气量用式（2-1）进行计算，即 $V_h = 47.12 inSD^2 \text{ m}^3/\text{h}$。而压缩机的实际输气量，一般只能用实验的方法进行测量。压缩机的实际输气量 V_s 与理论输气量 V_h 的比值，称为压缩机的输气系数 λ，即

$$\lambda = \frac{V_s}{V_h} \tag{2-4}$$

输气系数综合了影响压缩机实际输气量的各种因素（如余隙容积、吸排气压力损失、制冷剂与气缸壁的热交换及气体泄漏等），是评价压缩机性能的一个重要指标，输气系数越小，表示压缩机的实际输气量与理论输气量相差越大。显然，压缩机的输气系数 λ 值总量小于 1 的。

输气系数 λ 可以写成容积系数 λ_V、压力系数 λ_p、温度系数 λ_t 和泄漏系数 λ_l 乘积形式，即

$$\lambda = \lambda_V \lambda_p \lambda_t \lambda_l \tag{2-5}$$

2. 影响输气系数各种因素的分析

下面讨论各种因素对压缩机输气量（输气系数）的影响。

（1）余隙容积的影响——容积系数 λ_V 如图 2-3 所示，由于余隙容积 V_c 的存在，使活塞从上止点位置向下运动时不可能立即吸气，而必须使余隙容积内的气体先膨胀到等于吸入管道中的压力（实际上还要稍低于吸入管道中的压力）。因此，活塞要移到对应于这个位置时才开始吸气。所以，由于余隙容积内残留的气体的膨胀的影响，而使每一次从吸气管道中吸入的新气就相应地减少了，形成了容积损失。这样，与理论过程相比较，吸入的气体量就减少了。

从图 2-3 中可以看出，$3'—4'$ 为余隙中气体的膨胀过程。

现假定制冷剂在余隙容积内的膨胀是按不变的多变指数 m 进行的（实际压缩过程与膨胀过程中的多变指数 m 都是在变化的）。即 m 为定值，则可列出下列公式

$$(p_2 + \Delta p_2)V_c^m = p_1(V_c + \Delta V_1)^m \tag{2-6}$$

$$\Delta V_1 = V_c \left[\left(\frac{p_2 + \Delta p_2}{p_1} \right)^{\frac{1}{m}} - 1 \right] \tag{2-7}$$

其中，V_1 为余隙容积中的气体膨胀到吸入管道内的压力时所占的容积；或者说由于余隙容积的存在，使压缩机的吸（排）气量减少的容积。

考虑到制冷剂在余隙容积内膨胀而引起的压缩机的容积损失，可用容积系数 λ_V 表示。所以容积系数 λ_V 可定义为：实际工作过程中的吸气容积 V_1 与气缸工作容积 V_p 之比。即

$$\lambda_V = \frac{V_1}{V_p} = \frac{V_p - \Delta V_1}{V_p} = 1 - \frac{\Delta V_1}{V_p} \tag{2-8}$$

显然，容积系数 λ_V 反映了由于余隙容积的存在，使气缸工作容积利用率降低的程度。

将式（2-7）代入，可得

$$\lambda_V = 1 - \frac{V_c}{V_p}\left[\left(\frac{p_2 + \Delta p_2}{p_1}\right)^{\frac{1}{m}} - 1\right] = 1 - C\left[\left(\frac{p_2 + \Delta p_2}{p_1}\right)^{\frac{1}{m}} - 1\right] \tag{2-8a}$$

式中　C——相对余隙容积，为余隙容积与气缸工作容积之比值。

即：
$$C = \frac{V_c}{V_p}$$

其中，Δp_2 为排气时的压力损失。对于氨压缩机 $\Delta p_2 = (0.05 \sim 0.07)p_2$；对于氟利昂压缩机，$\Delta p_2 = (0.1 \sim 0.15)p_2$。如忽略 Δp_2 的数值不计，则式（2-8a）可改写为

$$\lambda_V = 1 - C\left[\left(\frac{p_2}{p_1}\right)^{\frac{1}{m}} - 1\right] \tag{2-8b}$$

压缩机的相对余隙容积 C 一般为：大型卧式压缩机 $C = 1.5\% \sim 3\%$；小型卧式压缩机 $C = 5\% \sim 8\%$；立式顺流式压缩机 $C = 3\% \sim 6\%$；我国国产新系列压缩机的 C 值为 4% 左右。

影响容积系数的主要因素有：

1）相对余隙容积 C。从式（2-8b）中可看出，C 值是影响 λ_V 的重要因素，当 C 值增大时，λ_V 就减少。因此在设计压缩机时，在保证机器正常工作的情况下，应尽可能减少相对余隙容积的数值。

2）压力比 p_2/p_1。p_2/p_1 值越大，则 λ_V 越小，甚至若当 C 及 m 值一定时，压力比大到一定程度后 $\lambda_V = 0$，即压缩机的输气量等于 0。从式（2-8b）可求得，当 $C = 0.06$，$m = 1.1$ 时，$\lambda_V = 0$ 的压缩比为：

$$\frac{p_2}{p_1} = \left(\frac{1}{C} + 1\right)^m = \left(\frac{1}{0.06} + 1\right)^{1.1} = 23.4$$

也就是说当压力比为 23.4 时，压缩机的输气量为 0。通常，压力比 p_2/p_1 用 ε 表示。图 2-4 中表示出了压力比 ε 对 λ_V 的影响。

3）多变膨胀指数 m。多变膨胀指数是一个变值，它随制冷的种类以及膨胀过程中气体与接触壁面的热交换情况而变化。计算时为简化起见，常将 m 值看成常数，m 值越大，λ_V 值也越大。对于氨压缩机 $m = 1.1 \sim 1.15$；对于氟利昂压缩机，$m = 1.0 \sim 1.05$。

最后还必须指出：当排气压力损失增大时，也会使 λ_V 的数值降低，由式（2-8a）即可看出这一点。

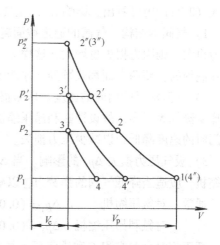

图 2-4　压力比 ε 对 λ_V 的影响

（2）吸气、排气时的压力损失影响——压力系数 λ_p　吸气阀开启时要克服弹簧阻力（压缩弹簧）以及气体流过气阀，由于通道截面较小，流动速度较高，故产生一定的流动阻力，因此吸气过程气缸内气体的压力 p_1' 恒低于吸气管中的压力 p_1，两者相差 Δp_1；同理，排气过程气缸内气体的压力 p_2' 恒高于排气管中的压力 p_2，两者相差 Δp_2；同理图 2-2 中可以看出，由于吸气时的压力损失，使压缩机的吸气量减少，其值为：

$$\Delta V_2 = V_1 - V_2$$

式中 V_1——吸入压力为 p_1 时压缩机吸入的气体容积;

V_2——吸入压力为 p'_1 时压缩机吸入的气体容积。

由于吸气时压力损失而使吸气量减小,可用压力系数 λ_p 来表示。即

$$\lambda_p = \frac{V_2}{V_1} = \frac{V_1 - \Delta V_2}{V_1} = 1 - \frac{\Delta V_2}{V_1} \tag{2-9}$$

如果把吸气过程中制冷剂气体作为理想气体来分析,并假定压缩过程 1′—1 这一小段看作等温过程,由等温过程方程式 p_V = 常数,可知在点 1 和 1′ 这两个状态时,气缸内气体的总容积与压力成反比。即

$$\frac{V_p + V_c - \Delta V_2}{V_p + V_c} = \frac{p'_1}{p_1}$$

整理后得

$$\Delta V_2 = (V_p + V_c)\left(1 - \frac{p'_1}{p_1}\right)$$

将其代入式 (2-9),并用 $V_p \lambda_V$ 代替 V_1,则得:

$$\lambda_p = 1 - \frac{(V_p + V_c)\left(1 - \frac{p'_1}{p_1}\right)}{V_p \lambda_V}$$

即

$$\lambda_p = 1 - \frac{1 + C}{\lambda_V}\left(\frac{\Delta p_1}{p_1}\right) \tag{2-9a}$$

从式 (2-9a) 中可看出,影响 λ_p 的主要因素有以下几个方面:

1) 气阀的结构。气阀的通道截面越小,则阻力损失就越大;阀片的重量大,气阀的弹簧力也大,则阻力损失也增大,这样 λ_p 值就降低。设计时要注意:这两个影响 λ_p 的因素是相互制约的,要两方面都兼顾到,才能收到良好的效果。

2) 气流流经阀门时的速度。压力损失是与气流速度的平方成正比的,氟利昂蒸气的密度比氨蒸气大得多,故设计氟利昂压缩机时,要考虑气阀的通道截面要大一些,使气流通过阀门时的速度降低,以减少压力损失。

3) 吸气压力损失 Δp_1 的影响。当 Δp_1 降低时,λ_p 值也随着下降,因此对低温下工作的压缩机,应适当降低气阀的弹簧力,以减小 Δp_1。

通常,对氨压缩机　　　$\Delta p_1 = (0.03 \sim 0.05)p_1$;

对氟利昂压缩机　$\Delta p_1 = (0.05 \sim 0.10)p_1$。

至于相对余隙容积 C 和排气压力损失 Δp_2 对输气量的影响已在容积系数中讨论过,不予赘述。

从图 2-2 中可以看出,容积损失 ΔV_1 和 ΔV_2 使压缩机吸入气体的容积减少,可用 λ_V 和 λ_p 的乘积来表示,称为压缩机的吸入系数,用 λ_i 来表示,

即

$$\lambda_i = \lambda_V \lambda_p = \frac{V_1}{V_p} \frac{V_2}{V_1} = \frac{V_2}{V_p} \tag{2-10}$$

从式 (2-8b) 和 (2-9a) 可得

$$\lambda_i = \frac{p_1 - \Delta p_1}{p_2} - C\left[\left(\frac{p_2}{p_1}\right)^{\frac{1}{m}} - \frac{p_1 - \Delta p_1}{p_1}\right] \tag{2-10a}$$

（3）气体与气缸壁的热交换的影响——温度系数 λ_t　压缩机在实际工作过程中，无论是压缩过程或膨胀过程都不是绝热过程，而是多变的热交换过程。压缩机运行中，新吸入的气体在压缩和膨胀时，与气缸壁发生复杂的热交换和热传递，每一瞬间在气缸壁上每一点都各不相同。气缸的热惰性（热容量）是较大的，因而在工作过程中它的温度变化较小，而气体的温度都随着气缸内的压力和容积的变化而呈周期性

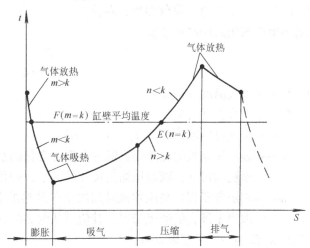

图 2-5　缸内气体温度 t 与活塞行程 S 的关系示意图

变化，图 2-5 表达了缸内气体温度 t 与活塞行程 S 的关系。图中点划线表示出了气缸壁的平均温度。

吸气过程中，因吸入的气体温度低于气缸壁的平均温度，气体受到气缸壁的加热，温度升高。压缩过程开始阶段，气体温度仍低于气缸壁，热量仍由气缸壁传给气体。因此，多变指数大于绝热指数，即 $n > k$。但随着压缩的继续进行，气体温度不断升高，当气体温度升高到与气缸壁温度相等的瞬间，它们之间的热交换停止，此刻 $n = k$（图 2-5 中的点 E）。之后，气体继续被压缩，温度也继续上升而高于气缸壁，此时它向气缸壁放出热量，$n < k$。

膨胀过程中，开始阶段气体温度高于气缸壁的温度，气体向气缸壁放热，多变膨胀指数大于绝热指数，即 $m > k$，气体继续膨胀，当其温度降低到与气缸壁相等的瞬间，热交换停止，$m = k$（图 2-5 中的 F 点）。之后，气体温度低于气缸壁温度，气缸壁向气体放热，$m < k$。

可见，由于气体在吸气过程中，新吸入的气体与气缸壁等机件的接触，吸入了热量，温度升高，使气体的比容增大，吸入气体的质量流量就会减小，可用温度系数 λ_t 来表示。

我们将进入气缸内未被气缸壁加热的气体比容 V_B 与被气缸壁加热以后的气体比容 V_C 的比值定义为温度系数 λ_t，即

$$\lambda_t = \frac{V_B}{V_C} < 1 \tag{2-11}$$

温度系数 λ_t 反映出在吸气过程中气体的温度升高对吸气量的影响程度，其对应值越接近于 1，则吸气过程中损失越小。

温度系数 λ_t 与 λ_v 和 λ_p 不同之处在于 λ_t 是不可能在示功图上表示出来的。这是因为它是由于吸入气体的质量减少而产生的损失，这个损失叫不可见损失。

对于 λ_t 的计算方法，大多采用经验公式，现介绍如下：

对中小型开启式制冷压缩机

$$\lambda_t = 1 - \frac{t_2 - t_1}{740} \qquad (2\text{-}12)$$

式中，t_1 与 t_2 分别为进、排气温度，单位为℃。

对小型全封闭式制冷压缩机

$$\lambda_t = \frac{T_1}{aT_k + b\theta} \qquad (2\text{-}13)$$

式中 T_1——吸气温度（K）；

T_k——冷凝温度（K）；

θ——吸气过热度，$\theta = (T_1 - T_0)$（K）；

a——表示压缩机的温度高低随冷凝温度变化的系数，$a = 1.0 \sim 1.15$，其值取决于压缩机的尺寸，随着压缩机尺寸的减小，a 值趋近于 1.15；

b——表示容积损失与压缩机对周围空气散热的关系的系数，$b = 0.25 \sim 0.80$，主要取决于外壳的通风情况，其值可从图 2-6 中查得。

影响 λ_t 值的一些主要因素有：

1）制冷机的种类。对不同的制冷剂气体有不同的绝热指数 k 值，故压缩终了气体的温度各不相同，因而气缸壁的温度也不同，热交换程度亦各异。此外各种制冷剂的放热系数也不一样，故热交换程度并不同。

2）压缩比 ε 越大时，压缩终了气体温度与吸气温度之差越大，热交换强烈。

3）气缸尺寸、压缩机转速及气缸冷却情况等因素对 λ_t 的影响。对于气缸尺寸大的压缩机，气缸吸热面积相对较小；对于高速压缩机，气体吸热和放热的时间相对缩短，因此它们的温度系数也比较大些。当气缸冷却良好时，压缩过程的多变功指数降低，排气温度也降低，温度系数也就提高。

综上所述，可见温度系数是一个比较复杂的问题。图 2-7 表示了 λ_t 随 ε、t_k 和 t_0 的变化

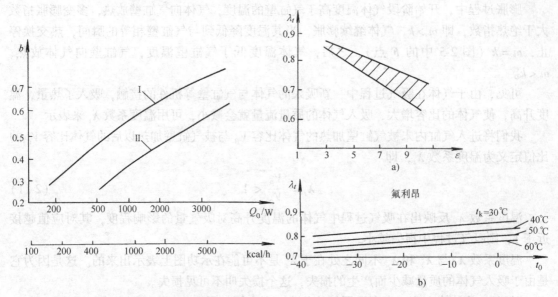

图 2-6 系数 b 与压缩机额定制冷量 Q_0 的关系
Ⅰ—压缩机壳外空气自然对流 Ⅱ—压缩机壳外强制通风

图 2-7 λ_t 随 ε、t_k 和 t_0 的变化关系
a）开启式氨压缩机 b）全封闭式压缩机

关系。

（4）压缩机的泄漏影响——泄漏系数 λ_l　由于压缩机吸排气阀关闭不严密或滞后，以及活塞环与气缸壁之间的间隙，引起制冷剂蒸气从高压侧漏向低压侧，造成压缩机工作时的容积损失，这可用泄漏系数 λ_l 来表示。它与压缩机的制造质量，运转时的磨损程度及压缩比的大小有关。λ_l 的数值也不能在示功图中直接测出。

由于现代加工技术的飞速发展，产品质量不断提高，因此压缩机的泄漏量是很小的，故 λ_l 值一般都很高，推荐 $\lambda_l = 0.97 \sim 0.99$。

四、输气系数的求法

上面我们对压缩机输气系数的四个组成部分进行了分析，并在讨论中提及过，即

$$\lambda = \lambda_V \lambda_p \lambda_t \lambda_l \tag{2-14}$$

在计算 λ 时，首先要对这四个系数进行分析，分清主次。一般说来，压力系数 λ_p 和泄漏系数 λ_l 不但数值较大（均趋近于1），而且变化范围也较小，是比较次要的因素；反之，容积系数 λ_V 和温度系数 λ_t 对 λ 的影响较大，因而是起主要的作用因素。

由于影响压缩机输气系数的因素很多，所以要想准确无误地得出其数值，是一件十分复杂和困难的工作，为了计算实际 λ 值，人们常采用各种不同的简便的方法，常用的有：

1. 图示法

制冷剂为氨和氟利昂单级压缩机的输气系数见图2-8、图2-9、图2-10；配组式双级制冷低压级氨压缩机的输气系数见图 2-11，可分别根据不同的蒸发温度 t_0、冷凝温度 t_k 和中间温度 t_m 以及不同的制冷剂从图中查取输气系数 λ 值。若要查取配组式双级制冷高压级的氨压缩机的输气系数 λ 值，则可把图 2-8 中的蒸发温度 t_0 换成中间温度 t_m 来查取。

2. 经验公式

经验公式是根据对两级制冷压缩机试验结果整理出

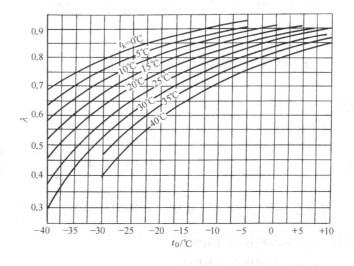

图 2-8　氨单级制冷压缩机的输气系数 λ 值

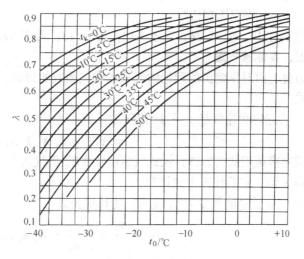

图 2-9　R12单级制冷压缩机的输气系数 λ 值

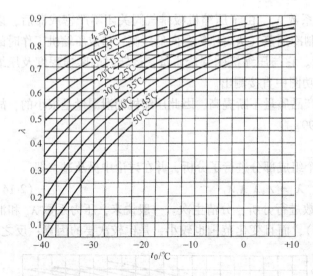

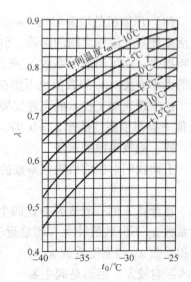

图 2-10　R 22单级制冷压缩机的输气系数 λ 值　　　图 2-11　氨双级压缩低压机的
输气系数 λ 值

来的。

对于高压级

$$\lambda = 0.94 - 0.085 \left[\left(\frac{p_k}{p_m} \right)^{\frac{1}{n}} - 1 \right] \tag{2-15}$$

对于低压级　　$$\lambda = 0.94 - 0.085 \left[\left(\frac{p_m}{p_0 - p_1} \right)^{\frac{1}{n}} - 1 \right] \tag{2-16}$$

式中　p_k——冷凝压力（MPa）。

p_m——中间压力（MPa）。

p_0——蒸发压力（MPa）。

n——多变压缩指数。

对于 R717，$n = 1.28$；对于 R12，$n = 1.13$；对于 R22，$n = 1.18$。

五、实际输气量

通过上面对压缩机的理论输气量和输气系数的讨论。我们就不难得出其实际输气量的计算公式。

1. 实际容积输气量 V_s 的计算公式

$$V_s = \lambda V_h = \lambda_V \lambda_p \lambda_t \lambda_l V_h \tag{2-17}$$

或直接运用式（2-15）及式（2-16）中的 值代入上式即可。当然也可从图 2-8 ~ 图 2-10 中查得 λ 值，然后代入上式计算。

2. 实际质量输气量 G_s（kg/h）的计算公式

$$G_s = \frac{V_s}{v_1} = \lambda \frac{V_h}{v_1} = \lambda_V \lambda_p \lambda_t \lambda_l \frac{V_h}{v_1} \tag{2-18}$$

式中　v_1——吸气状态下的气体比容（m³/kg）。

第三节　压缩机的制冷量、功率和效率

一、压缩机的制冷量

压缩机是作为制冷机中一重要组成部分而与系统中其他部件，如热交换器，节流装置等配合工作而获得制冷的效果。因此，它的工作能力有必要直观地用单位时间内所产生的冷量——制冷量 Q_0 来表示，单位为 kW，它是制冷压缩机的重要性能指标之一。

在给定工况下压缩机的制冷量 Q_0（kW）可用下式计算。即

$$Q_0 = G_s q_0 = \lambda V_h q_v \tag{2-19}$$

式中　G_s——压缩机的实际质量输气量（kg/h）；

$\quad\quad q_0$——制冷工质在给定工况下的单位质量制冷量（kJ/kg）；

$\quad\quad \lambda$——输气系数；

$\quad\quad V_h$——理论容积输气量（m³/h）；

$\quad\quad q_v$——制冷工质在给定工况下的单位容积制冷量（kJ/m³）。

为了便于比较和选用，有必要根据其不同的使用条件规定统一的工况来表示压缩机的制冷量，表 2-1 和表 2-2 列出了我国有关国家标准所规定的不同形式的单级小型活塞式制冷压缩机的名义工况。在此工况下，压缩机按照规定条件进行实验，并作为性能比较的基准工况。

表 2-1　有机制冷剂压缩机名义工况　　　（单位：℃）

类　　型	吸入压力饱和温度	排出压力饱和温度	吸入温度	环境温度
高　温	7.2	54.1[1]	18.3	35
	7.2	18.9[2]	18.3	35
中　温	-6.7	48.9	18.3	35
低　温	-31.7	10.6	18.3	35

注：表中工况制冷剂液体的过冷度为0℃。

　①为高冷凝压力工况。

　②为低冷凝压力工况。

表 2-2　无机制冷剂压缩机名义工况　　　（单位：℃）

类　　型	吸入压力饱和温度	排出压力饱和温度	吸入温度	制冷剂液体温度	环境温度
中低温	-13	30	-10	25	32

二、指示功率和指示效率

单位时间内实际循环所消耗的指示功就是压缩机的指示功率 N_i，单位为 kW，它等于

$$N_i = \frac{in W_i}{60 \times 100} \tag{2-20}$$

式中　W_i——每一气缸或工作容积的实际循环指示功（J）。

制冷压缩机的指示效率 η_i 是指压缩 1kg 工质所需的等熵循环理论功 w_{ts}（单位为 J/kg）与实际循环指示功 w_i（单位为 J/kg）之比。

$$\eta_i = \frac{w_{ts}}{w_i} = \frac{N_{ts}}{N_i} \qquad (2-21)$$

式中 N_{ts}——压缩机按等熵压缩理论循环工作所需功率，单位为 kW。

η_i——压缩机的指示功率用以评价压缩机气缸或工作容积内部热力过程完成的完善程度。可用下面的经验公式计算

$$\eta_i = \lambda_t + bt_0 \qquad (2-22)$$

三、轴功率、轴效率、机械效率

由原动机传到压缩机主轴上的功率称为轴功率 N_e，单位为 kW。它的一部分，即指示功率 N_i 直接用于完成压缩机的工作循环，另一部分，即摩擦功率 N_m，单位为 kW，用于压缩机中各运动部件的摩擦阻力和驱动附属的设备，如润滑用液压泵等。

$$N_e = N_i + N_m \qquad (2-23)$$

轴效率 η_e 是等熵压缩理论功率与轴功率之比，用它可以评价主轴输入功率的利用完善程度，较适用于开启式压缩机。

$$\eta_e = N_{ts}/N_e \qquad (2-24)$$

机械效率 η_m 是指示功率和轴功率之比，用它可评价压缩机摩擦损耗的大小程度。

$$\eta_m = N_i/N_e \qquad (2-25)$$

由式 (2-21)、式 (2-24) 和式 (2-25) 可得

$$\eta_e = \eta_i \eta_m \qquad (2-26)$$

四、电功率和电效率

输入电动机的功率就是压缩机所消耗的电功率 N_{ei}，单位为 kW。电效率 η_{ei} 是等熵压缩理论功率与电功率之比，它是用以评价利用电动机输入功率的完善程度。

$$\eta_{ei} = N_{ts}/N_{ei} \qquad (2-27)$$

对于封闭式制冷压缩机，其电动机转子直接装在压缩机的主轴上，所以电效率较为适用。

$$\eta_{ei} = \eta_i \eta_m \eta_{m0} \qquad (2-28)$$

五、性能系数

为了最终衡量制冷压缩机的动力经济性，采用性能系数 COP（Coefficient of performance），它是在一定工况下制冷压缩机的制冷量与所消耗功率之比。对于开启式压缩机，其性能系数 COP_e（单位为 W/W）为

$$COP_e = Q_0/N_e \qquad (2-29)$$

对于封闭式压缩机，其性能系数为

$$COP_{ei} = Q_0/N_{ei} \qquad (2-30)$$

性能系数也有另一种名称——单位输入功率制冷量，其定义相同。

六、电动机功率选配

压缩机的电动机功率，一般按最大轴功率工况计算选配。考虑到电网电压的变化和非正常工况等因素的影响，电动机应有 10% ~ 15% 的储备功率，故配用电动机的功率 N_{mo}（kW）为

$$N_{mo} = (1.1 \sim 1.15)N_e \qquad (2-31)$$

式中 N_e——最大功率工况下的轴功率（kW）。

还需说明，制冷压缩机所需的轴功率随工况的变化而变化。因此在电动机功率的选配上，若仅考虑起动时最大功率工况而按最大轴功率计算，则对于经常在较低蒸发温度下工作的压缩机，其电动机的效率很低，造成装机容量和电力的浪费。为了合理地解决这个问题，对于制冷量大的开启式制冷压缩机，按其常用的工况范围分为几挡，分别选配不同功率的电动机。

第四节　压缩机的运行特性曲线和运行界限

一、运行特性曲线

压缩机的运行特性是指在规定的工作范围内运行时，压缩机的制冷量和功率随工况变化的关系。

当一台压缩机其转数 n 不变时，其理论输气量是不变的，但由于工作温度的变化，其单位质量制冷量 q_0，以及 W_i 和 G_S 是变化的，因此制冷压缩机的制冷量 Q_0 及轴功率 N_e 等性能指标也要发生相应的变化。

为了确定制冷压缩机的性能，压缩机的制造厂家对其所生产的各种类型的压缩机都要在实验台上，针对某种制冷剂和一定的工作转速测试出在不同的工况下的制冷量和轴功率，并据此绘制出压缩机的性能曲线。即在不同的冷凝温度下，压缩机的制冷量和轴功率对蒸发温度的关系曲线。为了减少影响因素，在每一测定工况下，都使制冷剂的供液过冷度和吸气过热度保持某一固定数值。制冷压缩机的使用说明书中一般都附有这种性能曲线。我们可以根据运行工况从中方便查出压缩机在不同工况下的制冷量和轴功率。

图 2-12、图 2-13 和图 2-14 分别表示了属于同一系列的三台制冷压缩机的运行特性曲线。

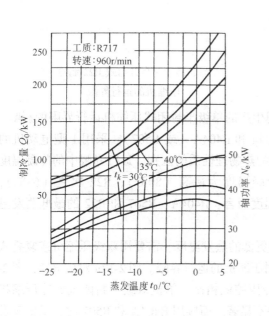

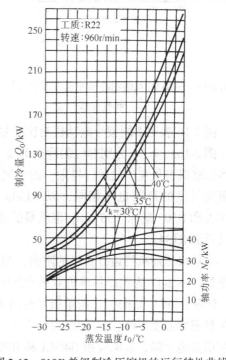

图 2-12　810A 单级制冷压缩机的运行特性曲线　　图 2-13　810F 单级制冷压缩机的运行特性曲线

压缩机的特性曲线虽各异，但其随工况变化的规律是相同的。

由特性曲线可见：当蒸发温度一定时，随着冷凝温度的上升，制冷量减少，而轴功率增大；当冷凝温度一定时，随着蒸发温度的下降，制冷量减少。

通过特性曲线，可以较方便地求出压缩机在不同工况下的性能系数，它的数值也是随冷凝温度和蒸发温度而变化的。

二、运行界限

运行界限是压缩机运行时蒸发温度和冷凝温度的界限。图 2-15 就是运行界限的通常表示方法。其中线条 1—2、5—6 受限于最低和最高蒸发温度；2—3 受限于最高排气温度；3—4 受限于最大压力差；4—5 受限于最高冷凝温度。

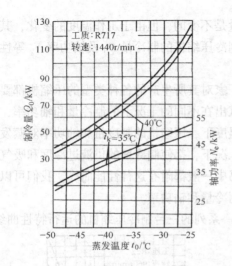

图 2-14 S810AC 双级制冷压缩机（长行程）的
运行特性曲线

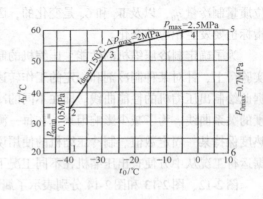

图 2-15 一台开启式 R22 制冷
压缩机的运行界限

图 2-16 表明不同型号电动机对比泽尔公司生产的单级半封闭式压缩机运行界限的影响。

图 2-16a、b、c 分别对应制冷剂 R22、R134a 和 R404A（或 R507）。采用 1 型电动机的制冷压缩机有更宽广的运行界限。由于制冷剂的热物理性质的区别，运行界限中的冷凝温度和蒸发温度的范围也不相同，以 R134a 的冷凝温度为最高（80℃），R22 次之（63℃），R404A 和 R507 最低（55℃）；但就最低蒸发温度而言，R404A、R507 和 R22 的最低蒸发温度又低于 R134a。

受单级压缩机的运行界限的限制，为达到更低的蒸发温度，需要用双级压缩机或复叠式压缩机。图 2-17 为比泽尔单机双级半封闭式制压缩机的运行界限。图 2-17a 对应 R22，图 2-17b 对应 R404A 和 R507。与单级半封闭式制冷压缩机相比，单机双级半封闭式制冷压缩机的最低蒸发温度下降，但应用 R22 时，下降并不显著。而应用 R404A 和 R507 时，最低蒸发温度明显地下降，表明应用 R404A 和 R507 的单机双级制冷压缩机更适用于低温工况。

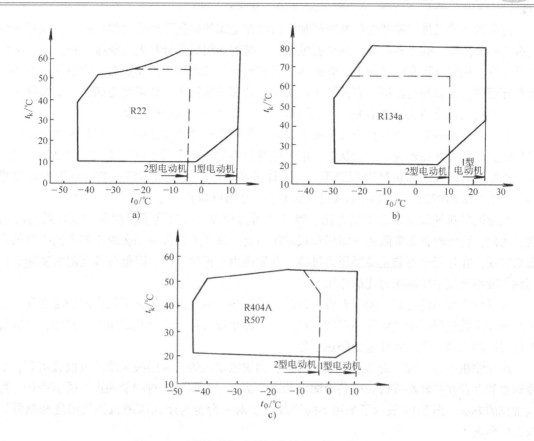

图 2-16 比泽尔单级半封闭式制冷压缩机的运行界限

a) R22 工质 b) R134a 工质 c) R404A 和 R507 工质

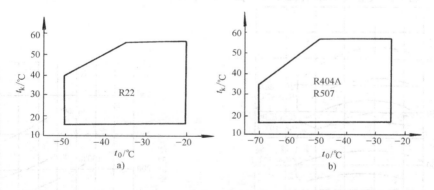

图 2-17 比泽尔单机双级半封闭式制冷压缩机的运行界限

a) R22 工质 b) R404A 和 R507 工质

第五节 压缩机的排气温度

制冷压缩机的排气温度过高会引起压缩机的过热,它对压缩机的工作有严重的影响。

压缩机的过热会降低其输气系数和增加能耗。润滑油粘度会因此而降低,使轴承产生异常的摩擦损坏,甚至引起烧瓦事故。

过高的压缩机排气温度促使制冷剂和润滑油在金属的催化下产生分解反应，生成对压缩机有害的游离碳、酸类和水分。酸会腐蚀制冷系统的各组成部分和电气绝缘材料。水分会堵住毛细管。积炭沉积在排气阀上，既破坏了其密封性，又增加了流动阻力。积炭使活塞环卡死在环槽里，失去密封作用。剥落下来的炭渣若被带出压缩机，会堵塞毛细管、干燥器等。

压缩机的过热还会导致活塞在气缸里被卡住，以及内置电动机的烧毁。

制冷压缩机的温度高低在很大程度上是影响其使用寿命的重要因素。这是因为化学反应速度随温度的升高而加剧。一般认为，电气绝缘材料的温度上升 $10℃$，其寿命要减少一半。这一点对全封闭式压缩机显得特别重要。上述分析表明，必须对压缩机的排气温度加以限制。对于 NH_3 和 R22，排气温度应低于 $150℃$；对于 R134a 应低于 $130℃$。

压缩机的排气温度取决于压力比、吸排气阻力损失、吸气终了温度和多变压缩过程指数。为此，设计时首先要限制压缩机单级的压力比。高压力比应采用多级压缩中间冷却的办法来实现。在运行中要防止冷凝压力过高，蒸发压力过低等故障。降低吸排气阻力实际上也起到了减小气缸中实际压力比的作用。

加强对压缩机的冷却，削弱对吸入制冷剂的加热，以降低吸气终了制冷剂的温度和多变压缩过程指数是降低排气温度的有效途径，如：缩小排气腔与吸气腔之间的分割面；气缸盖上设置冷却水套；吸气管外包以隔热层等。

对压缩机中温度较高的部分，如气缸盖、内置电动机等，采用鼓风冷却或设置水套、水冷却盘管以及在曲轴箱或机壳中装设润滑油冷却盘管，由制冷剂对润滑油进行强制冷却，都是常见的方法。图 2-18 表示了采用不同冷却方法对一台全封闭式压缩机排气温度和润滑油温度的影响。

在封闭式压缩机中，提高内置电动机的效率，减少电动机的发热量对降低排气温度具有重要作用。它对排气温度的影响程度可从图 2-19 看出。

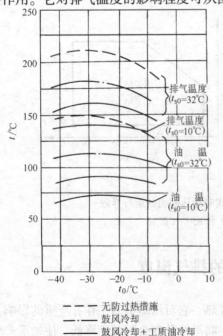

图 2-18　不同冷却方式对排气温度和油温的影响

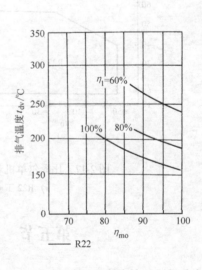

图 2-19　内置电动机效率对排气温度的影响

压缩机热力性能计算举例：

例 2-1 试对 612.5AG（6AW12.5）压缩机进行考核工况下的热力计算。

解 按压缩机型式、型号表示规则可知：该机为 6 缸、W 形、缸径 $D = 125\text{mm}$、行程 $S = 100\text{mm}$、转速 $n = 960\text{r/min}$，制冷剂为氨的压缩机。相对余隙容积取 $c = 0.04$。

按氨压缩机的考核工况，蒸发温度 $t_0 = -15℃$、过冷温度 $t_4 = 25℃$。该工况下物质循环的 $p\text{-}h$ 图如图 2-20 所示。

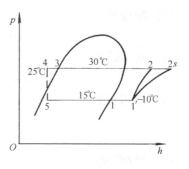

图 2-20 物质循环的 $p\text{-}h$ 图

由氨制冷剂的热力性质表和图，查得各点的有关参数值如下：

参数	t_0 /℃	t_k /℃	$t_{1'}$ /℃	t_4 /℃	p_0 /kPa	p_k /kPa	$h_{1'}$ /（kJ/kg）	h_2 /（kJ/kg）	$h_4 = h_5$ /（kJ/kg）	$V_{1'}$ /（kJ/kg）
数值	-15	30	-10	25	236.4	1169	1374.7	1612.7	241.3	0.52

1）单位制冷量

$$q_0 = h_{1'} - h_4 = (1374.7 - 241.3)\text{kJ/kg} = 1133.67\text{kJ/kg}$$

2）单位理论功

$$w_0 = h_2 - h_{1'} = (1612.7 - 1374.7)\text{kJ/kg} = 238\text{kJ/kg}$$

3）理论输气量

$$V_h = \frac{\pi}{4}D^2 Snz/60 = \frac{\pi}{4} \times (0.125)^2 \times 0.1 \times 960 \times 6/60 \text{m}^3/\text{s} = 0.118\text{m}^3/\text{s}$$

4）容积系数

$$\lambda_V = 1 - c\left[\left(\frac{p_0}{p_k}\right)^{\frac{1}{m}} - 1\right] = 1 - 0.04\left[\left(\frac{1169}{236.4}\right)^{\frac{1}{1.1}} - 1\right] = 0.869$$

取 $m = 1.1$

5）压力系数

$$\lambda_p = 1 - \frac{1+c}{\lambda_V}\frac{\Delta p_k}{p_k} = 1 - \frac{1+0.04}{0.869} \times 0.04 = 0.952$$

取 $\Delta p_k/p_k = 0.04$

6）温度系数

$$\lambda_t = \frac{T_0}{T_k} = \frac{258}{303} = 0.852$$

7）泄漏系数

取 $\lambda_l = 0.98$

8）输气系数

$$\lambda = \lambda_V \lambda_p \lambda_t \lambda_l = 0.869 \times 0.952 \times 0.852 \times 0.98 = 0.69$$

9）实际质量输气量

$$G_s = \frac{V_h * \lambda}{v'_1} = 0.157\text{kg/h}$$

10）制冷量

$$Q_0 = G_s q_0 = \lambda V_h q_v = 178 \text{kW}$$

11）指示效率

$$\eta_i = \lambda_t + b t_0 = 0.702 \quad (\text{取} \ b = 0.01)$$

12）指示功率

$$N_i = \frac{G_s W_0}{\eta_i} = 53.23 \text{kW}$$

13）摩擦功率

$$N_m = V_h p_m = 7.08 \text{kW}$$

式中 p_m——平均摩擦压力（kPa），对于氨压缩机，$p_m = (50 \sim 70) \text{kPa}$。

14）轴功率

$$N_e = N_i + N_m = 60.31 \text{kW}$$

15）性能系数

$$\text{COP}_e = \frac{Q_0}{N_e} = \frac{178}{60.31} = 2.95$$

16）实际制冷系数

$$\varepsilon_s = \frac{Q_0}{N_e} = \frac{178}{60.31} = 2.95$$

第 三 章

活塞式制冷压缩机的振动和噪声

3

降低振动和噪声是制冷压缩机的重要目标。活塞式制冷压缩机的振动主要起因于压缩机曲柄—连杆机构运动时形成的惯性力。由于气流脉动引起的管系振动，也受到人们的关注。

活塞式压缩机的噪声包括机械噪声、流体噪声和电磁噪声，对不同的噪声源应采取不同的降低噪声的措施。

第一节 活塞式制冷压缩机的振动

由于惯性力为振动的重要根源，故分析振动应先分析压缩机的惯性力。

一、曲柄—连杆机构的运动方程

曲柄—连杆机构的惯性力，取决于机构的运动及曲柄—连杆机构的质量分布。反映曲柄—连杆机构运动特征的是活塞的直线运动和曲柄销的旋转运动。

1. 活塞的运动

活塞作往复直线运动。取活塞在外止点时的位移 x 为零，则按图3-1所示的几何关系，当连杆长度为 L、曲柄半径为 r、曲柄转角为 θ 时

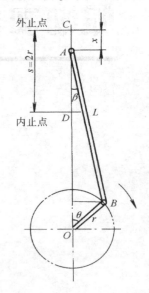

图 3-1 曲柄—连杆机构示意图

$$x = OC - OA = (L + r) - (r\cos\theta + L\cos\beta)$$
$$= r(1 - \cos\theta) + r\lambda(1 - \cos2\theta)/4 \tag{3-1}$$
$$\lambda = r/L$$

式中 β——连杆与气缸中心线的夹角（又称为连杆摆动角）。

对位移 x 求二阶导数，得到活塞加速度 a_j 的近似计算公式

$$a_j = r\omega^2(\cos\theta + \lambda\cos2\theta) \tag{3-2}$$

式中 ω——曲轴旋转的角速度，单位为 rad/s。

2. 曲柄销的运动

曲柄销绕曲轴中心作旋转运动，其中心 B（图3-1）的径向加速度 a_r 为

$$a_r = r\omega^2 \tag{3-3}$$

二、曲柄连杆机构运动部件的质量转化

按质点动力学的方法求惯性力，曲柄连杆机构各部分的质量应集中到两点：一部分质量集中在活塞销中心点 A 处，另一部分质量集中在曲柄销中心点 B 处。

1. 活塞

包括活塞、活塞销及活塞环，只作直线活塞运动，其质量中心可认为集中在活塞销的中心 A 点上，用 m_p 表示。

2. 曲柄

包括曲柄销作旋转运动，因其重心不在曲柄销中心点上，所以需要进行转化。如图3-2所示，把曲柄分成三部分，其质量分别为 m_{s1}、m_{s2}、m_{s3}，作用中心分别为 B、C、O。质量 m_{s3} 的重心与旋转中心重合，因此不产生旋转质量惯性力。质量 m_{s1}、m_{s2} 的质量中心不在旋转中心，旋转时将产生旋转惯性力。

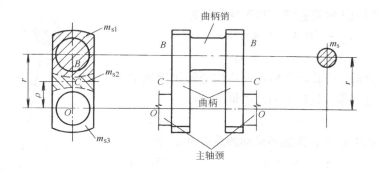

图 3-2　曲柄质量转化图

设质量 m_{s2} 的中心与旋转中心距离为 ρ，将 m_{s2} 转化到 B 点时，相当质量为 m_{s2r}。则按旋转运动时惯性力等效的原则得

$$m_{s2}\rho\omega^2 = m_{s2r}r\omega^2 \qquad (3\text{-}4)$$

于是有

$$m_{s2}r = (\rho/r)m_{s2} \qquad (3\text{-}5)$$

这样，曲柄上产生旋转惯性力的质量 m_s 应为

$$m_s = m_{s1} + (\rho/r)m_{s2} \qquad (3\text{-}6)$$

3. 连杆

将连杆实际分布的质量 m_c，转化为两部分质量。一部分转化到活塞销中心点 A 的质量为 m_{c1}，随活塞作往复直线运动；一部分转化到曲柄销中心点 B 的质量为 m_{c2}，随曲柄作旋转运动，如图 3-3 所示。为使转化后质量与转化前质量所产生的惯性效果相同，转化质量必须满足下述两个条件：

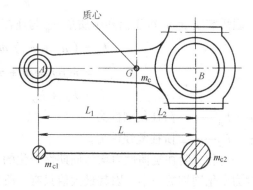

1）转化质量之和，应等于连杆实际质量。

图 3-3　连杆质量转化图

2）转化质量的质心应与原连杆的质心重合。

由此可得下列方程：

$$\begin{cases} m_c = m_{c1} + m_{c2} \\ m_{c1}L_1 = m_{c2}L_2 \end{cases} \qquad (3\text{-}7)$$

联解以上二式，得

$$m_{c1} = m_c \frac{L_2}{L}$$

$$m_{c2} = m_c \frac{L_1}{L} \qquad (3\text{-}8)$$

式中　L——连杆长度，即连杆小头中心 A 到连杆大头中心 B 的距离；

　　　L_1——连杆质心 G 到连杆小头中心 A 的距离；

　　　L_2——连杆质心 G 到连杆大头中心 B 的距离。

对我国自制的压缩机连杆，其质量分配为

$$m_{c1} = (0.3 \sim 0.4)m_c$$

$$m_{c2} = (0.6 \sim 0.7)m_c$$

综合以上分析，可算出曲柄连杆机构经转化后集中到活塞销中心点 A 作往复运动的总质量 m_j 为

$$m_j = m_p + m_{c1} \qquad (3-9)$$

集中曲柄销中心点 B 作旋转运动的总质量 m_r 为

$$m_r = m_s + m_{c2} \qquad (3-10)$$

这样曲柄连杆机构经过转化后用两个集中质量 m_j 和 m_r 代替，如图 3-4 所示。

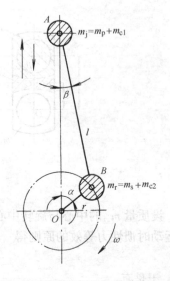

图 3-4 曲柄连杆机构质量转化图

三、曲柄连杆机构的惯性力

1. 往复惯性力

曲柄—连杆机构的往复惯性力 F_j 是活塞组和连杆活塞运动部分所产生的往复惯性力之和。取在连杆中产生拉伸力的往复惯性力 F_j 为正，则 F_j 的计算式为

$$F_j = m_j a_j \qquad (3-11)$$

因活塞质量 m_j 等于活塞组质量 m_p 与连杆活塞质量 m_{c1} 之和，故

$$\begin{aligned} F_j &= (m_p + m_{c1})r\omega^2(\cos\theta + \lambda\cos2\theta) \\ &= m_j r\omega^2\cos\theta + m_j r\omega^2\lambda\cos2\theta \\ &= F_{j1} + F_{j2} \end{aligned} \qquad (3-12)$$

式中 F_{j1} ——一阶往复惯性力；

F_{j2} ——二阶往复惯性力。

一阶和二阶往复惯性力均为周期性变化的力，但二阶往复惯性力的变化周期是一阶往复惯性力变化周期的一半。因其最大值只有一阶往复惯性力最大值的 λ 倍（$\lambda = 0.29 \sim 0.17$）。因而对二阶往复惯性力不采取专门的平衡措施。

2. 旋转惯性力

曲柄—连杆机构的旋转惯性力包括由换算到曲柄销中心的曲柄质量与曲柄销质量之和 m_s 产生的旋转惯性力及连杆旋转质量 m_{c2} 所产生的旋转惯性力，它们的作用线与曲柄中心线重合。如取离心力方向为正，则旋转惯性力 F_r 的计算式为

$$F_r = m_r a_r = (m_s + m_{c2})r\omega^2 \qquad (3-13)$$

3. 往复惯性力矩和旋转惯性力矩

双曲拐（或多曲拐）曲轴各个曲拐上的惯性力并不在同一个曲轴旋转平面上，由此产生力矩，分别为往复惯性力矩和旋转惯性力矩，这些力矩也会引起压缩机的振动，应采取措施，全部或部分地给予平衡。

四、活塞式压缩机的惯性力平衡

1. 单缸压缩机的惯性力平衡

在曲柄相反的方向上装上适当平衡块可完全平衡旋转惯性力 F_r（图 3-5a），若平衡块质量为 m_{wr}，平衡块的质心距离曲轴中心的半径为 r_w，则

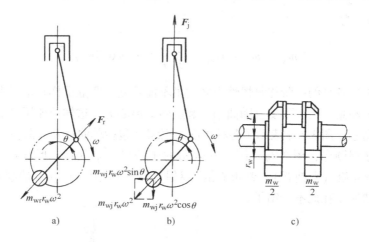

图3-5 单缸压缩机的惯性力平衡

$$m_{wr} = m_r(r/r_w) = (m_s + m_{c2})r/r_w \tag{3-14}$$

对于往复惯性力，因单缸压缩机的往复惯性力始终在活塞中心线方向，而平衡块产生的平衡力方向是旋转的，故不能完全平衡。在平衡一部分惯性力时（一般为30%～50%），增加了一个水平方向的干扰力 $m_{wj}r_w\omega 2\sin\theta$（图3-5b），$m_{wj}$ 为部分往复惯性力平衡质量。总的平衡质量（图3-5c）应满足下式

$$m_w = m_{wr} + m_{wj} \tag{3-15}$$

2. 多缸压缩机的惯性力平衡

对于立式两缸压缩机，因为两曲拐相差180°，所以作用在两个曲拐上的一阶往复惯性力相互抵消，旋转惯性力也相互抵消，但却构成了一阶往复惯性力矩和旋转惯性力矩。为平衡惯性力矩，在曲柄的相反方向上设置两个平衡块（图3-6），平衡旋转惯性力矩所需质量为 m_{wr}，其质心与曲轴中心之距离为 r_w，根据力矩平衡的法则

$$m_{wr}r_w\omega^2 b = m_r r\omega^2 a$$

$$m_{wr} = m_r \frac{a}{b} \frac{r}{r_w} \tag{3-16}$$

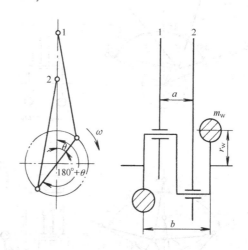

图3-6 立式两缸压缩机的惯性力平衡

往复惯性力矩只能部分平衡。若平衡一半，所需的平衡块质量 m_{wj} 可用下式求得

$$m_{wj}r_w\omega^2 b = \frac{1}{2}m_j r\omega^2 a$$

$$m_{wj} = 0.5 m_j \frac{a}{b} \frac{r}{r_w} \tag{3-17}$$

平衡块总质量 m_w 为

$$m_w = m_{wr} + m_{wj} = \frac{a}{b}\frac{r}{r_w}(m_r + 0.5m_j) \qquad (3-18)$$

角度式压缩机各缸的一阶往复惯性力之间虽不能像立式两缸那样自动平衡，但其一阶往复惯性力的合力却是一大小不变且随曲轴一起旋转的离心力。这样便能用最简单的平衡离心力的方法来平衡它。图3-7中表示了各种角度式压缩（包括单曲拐和双曲拐）的气缸布置和平衡块位置。按照顺序，图3-7a～图3-7f表示的压缩机分别为：V形双缸，W形成3缸，扇形4缸，V形4缸（双曲拐），W形6缸（双曲拐）和扇形8缸（双曲拐）。其相应的惯性力矩、平衡块质量在此不介绍了。

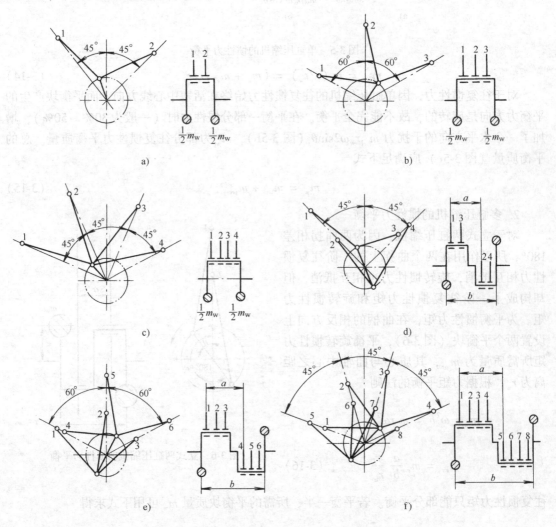

图3-7　角度式压缩机的气缸布置和平衡块位置

例3-1　有一立式双缸半封闭式压缩机，其缸径 $D = 0.05\text{m}$，行程 $S = 0.44\text{mm}$，转速 $n = 1440\text{r/min}$，两偏心轴颈夹角 $\gamma = 180°$，连杆长度 $L = 0.167\text{m}$。已知其活塞质量 $m_p = 0.18\text{kg}$，连杆质量 $m_c = 0.14\text{kg}$，偏心轴上偏心质量 $m_s = 0.76\text{kg}$，求平衡块质量 m_w 及左侧

偏心轴颈上两个平衡孔（去重钻孔）的直径 d。曲轴部件图见图3-8。

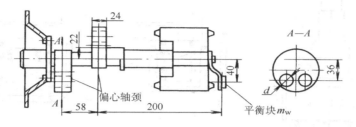

图3-8 一半封闭式压缩机的曲轴部件

解 取连杆大小头质量比 $m_{c2} : m_{c1} = 7 : 3$，则

往复运动质量 $m_j = m_p + m_{c1} = (0.18 + 0.14 \times 0.3)\,\mathrm{kg} = 0.222\,\mathrm{kg}$

旋转运动质量 $m_r = m_s + m_{c2} = (0.76 + 0.14 \times 0.7)\,\mathrm{kg} = 0.858\,\mathrm{kg}$

取部分平衡的百分率 $x = 50\%$，得

$$m_w r_w = \frac{ra}{b}(m_r + xm_j) = \frac{0.022 \times 0.058}{0.058 + 0.2}(0.858 + 0.5 \times 0.222)\,\mathrm{kgm} = 0.00479\,\mathrm{kgm}$$

由图知 $r_w = 0.004\,\mathrm{m}$

故 $m_w = \dfrac{0.00479}{0.04}\,\mathrm{kg} = 0.12\,\mathrm{kg}$

令偏心轴颈上的平衡质量为 m'_w。根据离心力的平衡要求，$m'_w \times 0.036 = m_w r_w$，得到

$$m'_w = \frac{0.00479}{0.036}\,\mathrm{kg} = 0.133\,\mathrm{kg}$$

平衡孔的直径 d 应满足

$$2 \times \frac{\pi}{4}d^2 \times 0.024 \times 7.8 \times 1000 = 0.133$$

$$d = 0.0213\,\mathrm{m}$$

五、其他减振方法

压缩机的惯性力和惯性力矩不可能完全平衡，因而除了尽量平衡惯性力和力矩外，尚需采取一些其他的减振措施。常用的措施有两类：①用土壤减振图 3-9a；②用各种减振器图 3-9b、c、d、e。

用土壤减振的方法，适用于固定式压缩机。在土壤上建立足够大的混凝土基础，压缩机安装在此基础上，凭借土壤的弹性及必要的承压面积限制机器的振幅。许多小型制冷压缩机并无混凝土基础作支承，必须使用橡胶垫和弹簧减振器减振。图 3-9b、c 采用内减振支持装置，它们装在壳体内，压缩机的振动经内减振支持装置减振后，传到机壳外面的振动已明显减弱。图 3-9d、e 为外减振装置，它们设在机壳外面，以减少对装置的冲击。由压缩机和各种减振设施构成有阻尼的强制振动系统，该系统的无阻尼自由振动频率与系统的运动质量及支承刚度有关。必须使作用在系统上的激振力的频率与系统的无阻尼自由振动频率有较大的差值，以避免接近共振范围。

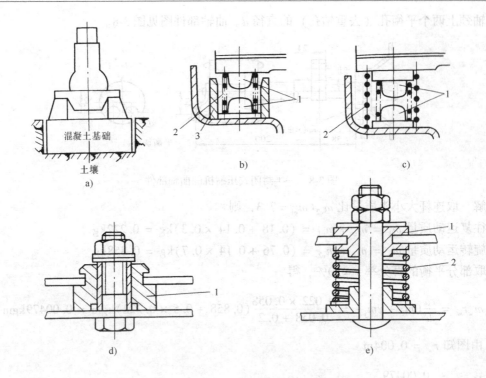

图 3-9 一些减振方法

a) 用土壤减振 b) 内消振支持装置（上、下橡胶垫限位） c) 内消振支持装置（无保护圈，上、下橡胶垫限位）

d) 外防振结构（用橡胶垫减振） e) 外防振结构（用橡胶垫、弹簧组合件）

1—橡胶垫 2—弹簧 3—保护圈

第二节 活塞式制冷压缩机的噪声

噪声指标已成为与制冷量、能耗、可靠性等指标同样重要的评价因素，在压缩机设计和制造时，应充分考虑噪声问题。

1. 噪声源

压缩机的噪声源大体上可以分为三类：机械噪声，流体噪声和电磁噪声。

机械噪声来自：①因相对运动零件之间的间隙产生之撞击；②机体、管路、支承件振动发出的声音；③阀片撞击升程限制器和阀座时产生的噪声。

流体噪声起因于吸、排气时气体的压力脉动，气体流经电动机时产生的噪声，以及气体在壳体内振荡引起的共鸣声。

电磁噪声为内置电动机运转时发出的电磁声。

这些噪声通过机壳向外传布，造成对人体的危害。

2. 降低噪声的措施

针对不同的噪声源采取相应的措施。如：提高零部件的加工精度和装配精度，以降低零部件相互撞击的噪声；适当控制阀片升程，改善阀片的运动规律，以减少阀片冲击升程限制器和阀座时的冲击声；合理设计减振装置，从而在减振的同时也降低噪声；改进壳体形状，提高其刚度及自振频率；适当改变壳体尺寸防止壳内气柱的共鸣；适当加厚刚板厚度；改变内部排气管的弯曲形状和支撑。

　　由于气流脉动是重要的噪声源，且对压缩机性能有重要影响，因而降低气流脉以降低噪声，改善压缩机性能是十分重要的。降低气流脉动的有效方法之一是在压缩机吸、排气口处设置消声器。图 3-10a 为一侧进气分置式扩大型消声器；两侧同时进气分置式扩大型消声器见图 3-10b；整体式扩大型消声器如图 3-10c 所示，此时消声器与气缸铸在一起，用于制冷量很小的压缩机，如：冰箱用压缩机。脉动气流在扩大型消声器内多次扩大减压，降低了噪声。共鸣型消声器的体腔内开有一些小孔，使气流发生共鸣间频率来衰减气流声。图 3-10d 所示的共鸣型消声器适用于较大的机组，消声器用的材料应当厚一些。

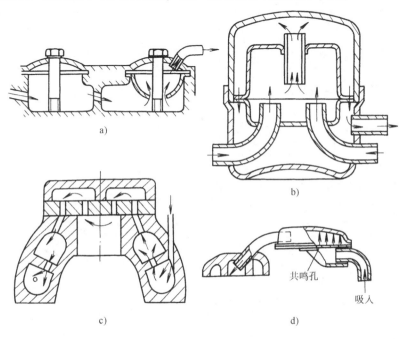

图 3-10　扩大型消声器和共鸣型消声器

第四章

活塞式制冷压缩机的主要零部件

4

第一节 机体、缸盖、侧盖

一、机体

1. 作用与结构

机体主要包括气缸体和曲轴箱，是压缩机的支架。其主要作用是支承压缩机的零件，并保持各部件之间准确的相对位置；形成各种密封的空间通道，以组织工质、水、油的循环流动，保证压缩机的正常运转；承受气体力、各运动部件不平衡惯性力和力矩，并将不平衡的外力和外力矩传给基础。因此，机体必须有合理的构形以保证足够的强度，尤其是足够的刚度，以维持运动件之间的正确位置，并在此前提下，尽可能减小机体的质量和尺寸。由于机体的形状复杂，尺寸大，所以必须重视提高机体铸造工艺性，保证良好的密封性，并便于装配、操作和维修等。

机体中气缸所在的部位是气缸体，安装曲轴的部位为曲轴箱。气缸体和曲轴箱可以不做成整体而用螺栓联接。这样虽有利于铸造工艺的简化，但造成机器质量、尺寸以及结构等方面的一系列问题。为了克服这些缺点，现已普遍采用气缸体和曲轴箱做成整体的结构，又称为气缸体曲轴箱结构。这种结构的优点是整个机体的刚度好，工作时变形小，因此，压缩机的磨损和耗功得以减少，提高了其使用寿命；其次，机体的配合面减少，这样可以改善压缩机的密封性，缩短加工时间和降低成本。

机体的外形主要取决于压缩机的气缸数和气缸的布置形式。根据气缸体上是否装有气缸套，机体可分为无气缸套和有气缸套两种。

（1）无气缸套机体 无气缸套机体是指气缸工作镜面直接在机体上加工而成，这在小型立式制冷压缩机中，包括在大多数的全封闭压缩机中被广泛应用。无气缸套机体的特点是结构简单，如图4-1所示。在多缸直立式压缩机中不用气缸套，可使气缸中心距达到最小值，有利于缩短压缩机长度和提高机体的刚度。一般，这种气缸体外表面铸有散热片，靠空气来冷却气缸体。

（2）有气缸套机体 在气缸尺寸较大（$D \geqslant 70mm$）的高速多缸压缩机系列中常采用气缸体和气缸套分开的结构型式，这样做的好处有以下几点：

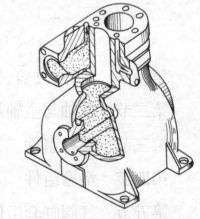

图4-1 无气缸套的机体结构

1）可以简化机体的结构，便于铸造。

2）如果气缸镜面磨损超过允许范围，只需更换气缸套，既简单方便，又可降低成本。

3）气缸套可以采用优质材料或将气缸镜面镀铬，提高气缸镜面的耐磨性。

图4-2为采用气缸套的812.5A100（8AS12.5）型压缩机的机体图。机体上部为气缸体，下部为曲轴箱。气缸体上有八个安装气缸套的座孔，各放置一个气缸套。吸气腔设在气缸套座孔的外侧，流过的制冷剂可对气缸壁进行冷却。吸气腔与曲轴箱之间由隔板隔开，以防润滑油溅入吸气腔。隔板最低处钻有均压回油孔，以便由制冷剂从系统中带来的润滑油流回曲轴箱，并使曲轴箱在气缸内的气体压力与吸气腔压力保持一致。排气腔在气缸体上部，吸、

排气腔之间由隔板隔开。曲轴箱主要用于安装曲轴、贮存润滑油、安放油冷却器、油过滤器和润滑油三通阀。曲轴箱的前、后端有安装主轴承的座孔，两侧有检修用的窗孔。曲轴箱内壁设有加强肋，用以提高强度和刚度。这种机体外形平整，结构紧凑。气缸冷却主要靠水冷却，冷却效果较好。我国系列产品的机体多采用这种形式。

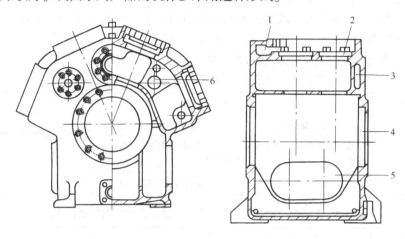

图 4-2　812.5A100 型压缩机机体

1—排气腔　2—气缸套座孔　3—吸气腔　4—主轴承孔　5—窗孔　6—吸气孔

2. 材料及技术要求

（1）机体的材料　由于机体结构复杂，加工面多，所以机体的材料应具有良好的铸造性和切削性。铸铁不仅具有良好的铸造性和切削性，还具有良好的吸振性，应力集中的敏感性小，是一种价廉物美的机体用材，一般常用 HT200 和 HT250。在运输用制冷压缩机中，有时为了减轻质量，提高散热效果，采用低压铸造的铝合金机体。对于生产个别或很少量的制冷压缩机，有时为了省去木模费而采用钢板焊接机体，但由于焊接技术复杂，焊接结构容易变形，因而应用很少。

（2）主要技术要求　机体应消除内应力。铸件不应有影响强度和使用性能的裂纹、砂眼、渣眼、缩孔、浇铸不足等缺陷，且不应有变形和损伤。机体各部位的形位公差有一定的要求，如前后主轴承座孔的同轴度在100mm长度内，允差一般不大于0.01mm；气缸套座孔的轴线与主轴承座孔轴线垂直度，在100mm内允差一般不大于0.02mm等。机体各加工表面的粗糙度数值一般不大于表4-1中的规定。

表 4-1　机体各加工表面的粗糙度要求　　　　　　　　　　（单位：μm）

加 工 表 面		表 面 粗 糙 度 R_a
气 缸 孔	有 缸 套	1.6
	无 缸 套	0.4
主 轴 承 孔		1.6
气缸套座孔的结合面		
各 密 封 面		3.2

为了确保压缩机工作强度及密封性，活塞式单级制冷压缩机应按 GB/T10079—2001《活塞式单级制冷压缩机》标准中的压缩机承受低压部分（低压腔、曲轴箱、电动机端盖、

轴承座、吸气总管）和承受高压部分（高压腔、气缸盖、排气总管）零部件的耐压和气密性要求进行试验。耐压试验介质为不低于5℃的洁净液体（一般为水），将被试零件灌满液体排除空气后，缓慢加压到试验压力，保压不少于1min，然后进行检查，不应有渗漏和异常变形。气密性试验介质为氮气、干空气等（严禁使用氧气、危险性气体等），气密性试验时给被试零件加压，气体压力应缓慢上升到试验压力，然后放入不低于15℃的水池中（水应清洁透明）或外部涂满发泡液，保压不少于1min，进行检查，不应有渗漏。试验压力见表4-2和表4-3。带冷却水套的压缩机其冷却水套应经0.6MPa耐压试验，保压5min，不应有渗漏。

表4-2 有机制冷剂压缩机承压零部件的耐压和气密性试验压力

试 验 项 目	承 受 高 压 部 分		承 受 低 压 部 分
气密试验	高冷凝压力	低冷凝压力	45℃制冷剂对应的饱和蒸气压力
	65℃制冷剂对应的饱和蒸气压力	55℃制冷剂对应的饱和蒸气压力	
耐压试验	所对应的气密试验压力的1.5倍		

表4-3 无机制冷剂压缩机承压零部件的耐压和气密性试验压力

试 验 项 目	承 受 高 压 部 分	承 受 低 压 部 分
气密试验	50℃制冷剂对应的饱和蒸气压力	45℃制冷剂对应的饱和蒸气压力
耐压试验	所对应的气密试验压力的1.5倍	

二、缸盖、侧盖

1. 缸盖

制冷压缩机的缸盖起着对气缸上部进行密封的作用，它和机体、排气阀一起形成了压缩机的排气腔。它的结构比较简单。在高速多缸压缩机中，通常两个气缸合用一个缸盖，进、排气阀组件用安全弹簧及缸盖压紧固定。对于压缩终了温度较高的压缩机，常将缸盖铸成中空，夹层中走冷却水冷却被压缩气体，使排气温度降低。

2. 侧盖

用以封闭曲轴箱两侧的窗孔。两边侧盖上一般分别装有油面指示器和油冷却器，用来检测曲轴箱油面是否在正常高度及冷却润滑油。也有的压缩机在侧盖夹层内走冷却水来冷却润滑油。

第二节 曲轴与主轴承

一、曲轴

1. 曲轴的作用与结构

曲轴是活塞式制冷压缩机中重要的运动部件之一，它的作用主要是把电动机的旋转运动通过传动机构变为活塞的往复直线运动。它传递着压缩机的全部输入功率，在气体压力、往复运动及旋转运动质量惯性力的作用下，承受拉压、剪切、弯曲和扭转等交变复合载荷。同时曲柄销和主轴颈还受到严重的摩擦和磨损。为此，要求曲轴有足够的疲劳强度和刚度、良好的耐磨性和制造工艺性以及良好的动平衡性能等。

活塞式制冷压缩机曲轴的基本结构形式有如下三种。

（1）曲柄轴（图4-3a）　它由主轴颈、曲柄和曲柄销三部分组成。因为只有一个主轴承，因而曲轴的长度比较短，但属于悬臂支承结构，只宜承受很小的载荷，用于功率很小的制冷压缩机，如滑管式全封闭压缩机中。

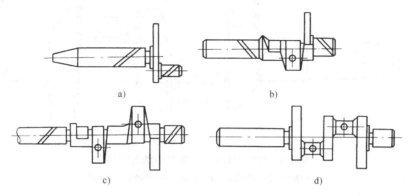

a)　　　　　　　　b)

c)　　　　　　　　d)

图4-3　曲轴的几种结构形式

（2）偏心轴（图4-3b、c）　在小型的、曲柄半径小的压缩机中，为了简化结构，便于安装大头整体式的连杆，其主轴采用偏心轴的结构，即曲柄销两侧无曲柄，它是利用增大曲柄销直径的办法来增加它与主轴颈的重叠度，以满足主轴的强度和刚度的需要。图4-3b仅有一个偏心轴颈，只能驱动单缸压缩机，此时压缩机的往复惯性力无法平衡，振动较大。图4-3c有两个方位相差180°的偏心轴颈，用于有两个气缸的压缩机上。偏心轴在小型全封闭压缩机中得到广泛的应用，与之相配的连杆大多数是铝合金连杆。

（3）曲拐轴（图4-3d）　简称曲轴，由一个或几个以一定错角排列的曲拐所组成，每个曲拐由主轴颈、曲柄和曲柄销三部分组成。用此曲轴的连杆大头必须是剖分式，每个曲柄销上可并列安装1~4个连杆。活塞行程较大时常用这类轴。

一般曲拐轴的曲柄结构因制造工艺而异。如自由锻造的曲轴采用矩形曲柄，如图4-4a所示。模锻或铸造曲轴可采用应力分布较均匀的椭圆形曲柄，如图4-4b所示。

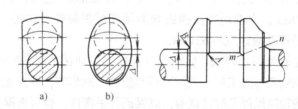

a)　　　　　　b)

图4-4　曲柄的形状

曲柄上设有平衡块，以平衡往复惯性力和旋转惯性力。有的平衡块直接与曲柄铸成一体（图4-5a），有的平衡块用螺栓固接在曲柄上（图4-5b、c）。图4-5b所示的平衡块由纵向螺栓把平衡块和曲柄连接起来，螺栓承受平衡块产生的离心力；图4-5c采用燕尾槽连接结构，其中

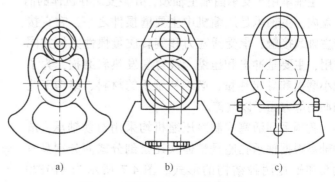

a)　　　　　b)　　　　　c)

图4-5　平衡块和曲柄的连接结构

横向螺栓不承受平衡块离心力，只起把平衡块夹紧在曲柄上的作用。

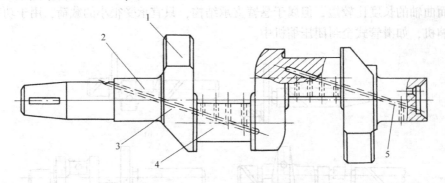

图 4-6 812.5A100 型压缩机曲轴的输油道

1—平衡块 2—主轴颈 3—曲柄 4—曲柄销 5—油道

曲轴除传递动力外，通常还起输送润滑油的作用。通过曲轴上的油孔，将油泵供油输送到连杆大头、小头、活塞及轴承处，润滑各摩擦表面。图 4-6 表示了曲轴中的输油道。油道出口处的孔口边缘应倒角，以降低应力集中。

2. 材料及技术要求

（1）曲轴的材料 一般曲轴有锻造和铸造两种。锻造曲轴常用材料是 40、45 优质碳素钢。铸造曲轴常用稀土-镁球墨铸铁材料 QT500—7。由于铸造曲轴具有良好的铸造性能和加工性能，可铸造出较复杂、合理的结构形状，吸振性好，耐磨性高，制造成本低，对应力集中敏感性小，因而得到广泛的应用。

（2）曲轴的主要技术要求 为了保证曲轴的可靠性，对曲轴各部位的形位公差有一定的要求，如曲轴圆柱度公差不大于 IT6 级直径公差之半；曲轴主轴颈轴线和曲柄销轴线平行度在 100mm 长度内，公差不大于 0.02mm；主轴颈和曲柄销表面粗糙度值应不大于 $R_a0.40\mu m$；主轴颈和曲柄销表面硬度球墨铸铁 QT600—3 的硬度应达 197～269HBS，45 钢铸造的硬度应达 50～63HRC。

主轴颈与主轴承、曲柄销与连杆大头轴瓦之间装配径向间隙，一般为轴颈的千分之一。

曲轴经过加工后，表面不得有裂纹、刻痕等，并经磁力探伤或超声波探伤，合格后方能使用。曲轴应经静平衡性试验，以保证其平衡性，也可根据用户与制造厂的协议作动平衡试验。

二、主轴承

主轴承用于支承曲轴主轴颈，并被安装在机体的前后盖内。主轴承是压缩机中主要磨损件之一，它直接与主轴颈接触，承受活塞力和旋转质量惯性力的共同作用，主要是冲击和压缩，很容易发热和磨损，为了减小磨损和导出热量，必须从轴承的材料、结构工艺和润滑等方面予以改善。

我国系列活塞式制冷压缩机均采用滑动轴承，滑动轴承根据轴承孔座是整体式还是剖分式而分别具有轴套和轴瓦两种结构的形式。图 4-7 所示为 810F70（8FS10）型压缩机的主轴承轴套，它的一端具有翻边

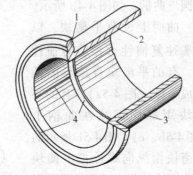

图 4-7 810F70 型压缩机的主轴承轴套

1—定位孔 2—轴承合金层

3—轴套钢背 4—油槽

的止推凸缘，用以承受曲轴的轴向力。在它 5mm 厚的圆筒形的钢筒内圆表面和凸缘表面上浇有一层厚约 1mm 的轴承合金，并开有储存润滑油的周向、纵向和端面布油槽。凸缘上还有定位孔，安装时作周向定位之用。

对于轴承合金层材料的要求主要是足够的力学性能，良好的表面减磨性能，耐腐蚀和与轴套钢背结合牢固等。目前常用材料为锡基巴氏合金或铅锑铜合金。轴套钢背材料，从与轴承合金层的结合牢度和力学性能考虑，以选用低碳钢为宜，常用的有 08、10、15 钢。

主轴承加工后，要求合金表面无气孔、砂眼及毛刺、裂纹等伤痕。合金层厚度不均匀的误差不大于 0.15mm，轴承孔圆柱度偏差应不大于 0.03mm，轴承孔与轴外径同轴度偏差不大于 0.02mm，油槽过渡处应圆滑。

第三节　连杆组件

连杆组件包括连杆小头衬套、连杆体、连杆大头轴瓦及连杆螺栓等。

一、连杆的作用与结构

连杆的作用是将活塞和曲轴连接起来，传递活塞和曲轴之间的作用力，将曲轴的旋转运动转变为活塞的往复运动。图 4-8 所示为典型的连杆组件结构图。

连杆可分为连杆小头、连杆大头和连杆体三部分。连杆小头及衬套通过活塞销与活塞连接，工作时作往复运动。连杆大头及大头轴瓦与曲柄销连接，工作时作旋转运动。而连杆大小头之间的杆身（连杆体），工作时作垂直于活塞销平面的往复与摆动的复合运动。连杆体承受着拉伸、压缩的交变载荷及连杆体摆动所引起的弯曲载荷的作用。因此，对连杆的要求是具有足够的强度和刚度；连杆大小头轴瓦工作可靠，耐磨性好；连杆螺栓疲劳强度高，连接可靠；连杆易于制造，成本低等。

1. 连杆小头

连杆小头一般均做成整体式。现代高速压缩机中，连杆小头广泛采用简单的薄壁圆筒形结构，如图 4-9a 所示。小头与活塞销相配合的支承表面，除了小型压缩机的铝合金连杆（图 4-9b）外，通常都压有衬套。衬套材料一般采用锡磷青铜合金、铁基或铜基粉末冶金等。

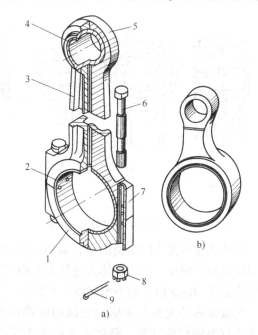

图 4-8　剖分式及整体式连杆

a) 剖分式连杆　b) 整体式连杆

1—连杆大头盖　2—连杆大头轴瓦　3—连杆体
4—连杆小头衬套　5—连杆小头　6—连杆螺栓
7—连杆大头　8—螺母　9—开口销

连杆小头的润滑方式有两种。一种是靠从连杆体钻孔输送过来的润滑油进行压力润滑（图 4-9a），另一种是在小头上方开有集油孔槽（图 4-9b）承接曲轴箱中飞溅的油雾进行润滑，润滑油可通过衬套上开的油槽和油孔来分配。

小头轴承也有采用滚针轴承（图4-9c），如S812.5型单机双级压缩机中的高压缸连杆。由于高压级活塞上气体压力的增高（曲轴箱压力为吸气压力），使小头中用一般衬套轴承不能正常工作。

2. 连杆大头

连杆大头有剖分式和整体式两种。前者用于曲拐结构的曲轴上，后者用于单曲柄曲轴或偏心轴结构上。剖分式连杆大头又分为直剖式和斜剖式两种。直剖式如图4-8a所示，其剖分面垂直于连杆中心线，连杆大头刚性好，易于加工，且连杆螺栓不受剪切力的作用，但是它的大头横向尺寸大，为了能使活塞连杆通过气缸装卸，这种结构型式限制了曲柄销直径的增大。斜剖式如图4-10所示，在拆除大头盖后连杆大头横向尺寸将大大减小，将有可能增大曲轴的曲柄销直径，以提高曲轴的刚度，而且既方便装拆，又便于活塞连杆组件直接从气缸中取出。但由于斜剖式连杆大头加工复杂，故不如直剖式应用广泛。剖分式连杆大头内孔与大头盖是单配加工的，不具备互换性，靠固定搭配由定位装置方向记号来确保大头内圆的正确形状。

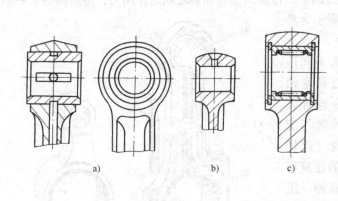

图4-9　连杆小头结构

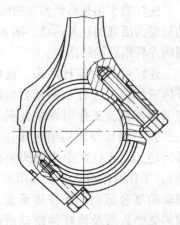

图4-10　斜剖式连杆大头

整体式连杆大头的结构简单，如图4-8b所示，无连杆螺栓，便于制造，工作可靠，容易保证其加工精度。由于整体式连杆大头用于偏心轴时其尺寸显得过大，因此，这类连杆只应用在缸径70mm以下的小型制冷压缩机中。

为改善连杆大头与曲柄销之间的摩擦性能，大头孔内装有耐磨轴套或轴瓦。整体式连杆大头搪孔中要压入轴套，只有连杆材料为铝合金时可以用本身材料作为轴承材料。现代高速活塞式制冷压缩机的剖分式连杆大头中一般均镶有薄壁轴瓦，如图4-11所示。目前，国内薄壁轴瓦由专业工厂大批量生产，具有标准尺寸，其制造精度高，互换性好，导热良好，易于装修，价格低廉。

薄壁轴瓦的总壁厚仅为轴瓦内径的2.5%～4%，轴瓦钢背用08、10、15薄钢板制成，表面浇铸0.3～1mm厚的减磨轴承合金。高锡铝合金、铝锑镁合金和锡基铝

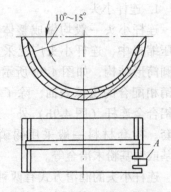

图4-11　连杆大头的薄壁轴瓦

合金是常用的减磨合金的材料。

薄壁轴瓦应以一定的过盈方式装入轴承镗孔内，以保证其间贴合紧密均匀和内孔精度，有利于轴承散热。在连杆大头的薄壁轴瓦剖分面上，为防止轴瓦产生相对于轴承孔的移动或转动，以免遮住输油孔道，还设有冲制的定位凸耳（图4-11上的A）。这种定位凸耳结构简单，定位可靠，但必须冲在上下两个半圆端面的不同位置上。

3. 连杆体

连杆体截面形状如图4-12所示，有工字形、圆形、矩形等。在大批量生产的高速压缩机中，可采用模锻或铸造成受力合理、质量轻的工字形截面，圆形和矩形截面加工简单，但材料利用不够

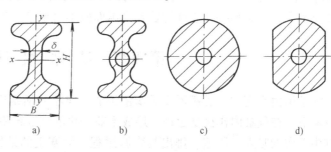

图4-12　连杆体的截面形状

合理，只用于单件或小批量生产的压缩机中。各截面中心所钻油孔能使润滑油由大头经油孔送到小头，润滑衬套。

4. 连杆螺栓

剖分式连杆大头的大头盖与连杆体用连杆螺栓联接，典型的连杆螺栓如图4-13所示。它对大头盖与连杆体之间既起紧固作用，又起定位作用。图4-13中的表面B即为连杆螺栓的定位面，其直径大于螺纹部分的外径。螺栓头部A处为一平面，它与连杆体上支承座上的平面配合，起拧紧螺母时防止螺栓转动的作用。

连杆螺栓虽小，但它承受严重的冲击性脉动拉伸载荷，有时还承受一定程度的

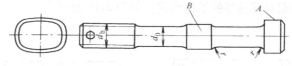

图4-13　连杆螺栓

剪切载荷。由于连杆螺栓的破坏将会造成压缩机的严重损坏，甚至危及人身安全，所以对连杆螺栓的设计、制造要引起高度重视。

实践证明，连杆螺栓往往是由于应力集中而造成疲劳断裂，所以螺栓结构和选材应着眼于提高其耐疲劳能力。螺栓体较细的结构可降低螺栓刚度，增加弹性，利于吸收变形能，相对提高抗疲劳能力。螺栓过渡处应取较大圆角，以降低应力集中敏感性。

连杆螺栓的材料应用优质合金钢，如40Cr、35CrMoA、25CrMoV等。加工时应保证螺栓头的承压面与螺栓中心线的垂直度，加工后应进行磁粉探伤及超声波探伤，以确保其表面和内部均不得有缺陷。

二、连杆的材料及技术要求

连杆的材料一般采用35、40、45优质碳素钢或可锻铸铁KTH350—12、KTH370—12（过渡牌号）、球墨铸铁QT450—10等。为了减小连杆的惯性力，低密度的铝合金连杆在小型制冷压缩机中也得到了广泛的应用。模锻和铸造连杆能获得合理的结构形状，材料利用率高，加工简便，是制造连杆的常用方法。

连杆有较高的加工精度和技术要求。连杆各部位的形位公差要求一般为：连杆大、小头内孔工作面的圆柱度公差为8级；连杆大、小头孔轴线的平行度公差为6级；连杆螺栓孔轴

线和螺栓孔支承面的垂直度公差为 11 级；连杆大头孔或小头孔（定位端）轴线对端面的垂直度公差为 7 级；连杆两螺栓孔轴线的平行度，当螺栓孔直径不大于 20mm 时公差为 10 级，当螺栓孔直径大于 20mm 时公差为 9 级。

连杆各加工表面的表面粗糙度要求一般为：连杆大、小头孔，镶衬套时应不大于 $R_a1.6\mu m$，不镶衬套时应不大于 $R_a0.4\mu m$；连杆大头剖分面应不大于 $R_a1.6\mu m$；连杆大头两端面应不大于 $R_a0.8\mu m$；连杆螺栓孔支承面应不大于 $R_a3.2\mu m$。

第四节 活塞组件

活塞组由活塞体、活塞环及活塞销组成。典型的活塞组如图 4-14 所示。活塞组在连杆的带动下，在气缸内作往复运动，形成不断变化的气缸容积，在气阀等部件的配合下，实现气缸中工质的吸入、压缩、排出与膨胀过程。活塞组的结构与压缩机的结构型式有密切关系。

在中小型高速制冷压缩机中，活塞组通过活塞销与连杆相连。连杆侧向力直接作用在活塞组上，因此，活塞组上必需设置足够的承压面，它具有较长的轴向尺寸而呈筒形结构，如图 4-14 所示。在大型低速活塞式制冷压缩机中采用有十字头型式的结构，活塞组通过活塞杆、十字头与连杆相连，连杆侧向力作用在十字头上，活塞组无需专门设置侧向承压面，其轴向长度可以做得很小，有时呈盘状。

顺流式和逆流式压缩机的活塞组有不同的结构形状。顺流式压缩机的吸气阀设在活塞顶部，因而有其独特的结构形式，如图 4-15 所示。

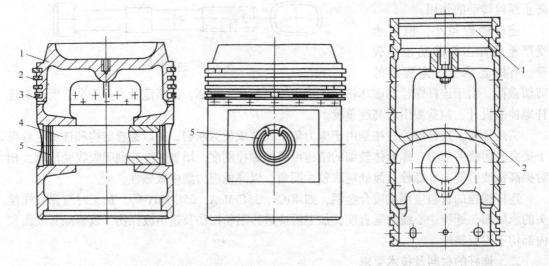

图 4-14 筒形活塞组
1—活塞 2—气环 3—油环 4—活塞销 5—弹簧挡圈

图 4-15 顺流式压缩机的活塞结构
1—吸气阀 2—活塞

在小型滑管式全封闭压缩机中，由于从传动机构中取消了连杆、活塞销、甚至活塞环，筒形活塞与滑管制成一体，套在曲柄销上的圆柱形滑块滑行于滑管中，构成一特殊形状的滑管式活塞组，如图 4-16 所示。

斜盘式压缩机的活塞均为单列双作用活塞，即每一列活塞的两端与两个气缸配合，使压缩机十分紧凑，如图 4-17 所示。因主轴转速很高，活塞采用既轻又耐磨的高硅铝合金，表面涂有聚四氟乙烯，增加了耐磨性。活塞上装活塞环，活塞环的材料也是工程塑料。

活塞组在工作过程中受到气体压力、往复惯性力、侧压力和摩擦力的作用。与此同时又受到制冷剂的加热，润滑条件较差，为此，要求活塞组在尽量减小其自身质量的同时应具有足够的强度、刚度、耐磨性以及较好的导热性和较小的热膨胀系数，以维持与气缸之间的合理间隙。活塞组与气阀、气缸壁围成的余隙容积应尽可能地小。

图 4-16 滑管式活塞与滑块
1—滑管式活塞 2—滑块

一、活塞体

1. 结构

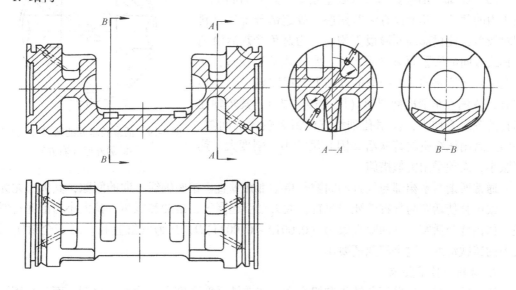

图 4-17 斜盘式压缩机的活塞

活塞体简称活塞，筒形活塞通常由顶部、环部和裙部三部分组成。活塞压缩气体的工作面称为活塞顶部。设置活塞环的圆柱部分称为环部。环部下面为裙部。裙部上有销座孔供安装活塞销。图 4-14 所示的活塞组在国产缸径 70mm 以上的压

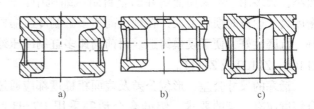

图 4-18 小型制冷压缩机的活塞

缩机中普遍采用。小型制冷压缩机的活塞比图 4-14 所示的结构简单，见图 4-18。图 4-18a 表示顶部为平面，图 4-18b 表示顶部中心有小坑，图 4-18c 则为顶部铣槽。

（1）顶部 活塞顶部承受气体压力。为了保证顶部的承压能力而又减轻活塞质量，顶部常采用薄壁设加强肋的结构（图 4-14）。活塞顶部与高温制冷剂接触，其温度很高，因而对于直径较大的铝合金活塞，顶部与气缸之间的间隙要大于裙部与气缸间的间隙。

为减少余隙容积，活塞顶部的形状应与气阀机构的形状相配合。有时为了填塞阀板上排

气通道的容积，在活塞顶上设置凸环（图 4-14）；亦有在活塞顶部铣削出各种形状的浅槽或凹坑的结构，以配合吸气阀片或凸出物（图 4-18）。有的活塞顶部中心攻有供装卸活塞连杆组件之用的螺孔（图 4-14）。

（2）环部　活塞环部的外圆柱面上加工有安装活塞环的环槽，环槽应能使活塞环在槽中自由转动，其间端面间隙一般取 0.05～0.1mm。间隙过大会产生较大的冲击和噪声，间隙过小则易使环在环槽中卡住，降低密封能力，造成活塞环的偏磨以及拉缸和咬缸。环槽径向深度应大于活塞环的径向宽度，以保证活塞在气缸中的径向移动。油环槽开设在气环槽的下面，在油环槽的槽底及环槽下的区域四周设有多个回油孔，与活塞内腔相通，以利回油。

全封闭制冷压缩机中的铸铁活塞上不装活塞环，因而没有环部，如图 4-18a 所示。

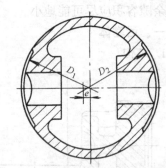

（3）裙部　活塞裙部与气缸壁紧贴，是导向和承受侧压力的部位，其上设有活塞销座，故这部分金属材料相对较多，使裙部的厚薄很不均匀。为避免受热后沿销孔轴线方向的膨胀而影响活塞的正常工作甚至咬缸，往往在铝合金活塞的活塞销座的外圆上制成凹陷（图 4-19 左方）或偏心车削成椭圆形（图 4-19 右方），其短轴在销孔的轴线方向上，使销孔轴线方向留有较大的间隙。小型全封闭压缩机的铸铁活塞因其尺寸小，刚度大、热膨胀小，无须采用类似措施。

图 4-19　活塞销座处的凹陷（左方）
和椭圆外形（右方）

通常所谓活塞裙部与气缸的间隙是指裙部在垂直于销座轴线方向的间隙，其大小尤为重要。太小会使活塞与气缸咬死或拉缸，太大会引起漏气、窜油和噪声，其大小与活塞材料有关，如铝合金活塞，其间隙大致为 $(0.0012～0.0024)D$，D 为气缸直径。对于全封闭压缩机中的铸铁活塞，这个间隙还要小。

2. 材料及技术要求

活塞的材料一般采用灰铸铁和铝合金。灰铸铁活塞强度高、价廉、耐磨，而且热膨胀系数小，大多用于不采用活塞环的全封闭压缩机中，常用 HT200 和 HT250。但是灰铸铁活塞密度大，运行时惯性力大，在现代高速多缸制冷压缩机中不适合。铝合金的密度小，导热性好，抗磨性好，便于硬模铸造。目前高速多缸制冷压缩机均采用铝合金活塞，材料一般采用 ZL108、ZL109 或 ZL111。

活塞的尺寸公差、形位公差及表面粗糙度都应通过机械加工予以保证。活塞与气缸的配合精度应有较高的要求，铝硅合金活塞采用 H7/d8 间隙配合，铸铁活塞间隙较小，采用 H6/h5 间隙配合。活塞销孔轴线对活塞轴线的垂直度公差 100:0.035。活塞销座中心到活塞顶面距离也有一定的公差要求，以保证压缩机的余隙容积。安装活塞时，所留有的余隙高，一般为 0.5～1.5mm。活塞外圆柱面表面粗糙度为 $R_a0.8\mu m$。

二、活塞环

活塞环是一个带开口的弹性圆环，如图 4-20 所示。在自由状态下，其外径大于气缸的直径，装入气缸后直径变小，仅在切口处留下一定的热膨胀间隙，靠环的弹力使其外圆面与气缸内壁贴合并产生预紧压力 p_k。活塞环可分为气环和油环两种，气环的作用是保持气缸与活塞之间的密封性；油环的作用是刮去气缸壁上多余的润滑油，避免过量的润滑油进入气缸。

1. 气环

气环依靠节流与阻塞来密封，其密封原理如图4-21所示。气环装入气缸后，预紧压力 p_k 使环紧贴在气缸内壁上。气体通过气环工作间隙产生节流，压力由 p_1 降至 p_2，于是在气环前后产生一个压差 $p_1 - p_2$，因压差力作用，气环被推向低压 p_2 方，阻止气体由环槽端面间隙泄漏。此时，环内表面上作用的气体压力（简称背压）可近似地等于 p_1，而环外表面上作用的气体压力是变化的，近似地认为是线性变化关系，其平均值等于 $(p_1 + p_2)/2$。若近似地认为气环内、外表面积相同均为 A 值，于是在环内、外表面便形成了压差作用力 ΔP $\approx [p_1 - (p_1 + p_2)/2]A = (p_1 - p_2)A/2$。在此压差力的作用下，使环压向气缸工作表面，阻塞了气体沿气缸壁泄漏。气缸内压力越大，密封压紧力也越大，这就表明气环具有自紧密封的特点，但气环开口且具有弹力是形成自紧密封的前提。

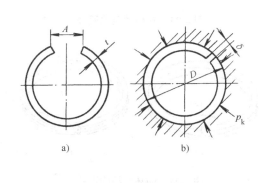

图4-20　活塞环
a) 自由状态　b) 装入气缸后

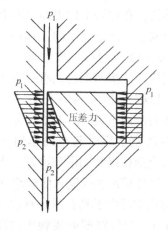

图4-21　气环密封原理图

对采用多道气环的密封效果进行试验发现，气体经过第一道环的节流密封后，其气体压力降至原压力的26%，经第二、三道环密封后，压力分别降至原压力的10%和7.5%，可见采用多环密封，第一道环的密封作用最大，但它的寿命也因磨损量大而缩短。

制冷压缩机由于气缸工作压力不太高，活塞两侧压差不大，一般用二或三道气环。转速高、缸径小和采用铝合金活塞的压缩机可以只用一道气环。

气环的截面形状多为矩形，其切口形式一般有直切口、斜切口和搭切口三种，如图4-22所示。其中以搭切口漏气量最少，但制造困难，安装时易折断。斜切口比直切口的密封

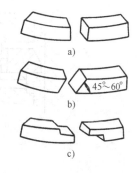

图4-22　气环的切口形式
a) 直切口　b) 斜切口　c) 搭切口

能力强些，但直切口制造最方便。对于高速压缩机而言，不同切口形状的漏气量相差不多，大多采用直切口。同一活塞上的几个活塞环在安装时，应使切口相互错开，以减少漏气量。

2. 油环

压缩机运转时，气环不断地泵油，使润滑油进入气缸。气环的泵油作用原理如图4-23

所示。活塞向下运动时，润滑油进入气环下端面和环背面的间隙中（图4-23a）；活塞向上运动时，气环的下端面与环槽平面贴合，油被挤入上侧间隙（图4-23b）；活塞再度向下运动时，油进入位置更高处的间隙（图4-23c）。如此反复，润滑油被泵入气缸中。

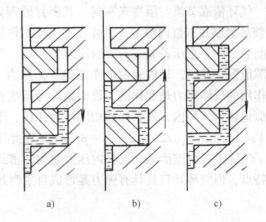

为了避免润滑油过多进入气缸，一般在气环的下部设置油环。图4-24表示了油环的两种结构形式。图4-24a是一种比较简单的斜面式油环，它的工作表面有四分之三高度是做成带有斜度10°~15°的圆锥面。安装时，务必将圆锥面置向活塞顶的一面；图4-24b是目前压缩机中常用的槽式油环结构，在它的工作表面上车有一条槽，以形成上下两个狭窄的工作面，在槽底铣有10~12个均布的排油槽。在安置油环的相应活塞槽底部应钻有一定数量的泄油孔，以配合油环一起工作。

图4-23 气环的泵油原理

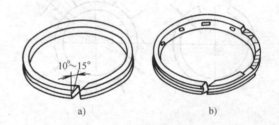

图4-24 油环的结构形式
a）斜面式 b）槽式

油环的刮油作用如图4-25所示。斜面式油环在活塞上行时起布油作用（图4-25a），形成油楔以利润滑和冷却，下行时将油刮下经环槽回油孔流入曲轴箱（图4-25b）。槽式油环由于具有两个刮油工作面（图4-25c），与气缸壁的接触压力高，排油通畅，刮油效果好，被广泛应用于国产中小型压缩机中。

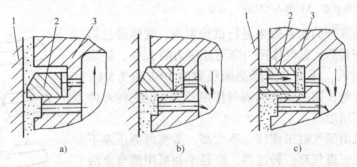

图4-25 油环的刮油作用
1—气缸 2—油环 3—活塞

活塞环的材料要有足够的强度、耐磨性、耐热性和良好的初期磨合性等。目前常用的材料是含少量Cr、Mo、Cu、Mn等元素的合金铸铁。在小型制冷压缩机中，近年来出现使用聚四氟乙烯加玻璃纤维或石墨等填充剂制成的活塞环。其特点是密封性好，寿命长，对气缸镜面几乎无磨损，虽然热膨胀系数大，易膨胀，但仍然是一种很有前途的材料。

为了改善第一道气环的耐磨性，可对其采用多孔性镀铬的表面镀层处理方法，此法不仅提高环的使用寿命1~2倍，还可使气缸的磨损减少20%~30%。

活塞环的加工要求比较高，如它的高度、厚度、闭口间隙、挠曲度、漏光度等均有严格的控制范围。环表面粗糙度的要求是：环两侧面 $R_a0.4\mu m$；外圆面 $R_a1.6\mu m$。

三、活塞销

活塞销是连接连杆和活塞的零件，一般均制成中空圆柱结构（图4-14），以减少惯性力。

现代制冷压缩机中，普遍采用浮式活塞销联接，即活塞销相对销座和连杆小头衬套都能自由转动，这样可以减小摩擦面间的相对滑动速度，使磨损减小且均匀。为防止活塞销产生轴向窜动而伸出活塞擦伤气缸，通常在销座两端的环槽内，装上弹簧挡圈，它可以用弹簧钢片或钢丝制成，其嵌入销座中的深度应为钢片径向厚度或钢丝直径的一半以上。为了提高铝合金活塞装配精度，在装配时应用选配方法，活塞销和销座孔配合取 H6/h5，对活塞预热，温度控制在 $70\sim80℃$ 左右，然后装入活塞销，把活塞和连杆连接起来。除浮式连接外，活塞销联接也有采用半浮式连接，即将活塞销固定于销座上，这样销座可短些，连杆小头中的衬套可加长，降低了比压，但活塞销不能自由转动，磨损总在一个位置上，其使用寿命短。

活塞销与活塞销座间的润滑是利用飞溅的润滑油或由油环刮下并通过适当油孔导入的润滑油。

活塞销主要承受交变的弯、剪冲击载荷，而且润滑条件较差，因而须采用耐磨、抗疲劳和抗冲击的材料。一般用20低碳钢或优质低碳合金钢20Cr、15CrMn 进行表面渗碳淬火。渗碳层厚度约在 $0.5\sim1.5mm$ 内，淬火回火后的硬度可达 $55\sim62HRC$。活塞销也有采用45钢进行高频淬火并回火，其表面硬度可达 $50\sim58HRC$。

活塞销外圆柱面的圆柱度允差不大于 IT6 级直径公差之半。外圆柱面应经精磨，表面粗糙度为 $R_a0.2\mu m$。由于活塞销的损坏会导致严重事故，因此活塞销加工完后应进行探伤检查。

第五节 气阀缸套组件

一、气阀的工作原理及要求

气阀是活塞式制冷压缩机中重要部件之一，它的作用是控制气体及时地吸入与排出气缸。活塞式制冷压缩机所使用的气阀都是受阀片两侧气体压力差控制而自行启闭的自动阀，它主要由阀座、阀片、气阀弹簧和升程限制器四个主要零件组成。如图 4-26 所示，阀座 1 上开有供气体通过的通道 6，其流通面积称为阀座通道（或通流）面积（图4-26 中 A_b）。阀座上设有凸出的环状密封缘 5（称为阀线），阀片 2 是气阀的主运动部件，当阀片与阀线紧贴时则形成密封，气阀关闭。气阀弹簧 3 的作用是迫使阀片紧贴阀座，并在气阀开启时起缓冲作用。升程限制器 4 用来限制阀片开启高度。气阀开启时，阀片升程形成的气流通道面积称为气阀的阀隙通道面积

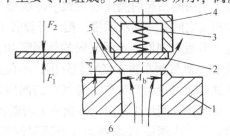

图4-26 气阀组成示意图

1—阀座 2—阀片 3—气阀弹簧
4—升程限制器 5—阀线 6—阀座通道

（图4-26中 A ）。通常，气阀的最大阀隙通道面积（气阀全开时），总要小于阀座通道面积。

气阀的工作原理是：当阀片下面的气体压力大于阀片上面的气体压力和弹簧力以及阀片重力时，阀片离开阀座，气阀开启，阀片上升到升程限制器时，即所谓气阀全开，气体通过气阀通道流过。当阀片下面的气体压力小于阀片上面的气体压力和弹簧力及阀片重力时，阀片离开升程限制器向下运动，直到阀片紧贴在阀座的阀线上时，即关闭了气阀通道，使气体不能通过，这样完成了一次启闭过程。应刻指出：吸气阀是靠压缩机吸气腔与气缸内的压差而动作，排气阀是靠压缩机排气腔与气缸内的压差而动作。

气阀工作的好坏直接影响到压缩机运转的经济性和可靠性。为此对气阀提出下述几项最基本的要求：

1）气体流过气阀的阻力损失小。气阀通道的阻力损失直接影响到压缩机的指示效率和输气系数。经验表明，气体流过气阀时的流动阻力损失约占指示功的 10% ~ 20%，其大小与气阀的通流面积以及阀片运动规律有关。因此在设计气阀时必须合理地解决这些问题，尽量减少阻力损失。

2）使用寿命长（大于4000h）。气阀中的阀片和弹簧是压缩机的易损零件，因此，提高这些零件的寿命对提高压缩机的运转率有显著影响。阀片和弹簧的寿命不仅和所用材料，加工工艺有关，还与阀片对升程制器和阀座的撞击速度有关。气阀寿命也与压缩机转速有关，高转速压缩机的气阀寿命要短些。

3）气阀形成的余隙容积要小。

4）阀片启闭应及时，气阀关闭时应严密不漏。阀片若开启不及时，则将增加压力损失，增加功耗，而且降低了压力系数 λ_p，对吸气量也有影响。若关闭不及时，则将使气体倒流，不仅影响输气量，而且阀片对阀座的撞击大，影响阀片的寿命。若气阀关闭时不严密，则会增加气体的泄漏量，影响压缩机的效率和输气量。

5）结构简单，制造方便，易于维修，零部件的标准化、通用化程度高。

二、气阀及气缸套的结构

1. 环片阀

（1）刚性环片阀 刚性环片阀是目前应用最广泛的一种气阀结构型式。我国缸径在70mm 以上的中、大型活塞式制冷压缩机系列均采用这种气阀。刚性环片阀采用顶开吸气阀阀片调节输气量，并利用排气阀盖兼作安全盖。图 4-27 表示了刚性环片阀的典型结构，图示是气缸套和吸、排气阀组合件。吸气阀座与气缸套 22 顶部的法兰是一个整体，法兰端面上加工出两圈凸起的阀座密封线。环状吸气阀片 14 在吸气阀关闭时贴合在这两圈阀线上。两圈阀线之间有一环状凹槽，槽中开设若干均匀分布的与吸气腔相通的吸气通孔。吸气阀的阀盖（升程限制器）与排气阀的外阀座 10 做成一体，底部开若干沉孔，设置若干个吸气阀弹簧13。吸气阀布置在气缸套外围，不仅有较大的气体流通面积，而且便于设置顶开吸气阀片式的输气量调节装置。排气阀的阀座采用内外分座式结构。内外阀座之间形成排气通道。环状排气阀片 3 与内、外阀座上两圈密封线相贴合，形成密封。外阀座安装在气缸套的法兰面上，内阀座11 与阀盖（升程限制器）4 用中心螺栓9 联接，阀盖又通过四根螺栓2 与外阀座连成一体，这个阀组也被称为安全盖（又称假盖）。有些 100、170 系列机的外阀座则固定在气缸套法兰上，仅由内阀座及阀盖作为安全盖。为减小压缩机的余隙容积，使活塞顶部形状与排气通道形状相吻合，当活塞运动到上止点位置时，内阀座刚好嵌入活塞顶部凹

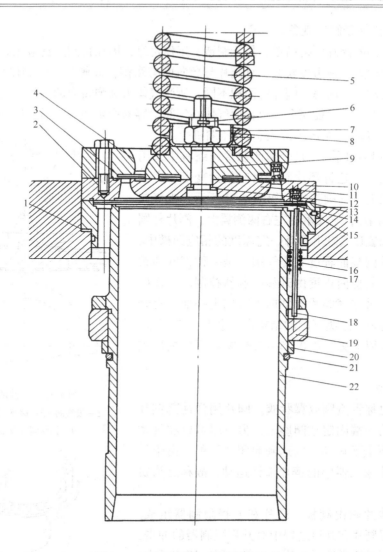

图 4-27　气缸套及吸、排气阀组合件

1—调整垫片　2—螺栓　3—排气阀片　4—阀盖　5—安全弹簧　6—开口销　7—螺母

8—钢碗　9—中心螺栓　10—外阀座　11—内阀座　12—垫片　13—吸气阀弹簧　14—吸气阀片　15—圆柱销

16—顶杆弹簧　17—开口销　18—顶杆　19—转动环　20—垫圈　21—弹性圈　22—气缸套

坑内。

　　安全盖的阀盖 4 上装有安全弹簧 5（又称假盖弹簧），弹簧上部再用气缸盖压紧。安全弹簧装上后产生预紧力。当气缸内进入过量液体，在气缸内受到压缩而产生高压时，安全盖在缸内高压的作用下，克服安全弹簧力而升起，使液体从阀座打开的周围通道迅速泄入排气腔，使气缸内的压力迅速下降，从而保护了压缩机。当活塞到达上止点位置后往回运动时，安全盖在安全弹簧力作用下，回复原位而正常工作。

　　在制冷压缩机工作时，如遇调整不当或其他原因而使制冷剂流量过大时，蒸发器中的部分液体制冷剂来不及气化就进入压缩机气缸，因为液体可压缩性很小，同进也来不及从排气阀通道排出，致使气缸内压力急剧上升。有了安全装置，超压液体即可从气缸内迅速沿安全盖周围排至排气腔，避免炸缸的发生。此时，压缩机内部会发出安全盖起跳的沉重撞击声，即所谓"液击"（敲缸）现象。

刚性环片阀的阀片结构简单，易于制造，工作可靠，因而得到广泛应用。但由于阀片较厚，运动质量较大，冲击力较大，且阀片与导向面有摩擦，故阀片启闭难以做到迅速及时。在多环片的气阀中，因每个阀片的面积不同，所受气体力和弹簧力的分配比例也不相同，各阀片的启、闭时间不可能完全一致，使气体在气阀中容易产生涡流，增大损失。因此刚性环片阀只适用于转速不高于1500r/min的压缩机中。

（2）柔性环片阀 它是全封闭制冷压缩机中采用的气阀型式之一。这种环片阀开启时阀片变形，产生弹力，因而取消了气阀弹簧。如图4-28所示，吸气阀1为柔性环形阀片，它支承在左右两侧翼上，阀片外圆上的凸舌被插置在气缸上具有一定深度的相应凹槽中，用以限制阀片的挠曲程度。排气阀3是一种带臂的柔性环形阀片，其挠曲程度由升程限制器控制。工作中受气体推力，吸排气阀片分别向下或向上挠曲，打开相应的阀座通道。这类气阀的结构和工艺都比较复杂，成本较高，多用于功率在0.75～7.5kW范围内的压缩机中。

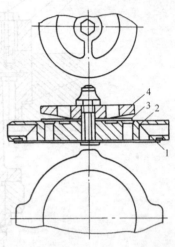

图4-28 柔性环片阀
1—吸气阀 2—阀座 3—排气阀
4—排气阀升程限制器

2. 簧片阀

簧片阀也称舌簧阀或翼状阀。阀片用弹性薄钢片制成，阀片的一端固定在阀座上，另一端可以在气体压差的作用下上下运动，以达到启闭的目的。由于气阀启闭时阀片像乐器中的簧片那样运动，故称之为簧片阀。

通常，簧片阀由阀板、阀片和升程限制器组成。有时为了减轻阀片在开启过程中对升程限制器的冲击，可在两者之间设置弹性缓冲片。一般在制冷压缩机中，吸气阀不使用升程限制器，有时为了限制阀片升程可在气缸上加工一限制槽。图4-29为吸、排气簧片阀中的一种，吸气阀片7为舌形，装在阀板6的下侧，其一侧靠两个销钉8定位而紧夹在阀板和气缸体之间；另一侧即舌尖部分为自由端，它置于气缸体一相应的凹槽中，凹槽的高度限制了簧舌的升程。阀板上四个呈菱形布置的小孔是吸气通道。吸气阀片上的长形孔作排气通道及减小阀片刚度之用。排气阀片5装在阀板的上侧，其形状为弓形，两端用螺钉1将缓冲弹簧片4、升程限制器2和阀片一起固定在阀板上。升程限制器是向上翘曲的，其弯曲度和阀片全开时的弯曲形状相一致。

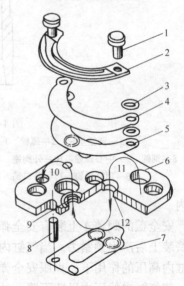

图4-29 吸、排气簧片阀组
1—螺钉 2—升程限制器 3—垫圈
4—缓冲弹簧片 5—排气阀片 6—阀板
7—吸气阀片 8—销钉 9、12—阀线
10—排气流向 11—吸气流向

簧片阀工作时，阀片在气体力的作用下，离开阀板，气体从气阀中通过，而当阀片两侧的压力差消失时，阀片在本身弹力的作用下，回到关闭位置。

簧片阀阀片的形状取决于阀座上气流通道和阀片固定的位置，常见的形状见图4-30，图中1~9为吸气阀片，10~13为排气阀片。

簧片阀的结构简单、紧凑、余隙容积小。阀片由厚度为0.1~0.3mm的优质弹性薄钢片制造，其质量轻，冲击小，启闭迅速，适用于小型高速制冷压缩机。我国全封闭式及50系列压缩机多采用这种气阀。但簧片阀阀片材料和工艺要求高，因为其工作条件比较恶劣，它不仅受到气体的冲击，还受到挠曲。另外，其气阀通道面积较小，不易实现顶开吸气阀调节输气量。

3. 网片阀

网片阀的结构形状相当于不同直径的若干环片阀以辐射状筋条连成一体而呈蛛网状。这种阀片可以在中心环处被夹紧在阀座和升程限制器之间（图4-31），这时，在阀片靠中心环的径向连接肋片处开有断开的切口，切口之间的第二环有一段或两段被铣薄（图4-31上阴影部分），因而使阀片本身具有一定的弹性。

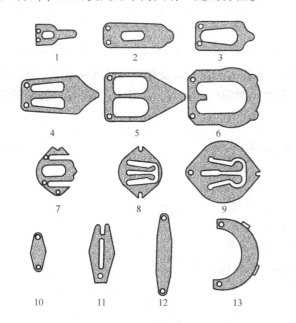

图4-30　簧片阀的常用阀片形状

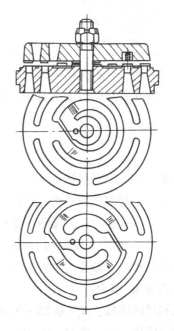

图4-31　阀片中心环被固定的网片阀

从图4-31的上图看，阀片的最大升程由中心垫圈的厚度来调整，有一圈均布的圆柱形弹簧作用在阀片上。这种气阀结构不需导向面对阀片导向，消除了两者间的摩擦，避免了环片阀的这种缺点。有的网片阀在其阀片和升程限制器之间还装有与阀片形状类似的弹性缓冲片，缓冲片中间有几处断开并挠曲。当阀片开启时，缓冲片的挠曲处被压平而产生弹性变形及相应的弹性力，当接近止点而阀片上下压差减小时，阀片受气阀弹簧和缓冲片弹性力的作用而关闭。

网片阀有较大的通道截面积，弹性比刚性环片阀好，因而冲击力较小，但阀片结构复杂，气阀零件多，加工困难，成本高，阀片质量较大，也不适宜用于高转速压缩机。应用远不如刚性环片阀广泛。

除此之外，活塞式制冷压缩机中还使用盘状阀、条状阀和塞状阀等。

4. 气阀通道流速、气阀弹簧及弹簧力

（1）气阀通道流速　气流通过阀隙通道、阀座通道以及升程限制器通道时，相应有阀隙、阀座及升程限制器三个气流速度。阀隙气流速度影响能量损失，阀座气流速度影响阀片寿命，而升程限制器气流速度一般较低，对气阀的工作影响不大。较低的气流速度对减少能量损失、提高阀片寿命是有利的，但势必导致气阀尺寸过大，在气缸上难以布置，也给制造维修带来困难，所以必需恰当地选择气流速度。

选择气速时，主要是根据阀隙气流速度，其他气速可通过一定的比例关系来确定。根据压缩的制冷剂工质不同，允许的阀隙气流速度 $[c_v]$ 如表4-4所示。

表4-4　阀隙处气流速度许用值 $[c_v]$

压 缩 机 类 别	许　用　流　速/(m/s)	
	R717	R12、R22
一般制冷压缩机	60	30
我国系列压缩机	53	53
低压压缩机	70	70

研究表明，气阀的相对阻力损失不仅与气阀的通流面积以及阀片运动规律有关，还与被压缩工质的性质及运行工况有关，因此，为确定阀隙气流速度 c_v，引入了阀隙马赫数的概念：

$$M_v = \frac{c_v}{c} \tag{4-1}$$

式中　M_v——阀隙马赫数；

　　　c_v——阀隙气流速度，单位为 m/s；

　　　c——音速，$c = \sqrt{kRT}$，单位为 m/s；

k、R、T——阀前气体的绝热指数、温度和气体常数。

先确定阀隙马赫数 M_v 的值，再求出阀隙气流速度 c_v 值。

推荐的 M_v 值为：

氟利昂压缩机：$M_v = 0.25 \sim 0.40$；

氨压缩机：$M_v = 0.15 \sim 0.20$。

（2）气阀弹簧及弹簧力　气阀弹簧是气阀的重要零件，弹簧力大小及弹簧的特性均影响到气阀的运动规律、流动损失和使用寿命。

气阀弹簧力的大小只须足以保证阀片在止点上恰好完全关闭即可。若弹力过大，则气阀关闭过早，甚至使阀片到达不了升程限制器，大大减少了气阀的开启时间，即降低了压缩机的输气系数和指示效率。若是弹簧力过小，则阀片开始关闭过迟，以致不能赶在活塞到达止点时落座，出现延迟关闭的现象。特别是对排气阀，延迟关闭将会有部分高温气体返回气缸，降低了压缩机输气量，提高了排气温度。因而，选择适当的气阀弹力对气阀的设计是很重要的。

至于弹簧的特性，理想的应是变刚度的，即气阀全闭时弹簧刚度小，而在全开时弹簧刚度变大，这样，则可使气阀迅速开启，降低阀片对升程限制器和阀座的撞击速度，有利于增加气阀的升程。

刚性环片阀中广泛采用的是由弹簧钢丝绕制而成的等刚度圆柱形弹簧，它们均布在阀片的圆周上。其最大优点是可以标准化，制造方便，当需要不同的弹簧力时，可借助于改变弹簧的个数及改变升程限制器内弹簧座孔深度来改变弹簧的预压缩量。圆柱形弹簧应在两端并死 3/4 ~ 5/4 圈并磨平。有时为防止从弹簧座孔内脱出，可将最后一圈直径放大，如图 4-32a 所示。

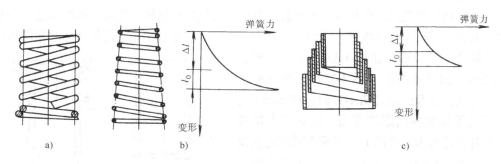

图 4-32 气阀弹簧

a）圆柱形弹簧 b）锥形弹簧 c）塔形弹簧

变刚度弹簧有用弹簧钢丝绕成的锥形弹簧（图 4-32b）和用弹簧带绕成的塔形弹簧（图 4-32c）。由于各圈的刚度不同，受压时，最大变形首先产生在圈径最大的工作圈处，直至并圈不再参与工作的情况，使余下的工作圈数减少和最大圈径缩小，弹簧刚度从而提高。这两种弹簧的稳定性好，与弹簧孔座没有摩擦，塔形弹簧各圈间没有碰撞接触。但制造工艺较复杂，目前国内应用不普遍。

影响弹簧力的主要因素是弹簧的刚性系数和预压缩量。定义气阀全开时（弹簧力最大），单位阀座出口通道面积上作用的弹簧力称为弹簧比压 q，单位为 Pa。制冷压缩机 q 的推荐值为：

进气阀：$q = 3900 ~ 13000 \text{Pa}$

排气阀：$q = 5900 ~ 25000 \text{Pa}$

氟利昂制冷剂分子量大取大值。气阀关闭时气阀弹簧预紧比压为上述值的 0.3 ~ 0.7。

在有了 q 值以后，即能根据材质选取弹簧的平均刚性系数和预压缩量大小。通过对气阀的深入分析可知，q 值对阀片的运动有很大影响，而 q 值又与工质种类、热力学状态、阀隙气流速度以及阀片升程均密切相关。q 值过大或过小会导致阀片的"颤抖"或"关闭迟延"，加速弹簧或阀片的损坏。为了避免阀片的"颤抖"和"关闭迟延"这两种不正常的阀片运动，提出了气阀的合理性准则：

$$\frac{\theta_2}{\theta_3} < 0.7 \tag{4-2}$$

$$\frac{\theta_2}{\theta_1} > 2 \tag{4-3}$$

式中 θ_1 ——气阀假想关闭角，即阀片仅在弹簧力的作用下（不计气体推力）从全开位置降落到阀座上所需时间 T_1 所对应的曲柄转角；

θ_2 ——阀片开始脱离升程限制器直到活塞到达止点所持续的时间 T_2 所对应的曲柄转

角；

θ_3——阀片在气体推力作用下克服弹簧力推到升程限制器起至活塞到达止点时为止所需时间 T_3 所对应的曲柄转角。

此准则用于检查已有气阀的可靠性、分析和改进压缩机的气阀设计，取得了良好结果。符合此准则的气阀一般是可靠的，但不符合的并不一定不可靠。

5. 缸套

国产系列活塞式压缩机从 50～170 各系列均采用气缸套结构。气缸套的作用是与活塞及气阀一起在压缩机工作时组成可变的工作容积。另外，它还对活塞的往复运动起导向作用。

气缸套呈圆筒形，如图 4-33 所示。一种缸套上无吸气圆孔及凸缘（图 4-33a），另一种缸套上有吸气圆孔和凸缘（图 4-33b）。图 4-33a 的缸套仅起解决磨损问题的作用，缸套嵌入机体时，其径向定位由缸套的上、下两个圆形定位面保证，上面一个圆形定位面的直径略大于下面一个圆形定位面的直径，以利缸套的压入或拉出；其轴向定位依靠缸套顶部法兰的下端面，缸套法兰被阀板或安全盖压紧在气缸镗孔周围的支承台阶上，其间放置密封垫圈，改变垫圈厚度可调整

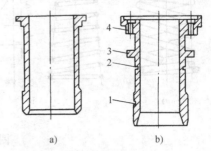

图 4-33 缸套
1—密封圈环槽 2—挡环槽 3—凸缘 4—吸气通道

气缸的余隙容积。气缸套下端在轴向是自由的，以便受热后自由膨胀。图 4-33b 的缸套增加了两个功能：

1）缸套顶部的法兰提供了吸气通道 4 和吸气阀阀座，成为压缩机气阀的一部分。

2）缸套中部外圆上的凸缘 3 及挡环槽 2 是用以安装顶开吸气阀片的卸载机构，成为压缩机输气量调节机构的一部分。

图 4-33b 所示的缸套在我国高速多缸制冷压缩机系列中被广泛采用。

在单机双级的压缩机中，在机体的横隔板两侧具有不同压力，其间必须隔离密封，故需在气缸套下部的定位面上开有安装 O 型密封圈的环槽 1（图 4-33b）。

三、气阀、缸套材料及技术要求

1. 气阀材料及技术要求

阀片在工作中承受反复冲击和交变弯曲负荷，故其材料应具有强度高、韧性好、耐磨和耐腐蚀等性能。我国制冷压缩机中使用的刚性环片阀阀片常用 30CrMnSiA、3Cr13 或 4Cr13Mo 等制造；簧片阀阀片则多用瑞典弹簧带钢、T8A、T10A、70Si2CrA 及 PH15-7Mo 等。

环片阀阀片热处理硬度一般为 46～54HRC。阀片在精磨后要进行补充回火，以消除内应力，这是提高阀片寿命的有效方法，并能显著减少同一批阀片中寿命长短不等的现象。

簧片阀阀片在冲裁后，其边缘上一带容易产生应力集中的微伤都要彻底清除。采用滚抛工艺可以除去毛边，形成圆角边缘，并对表面层进行冷作硬化，提高抗疲劳能力。

阀片的损坏主要是磨损和击碎。阀片的击碎往往与阀片表面质量有很大关系，因此，其表面不应有切痕、擦伤、压痕等缺陷。阀座密封表面应进行研磨加工。阀片上下平面表面粗糙度数值应不大于 $R_a 0.20\mu m$，其翘曲度偏差应有严格规定。

气阀弹簧一般多用 50CrVA、65Mn 及 60Si2Mn 等合金弹簧钢丝制造，热处理后硬度达 43~47HRC。弹簧热处理后进行喷丸或喷砂处理可提高其疲劳强度。

阀座材料视气阀两侧压力差选择，对于低压差（≤0.6MPa），可用灰铸铁 HT200；中压差（0.6~1.6MPa）则用 HT250、稀土球墨铸铁或 35、45 钢等。其密封表面应具有特别细密的金相组织。在每次检修或更换阀片时，都应重新研磨阀座的密封线，当密封线低于 0.5mm 时应予更换。

升程限制器的材料一般与阀座相同。

气阀组装后应进行密封性检验合格后才可使用。

2. 气缸套材料及技术要求

气缸套常采用含少量硼或铌的合金铸铁离心铸造，硬度为 200~235HBS 左右，也有采用高磷铸铁和球墨铸铁的。

有时，为了进一步提高气缸套的耐磨性，还可以对工作表面进行多孔性镀铬和离子氮化处理。

对缸套镜面的加工精度和表面粗糙度应适当控制。过大的锥度和圆度会使镜面与活塞环表面接触不良，磨损加剧。表面粗糙度值过大时缸套镜面磨合期的磨损影响较大，其值过小又不利贮油。缸套内表面珩磨形成网状沟纹，可贮存润滑油，改善润滑效果，是气缸镜面的典型加工工艺。另外，改善工质和润滑油的滤清也是提高缸套耐磨性不容忽视的一面。

气缸套的内表面圆柱度公差不大于 IT7 级直径公差之半。直径磨损量达到直径的 0.5% 时，应更换缸套。

气缸套的形状和位置公差应符合表 4-5 规定的等级。气缸套各加工表面粗糙度值应不大于表 4-6 的规定。

表 4-5 气缸套形状和位置公差等级

项 目	气缸套上、下配合面对内表面轴线的径向圆跳动	气缸套上、下配合面素线对内表面轴线的平行度	内 表 面		支承肩下端面对内表面轴线的端面圆跳动
			圆度	素线对其轴线的平行度	
公差等级	9	7	8	4	7

表 4-6 气缸套各加工表面粗糙度要求 （单位：μm）

加 工 表 面	表 面 粗 糙 度 R_a
内 表 面	0.4
支承肩上、下端面	1.6
外圆配合面	
阀座密封面	0.1
阀线密封面	0.2

精加工前，气缸套应经水压试验，持续时间 5min，不应渗漏、浸润。试验压力按 1.5 倍的设计压力进行。

第六节 轴 封

一、轴封的作用

对于开启式制冷压缩机，曲轴均需伸出机体（曲轴箱）与动力机械连接。由于曲轴箱内充满了制冷剂气体，因此在曲轴伸出机体的部位应安装轴封装置。它的作用是防止曲轴箱内的制冷剂气体经曲轴外伸端间隙漏出，或者因曲轴箱内气体压力过低而使外界空气漏入。对轴封装置要求结构简单，密封可靠，使用寿命长，维修方便。

二、轴封的结构

以往国产非标准系列活塞式制冷压缩机的轴封采用类似一般转动机械的填料函式密封机构，往往达不到密封要求，而且由于填料的热胀冷缩，操作时需要随时松动或旋紧填料压盖，使用很不方便。国产系列制冷压缩机已全部改用机械式密封机构。目前所使用的轴封主要有摩擦环式及波纹管式两种。

1. 摩擦环式轴封

摩擦环式轴封又称端面摩擦式轴封。图4-34是一种较为常用的摩擦环式轴封，其结构简单，维修方便，使用寿命长。它有三个密封面。

1）A 为径向动摩擦密封面。它由转动摩擦环 2 和静止环 3 的两相互压紧磨合面组成，压紧力是由弹簧 7 和曲轴箱内气体压力所产生。

2）B 为径向静密封面。它是由转动摩擦环 2 与密封橡胶圈 5 之间的径向接触面所组成，靠弹簧压紧，并与轴一起转动。

3）C 为轴向密封面。它是由密封橡胶圈的内表面与曲轴的外表面所组成，因密封橡胶圈的自身弹性力使其与曲轴间有着一适当的径向密封弹力。当曲轴有轴向窜动时，密封橡胶圈与轴间可以有相对滑动。

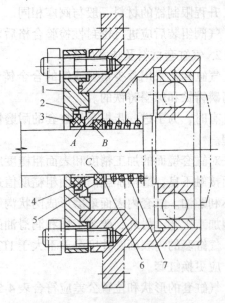

图 4-34　摩擦环式轴封结构
1—端盖　2—转动摩擦环　3—静止环　4—垫片
5—密封橡胶圈　6—弹簧座圈　7—弹簧

径向动摩擦密封端面 A 是轴封装置的主端面，主轴旋转时，该端面会产生大量摩擦热和磨损，为此必须考虑密封端面 A 的润滑和冷却，使其在摩擦面上形成油膜，减少摩擦和磨损，增强密封效果。因而安装轴封的空间要有润滑油的循环并设置进出油道，以保证端面润滑和冷却。通常，为延长这种端面摩擦式轴封的使用寿命，允许端面 A 有少量的油滴泄漏，但需要设置回收油滴的装置。

为了保证 C 密封面的安装要求，因而对密封橡胶圈的装配要求较高。在 810F70 型压缩机中，其密封橡胶圈 4 的形状经过改进后做成波纹状，如图 4-35 所示，可自由伸缩。这样，即使紧固段的橡胶圈在轴颈上不能滑动，还可由波纹段的伸缩来补偿曲轴的轴向窜动，

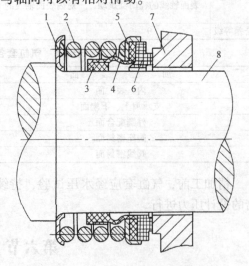

图 4-35　810F70 型压缩机的轴封结构
1—弹簧座　2—弹簧　3—压紧圈　4—波纹状密封
橡胶圈　5—钢圈　6—转动摩擦环　7—压盖　8—轴颈

降低了密封橡胶圈的装配要求，同时，又可增强 C 密封面的可靠性。

上述轴封都采用单个弹簧与轴颈同心安装。虽然弹簧两端经过磨平，但其压力还是不均匀的，弹簧直径越大，其不均匀程度越明显。所以，尺寸大的轴封一般需要改用多弹簧的结构，如图 4-36 所示。

2. 波纹管式轴封

在小型氟利昂压缩机中，也有采用如图 4-37 所示的波纹管式轴封。这种轴封的波纹管 6 具有较大的轴向伸缩能力。波纹管一端焊在压盖 8 上，另一端焊在静止环 4 上。静止环在弹簧 5 和气体压力的作用下紧压在转动摩擦环 3 上，构成相对转动的动密封面，而转动摩擦环与曲轴 1 之间是靠密封圈 2 来实现密封的。这种轴封由于其精度不高，容易损坏，密封效果较差，所以逐步被淘汰，被摩擦环式轴封所替代。

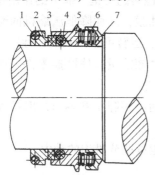

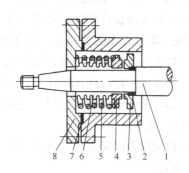

图 4-36 多弹簧摩擦环式轴封结构

1、4—密封橡胶圈 2—静止环 3—转动摩擦环
5—压圈 6—弹簧 7—弹簧座

图 4-37 波纹管式轴封结构

1—曲轴 2—密封圈 3—转动摩擦环 4—静止环
5—弹簧 6—波纹管 7—垫片 8—压盖

三、轴封材料和技术要求

轴封装置中最重要的零件是摩擦副的动、静环。合理选配动、静环材料是确保轴封密封质量和使用寿命的关键。动、静环一般选用软硬不同的材料制造。当静环和机器前盖呈一体时，采用灰铸铁或碳钢；不为一体时，采用青铜、高铅青铜或锡锑铜合金。当静环为钢或铸铁时，动环用石墨、青铜或锡锑铜合金。目前动、静环常用的配对材料有磷青铜—15Cr（或20Cr）；磷青铜—灰铸铁 HT200；浸渍石墨—灰铸铁 HT200。

波纹管用 80 或 90 黄铜；轴封弹簧用 60Si2Mn 钢；橡胶密封圈，氨压缩机可用一般耐油橡胶，氟利昂压缩机则用丁腈、氯乙醇、氯丁等橡胶。

钢环摩擦面要进行热处理，其表面硬度要求达到 58 ~ 65HRC，铸铁环摩擦面硬度要求为 300 ~ 350HBS。各环摩擦面的表面粗糙度数值应不大于 $R_a0.10\mu m$。摩擦面上不得有贯穿纹丝，动环端面平面度误差在 100mm 长度内不大于 0.01mm，端面对孔轴线的垂直度误差在100mm 半径上不得超过 0.01mm。

开启式活塞制冷压缩机轴封处油的渗漏应不超过 0.5mL/h。

第七节 润 滑 系 统

制冷压缩机运转时，各运动摩擦副表面之间存在一定的摩擦和磨损。除了零件本身采用自润滑材料之外，在摩擦副之间加入合适的润滑剂，可以减小摩擦、降低磨损。润滑对压缩机的性能指标、工作可靠性和耐久性有着重大的影响。润滑不良除了会使压缩机过热，零件磨损加剧外，严重时可引起轴瓦烧毁，活塞在气缸里咬死，也可能引起窜油、液击等事故。因此，润滑系统是压缩机正常运转必不可少的部分。压缩机中需要润滑的摩擦面主要有气缸镜面—活塞（包括活塞环）、活塞销座—活塞销、连杆小头—活塞销、连杆大头—曲柄销、轴封摩擦环、前后轴瓦—曲轴主轴颈、油泵传动机构等。这些摩擦面和输油机构一起就组成了压缩机的润滑系统。

一、润滑的作用与方式

1. 作用

制冷压缩机的润滑是保证压缩机长期、安全、有效运转的关键。润滑的作用是：

1）使润滑油在作相对运动的零件表面间形成一层油膜，从而降低压缩机的摩擦功和摩擦热，减少摩擦表面的磨损量，提高压缩机的机械效率、运转可靠性和耐久性。

2）对摩擦表面起冷却和清洁作用。润滑油可带走摩擦热量，使摩擦零件表面的温度保持在允许的范围内，还可带走磨屑，便于滤清器清除磨屑。

3）起协助密封作用。润滑油充满于活塞与气缸镜面的间隙中和轴封的摩擦面之间，可增强密封效果。

4）利用压力润滑系统中的压力油，可以作为操纵能量调节机构的动力。

2. 方式

由于不同压缩机的运行条件不同，故润滑方式是多样的。压缩机的润滑方式可分为飞溅润滑和压力润滑两大类。

（1）飞溅润滑　飞溅润滑是利用连杆大头或甩油盘随着曲轴旋转，把润滑油溅起甩向气缸壁面，引向连杆大小头轴承、曲轴主轴承和轴封装置，保证摩擦表面的润滑。图4-38

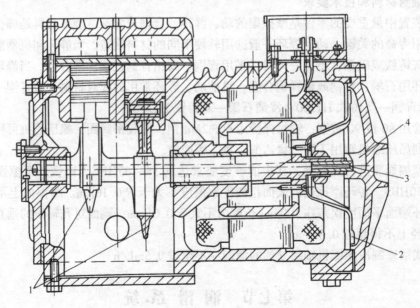

图4-38　B24F22（2FL4BA）型半封闭制冷压缩机

1—溅油勺　2—甩油盘　3—曲轴中心油道　4—集油器

是一个典型的采用飞溅润滑的立式两缸半封闭压缩机。其连杆大头装有溅油勺 1，将曲轴箱中的油溅向气缸镜面，润滑活塞与气缸内壁的摩擦表面；另外曲轴靠近电动机的一端还装有甩油盘 2，将油甩起并收集在端盖的集油器 4 内，通过曲轴中心油道 3 流至主轴承和连杆轴承等处进行润滑。

飞溅润滑的特点是不需设置油泵，也不装润滑油滤清器，循环油量很小，对摩擦表面的冷却效果较差，油污染较快，零件易磨损。但是由于润滑系统设备简单，在一些小型半封闭和小型开启式压缩机中仍有应用。

（2）压力润滑 压力润滑系统是利用油泵产生的油压，将润滑油通过输油管道输送到需要润滑的各摩擦表面，润滑油压力和流量可按照给定要求实现，因而油压稳定，油量充足，还能对润滑油进行滤清和冷却处理，故润滑效果良好，大大提高了压缩机的使用寿命、可靠性和安全性。在我国的中、小型制冷压缩机系列中和一些非标准的大型制冷压缩机中均广泛采用压力润滑方式。根据油泵的作用原理不同，压力润滑又分为齿轮油泵和离心供油两种系统。

1）齿轮油泵润滑系统。制冷压缩机的曲轴大多数呈水平安装，故常用齿轮油泵式压力润滑系统，如图 4-39 所示。曲轴箱中的润滑油通过粗滤器 1 被齿轮油泵 2 吸入，提高压力后经细滤器 3 滤去杂质后分成三路：一路进入曲轴自由端轴颈里的油道，润滑主轴承和相邻的连杆轴承，并通过连杆体中的油道输送到连杆小头轴衬和活塞销。第二路进入轴封 10，润滑和冷却轴封摩擦面，然后从曲轴功率输入端主轴颈上的油孔流入曲轴内的油道，润滑主轴承和相邻的连杆轴承，并经过连杆体中的油道去润滑连杆小头轴衬和活塞销。第三路进入能量调节机构的油分配阀 7 和卸载油缸 8 以及油压差控制器 5，作为能量调节控制的液压动力。

气缸壁面和活塞间的润滑，是利用曲拐和从连杆轴承甩上来的润滑油。活塞上虽然装有

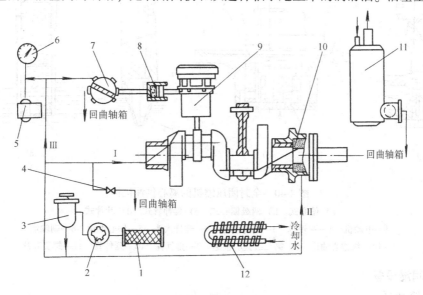

图 4-39　齿轮油泵压力润滑系统

1—粗滤器　2—油泵　3—细滤器　4—油压调节阀　5—油压差控制器　6—压力表
7—油分配阀　8—卸载油缸　9—活塞、连杆及缸套　10—轴封　11—油分离器　12—油冷却器

刮油环，但仍有少量的润滑油进入气缸，被压缩机的排出气体带往排气管道。排出气体进入油分离器11，分离出的润滑油由下部经过自动回油阀或手动回油阀定期放回压缩机的曲轴箱内。为了防止润滑油的油温过高，在曲轴箱还装有油冷却器12，依靠冷却水将润滑油的热量带走。

曲轴箱（或全封闭压缩机壳）内的润滑油，在低的环境温度下溶入较多的制冷剂，压缩机起动时将发生液击，为此有的压缩机在曲轴箱内还装有油加热器，在压缩机起动前先加热一定的时间，减少溶在润滑油中的制冷剂。

2）离心供油润滑系统。在立轴式的小型全封闭制冷压缩机中，广泛采用离心供油机构。图4-40a是利用立轴下端的偏心油道5作为泵油机构，润滑油从底部经过滤网进入立轴中的两个偏心孔道，在离心力的作用下，分别流向副轴承6、主轴承2和连杆大头4处。螺旋油道3可帮助润滑油不断向上提升。由于受到轴颈直径的限制，油泵的供油压力不可能很高，一般仅为几百到数千帕。当需要较高油压时，可采用两级偏心油道结构（图4-40b）。当压缩机无下轴承时（内置电动机下置的情况），可在主轴下端装上延伸管10（图4-40c），它仅为一中空吸油管。主轴旋转时，吸油管内的润滑油被甩向管壁，管中心的压力变低，油被吸入并继续甩向管壁，油沿管壁上升，并借助主轴上的螺旋油道继续向上输送至全部摩擦副。吸油管上部侧面设有排气孔。排气孔在管内凸出内壁，以防沿壁面上升的润滑油从此甩出。从油中逸出的制冷剂蒸气则从此孔排出，以防油路中进入气体降低润滑效果。图4-40d是一种叶片离心泵，是在主轴下端设一风扇状的螺旋叶片，当主轴高速旋转时，借助叶片的推力和离心力向上输送润滑油，排气口设在主轴上端，从此处排出润滑油中逸出的制冷剂蒸气。离心式供油的主要优点是构造简单、加工容易、无磨损、无噪声。

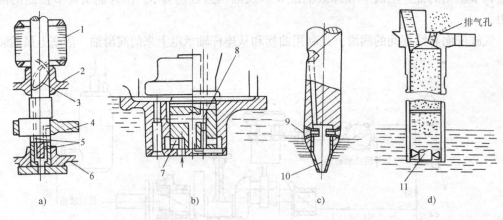

图4-40 全封闭压缩机的离心供油机构
a）偏心式 b）两级偏心式 c）延伸管式 d）叶片式
1—电动机 2—主轴承 3—螺旋油道 4—连杆大头 5—偏心油道 6—副轴承
7—第一级偏心油道 8—第二级偏心油道 9—排气孔 10—延伸管 11—螺旋叶片

二、润滑设备

1. 齿轮油泵

齿轮油泵的作用是不断地吸取曲轴箱内的润滑油，并把它提高压力后输向各摩擦表面。目前，制冷压缩机常用齿轮油泵的型式有外啮合齿轮油泵、月牙形内啮合齿轮油泵和内啮合转子式齿轮油泵三种。油泵一般安装在压缩机曲轴的自由端，由曲轴通过连接块带动油泵的主动轮旋转。

（1）外啮合齿轮油泵　它的工作原理如图 4-41 所示。油泵的壳体内有两个互相啮合的同直径外齿轮，齿轮与壳体内腔之间具有很小的径向间隙和端面间隙，所以，齿间凹谷与泵体内壁形成许多贮油空间。当曲轴带动主动齿轮 3 旋转时，这些空间随之移动，于是，充满空间的润滑油就从吸油腔 2 一侧被连续送到排油腔 5 一侧。中间相互啮合的齿面实际上就是吸油腔与排油腔之间的密封面。当齿间凹谷与对应齿轮进入完全啮合，形成一密封空间时，为避免其中留存的润滑油受到强烈地压挤，在壳体端面上开有卸压槽 4，以便

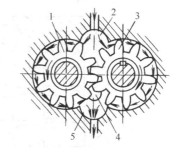

图 4-41　外啮合齿轮油泵的工作原理图
1—从动齿轮　2—吸油腔　3—主动齿轮
4—卸压槽　5—排油腔

让留存的润滑油由此泄出。这种泵工作可靠，寿命长，又由于齿数多，具有油压波动小的优点。但它只能单方向运转，不能倒转，否则，就会交换吸、排油腔位置，其输送的润滑油也要反相。因此，在开启式压缩机初次运转时，要注意外啮合齿轮泵的转向。而对于使用三相电动机的封闭式压缩机，由于电动机转向无法判别，若不采取专门措施（如相位控制装置等），则不能使用外啮合齿轮油泵。

（2）月牙形内啮合齿轮油泵　这种油泵的特点是正转和反转时都能按原定的流向供油。如图 4-42 所示，它由内齿轮 1、外齿轮 3、月牙体 2、泵体 4 及泵盖 5 等组成。曲轴旋转时通过连接块带动内齿轮 1 转动，内齿轮又带动中间的外齿轮旋转，月牙体介于内外两齿轮之间，与内外齿轮的齿间构成输油通道。在接近排油口时，内外齿轮开始啮合，齿间润滑油即向排油口排出。因为在月牙体背面有一个定位机构，允许在泵盖上的半圆槽内作 180° 转动，泵盖内设有弹簧、钢珠，使月牙体和外齿轮紧靠内齿轮，当机器反转时，利用油的粘滞摩擦作用，带动月牙体及外齿轮作

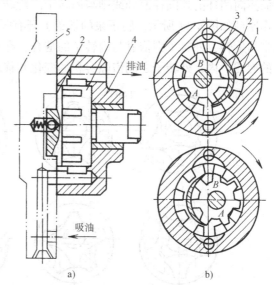

图 4-42　月牙形内啮合齿轮油泵
a）结构示意图　b）工作原理图
1—内齿轮　2—月牙体　3—外齿轮　4—泵体　5—泵盖

180°换位，虽然转向改变了，但供油方向仍不变。月牙形内啮合齿轮油泵外形尺寸小，结构紧凑，正反转均可正常供油，在半封闭制冷压缩机中采用较多。其缺点是加工较困难，精度要求较高，容易发生偏磨，特别在泵盖弹簧力不能和曲轴轴封油压平衡时月牙体还会发生转动不灵活而影响正常工作。

（3）内啮合转子式齿轮油泵　简称转子泵，如图 4-43 所示。它主要由内转子 2、外转子 3、换向圆环 4 及泵体 5 泵盖 6 等组成。由图中可以看出，内转子是具有四个外齿的外齿轮，

外转子是具有五个内齿的内齿轮。

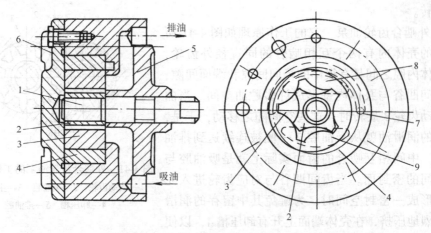

图 4-43 内啮合转子式齿轮油泵

1—传动轴 2—内转子 3—外转子 4—换向圆环 5—泵体 6—泵盖 7—定位销 8—排油口 9—吸油口

换向圆环加工有偏心孔，外转子安置其中，换向圆环偏心孔的轴线与外转子的轴线重合，而换向圆环的外圆柱面轴线则与内转子的旋转中心重合。内外转子保持一定的偏心距。其工作原理如图 4-44 所示。转子泵的端盖上开有吸油孔 1 和排油孔 2。内转子通过传动块由曲轴带动旋转，外转子则依靠与内转子的啮合，在与泵轴呈偏心的壳体内旋转。随着内、外转子的旋转，内、外转子之间齿隙容积的变化和移动，不断将润滑油吸入和排出。

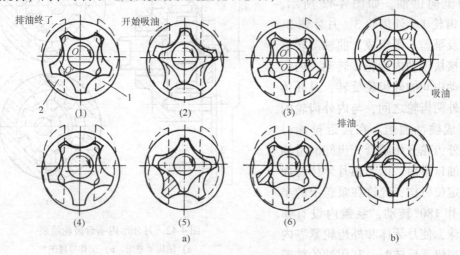

图 4-44 内啮合转子式齿轮油泵的工作原理

a）正转 b）反转

1—端盖上的吸油孔 2—端盖上的排油孔

转子泵的特点是：结构紧凑，内、外转子可采用粉末冶金模压成形，加工简单，精度高，使用寿命长。当曲轴反向旋转时，外转子的偏心方位随之进行 180° 的移位，使其几何中心移到内转子中心的正上方（图 4-44b），故该油泵也能不受转向的限制而照常工作。但由于齿数少，因此油压波动较大，只宜在高转速压缩机中使用。

2. 润滑油滤清器

又称为油过滤器,其作用是滤去润滑油里的杂质,如金属磨屑、型砂、润滑油分解的氧化物及结焦等,使润滑油清洁纯净,保护输油管路通畅以及保护摩擦表面不致被擦伤、拉毛,减轻磨损,延长润滑油的使用期限。

制冷压缩机中的润滑油滤清器有粗滤和细滤两种,一般粗滤器装在油泵前,主要防止较大的铁屑等杂质进入油泵,精滤器装在油泵后。粗滤器常采用孔眼尺寸小于 0.6mm × 0.6mm 的金属滤网制作,有的还装有磁性元件以吸引润滑油中的铁屑。它一般装在曲轴箱中,并浸没在润滑油内。粗滤器须定期清洗,以保持良好的过滤效果。细滤器多采用金属片式,其结构如图 4-45 所示。由主片 1 和中间片 5 交替叠装在心轴 2 上,四周用螺栓压紧,两主片之间的间隙就是中间片的实际厚度(0.05 ~ 0.10mm)。润滑油从外部通过片间间隙进入滤芯内部后由出油口送至各输油管道。润滑油中的杂质被缝隙挡住,定期转动滤芯上的手柄,刮片 4 会将积存于缝隙中的污物刮除,使细滤器保持良好的过滤效果。

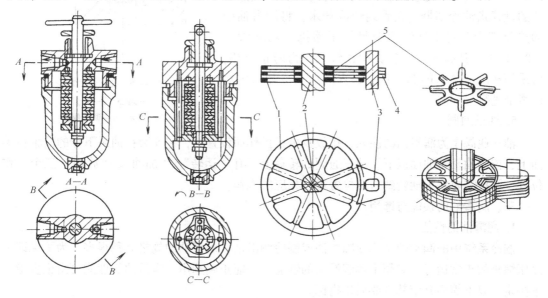

图 4-45 金属片式细滤器

1—主片 2—心轴 3—定轴 4—刮片 5—中间片

3. 油压调节阀

在压力润滑系统中,其吸排油压力差应在 0.06 ~ 0.15MPa 范围内。若是压缩机设有输气量调节装置,此值应提高到 0.15 ~ 0.3MPa 的范围。油压差的计算可由油压读数减去蒸发压力求得。油压大小的调节可以利用油压调节阀来调节。油压调节阀安装在压缩机曲轴的自由端主轴承座上,主轴承座兼作调节阀阀座。

如图 4-46 所示,油压调节阀由阀心 1、弹簧 2、阀体 3 和调节阀杆 4 等组成。阀心的下侧空间与压力油相通,右侧空间与曲轴箱相通。阀心由弹簧压在阀座上,改变弹簧力大小,能改变工作时阀心的开启度,从而调节压缩机的油压。若油压偏低,则顺时针旋转调节阀杆,以增大弹簧力,减少阀心的开启度;若油压太高,则应逆时针旋转调节阀杆,使弹簧力减小,阀心开启度增大。调整油压调节阀时应同时观察油压表和吸气压力表,看油压差是否达到要求。现在,有些制冷压缩机上装有油压差表,可以直接读出润滑油压力与吸气压力差。此外，压缩机上往往还装有油压压差控制器，当油压差低于规定数值时，它就控制压缩机进行保护性停车。

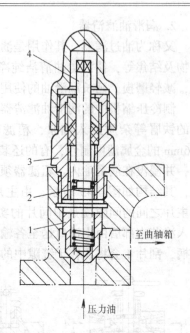

图 4-46 油压调节阀
1—阀心 2—弹簧
3—阀体 4—调节阀杆

4. 油冷却器

按 GB/T10079—2001 规定，当环境温高度达 43℃或冷却水温度 33℃时，半封闭压缩机曲轴箱中润滑油的温度不得高于 80℃，开启式压缩机不得高于 70℃。为了控制上述润滑油的温度指标，不至于因油过稀而破坏正常的润滑，除了缸数少、缸径小的小型制冷压缩机的润滑油靠曲轴箱壁自然冷却以外，对于多缸或功率较大的制冷压缩机，通常需要考虑润滑油的强制冷却。一般可在压缩机的曲轴箱油池内安装带散热肋片的盘管式油冷却器，在管内通冷却水，将润滑油中的热量带走。对于低温用全封闭压缩机（功率大于400W）中，其润滑油的热负荷也较大，为防止过热，可采用从冷凝器来的制冷剂，引入润滑油冷却器中对润滑油进行冷却。

5. 油三通阀

油三通阀是为润滑油的注入、排放及更换操作而设置的，它安装在油泵下方的曲轴箱端面上，位于曲轴箱油面以下。油三通阀的转盘上标有"运转"、"加油"、"放油"三个工作位置，可按需要将手柄转到指定位置进行相应的操作。

三、润滑油的性能与选用

1. 润滑油的性能

制冷系统中的润滑油又称冷冻机油或制冷润滑油。润滑油的规格品种很多，为了保证制冷压缩机的正常运行，必须了解润滑油的性能，并能正确选用。润滑油的性能可由很多指标来决定，以下简要介绍其主要质量指标。

（1）透明度 质量好的润滑油，应清澈透明，无色或淡黄色。若浑浊变色，则表明油已经变质，不能使用。

（2）粘度 粘度是润滑油最重要的性能参数之一，它决定了滑动轴承中油膜的承载能力、摩擦功耗和密封面的密封能力。

粘度的大小通常以运动粘度来表示，法定单位是 m^2/s，常用单位是斯（st）和厘斯（cst）。$1st = 10^{-4}m^2/s = 1cm^2/s$，$1cst = 10^{-6}m^2/s = 1mm^2/s$。

各种润滑油的粘度都是随温度的升高而有不同程度的下降。在制冷压缩机中要选用粘度随温度变化尽可能小的润滑油，即专用的冷冻机油。制冷压缩机的润滑油粘度必须合适，粘度过大，油膜承载能力大，易于保持液体润滑，但流动阻力大，压缩机的摩擦功耗和起动阻力将增大；粘度过小，流动阻力小、摩擦热量少，但不易形成润滑油膜，油封效果差。

润滑油的粘度还与制冷工质在润滑油中的互溶性有关。如氨和润滑油不相溶，应选用较低粘度的润滑油。而 R12 和润滑油互溶，使润滑油的粘度变低，为此应选用较高粘度的润滑油。

（3）闪点（开口）和燃点　润滑油在开口容器内被加热时，所形成的油气与火焰接触，能发生闪火的最低温度称为闪点。润滑油继续加热，当接近火焰时润滑油能一直燃烧的温度称为燃点。它们表明润滑油的挥发性。冷冻机油应具有较高的闪点和燃点，以免引起冷冻机油的结焦（积碳）甚至燃烧爆炸等危险。一般其闪点应比压缩机排气温度高 $25 \sim 35℃$。

（4）低温流动性　润滑油的流动性随着温度降低而下降，在标准规定的条件下冷却时，润滑油能够继续流动的最低温度称为倾点。倾点太高会堵塞膨胀阀阀孔，也会凝结在蒸发器内，影响传热效果。

冷冻机油的低温流动性可用 U 形管流动性测定法和润滑油倾点测定法来测定。U 形管流动性测定是一种利用虹吸管，在规定的试验条件下，测定润滑油仍能保持流动状态的最低温度的方法。

（5）含水量、机械杂质和溶胶　润滑油中含有水分时，会加剧化学反应和引起对金属、绝缘材料的腐蚀作用，同时还会在节流元件中造成冰堵。氟利昂压缩机中有铜零件时，则铜与润滑油中所含的水及氟利昂相互作用，并会在其他零件表面上析出铜末，即"镀铜"作用。镀铜最容易积聚在表面粗糙度数值较小的钢质摩擦表面上，如轴颈、气缸壁、活塞和气阀等处，至使相对运动零件间隙减小，使气阀密封性降低，压缩机运转不良。因此，润滑油的含水量应越低越好。但经过严格脱水的润滑油具有很强的吸湿性，如长时间与空气接触，1kg 润滑油可以从空气中吸收 10g 的水分，因此，在储运和使用过程中，应尽量避免长时间与空气接触。

用气油或苯将润滑油溶解稀释，并用滤纸过滤，所残留下来的物质称为润滑油的机械杂质。润滑油中的机械杂质会加速零部件的磨损和堵塞油路。

将润滑油加热到 550℃，使其挥发和燃烧，最后剩下的残渣称为溶胶，冷冻机油应不含溶胶。

（6）介电强度　介电强度（又称为击穿电压）是表示冷冻机油电绝性能的指标，纯冷冻机油的电绝性能非常好，但当油中含有水分、纤维、灰尘等微小杂质时，电绝缘性能就会下降。由于封闭式压缩机冷冻机油与内置式电动机绕组直接接触，要求介电强度不小于 25kV。

（7）絮凝点　絮凝点是检验润滑油与制冷剂混合液在一定温度下析出石蜡和可能沉淀出不溶性极限物的一种使用指标。按标准规定将冷冻机油和制冷剂的混合物逐渐降温，直至在某一温度下出现混浊或絮凝为止，该温度即为絮凝点。冷冻机油不能在低于絮凝点温度下使用，因为絮凝状石蜡沉淀物会沉积在节流阀孔或毛细管内壁，使制冷剂流量减少而影响制冷性能。

（8）酸值和灰分　润滑油的酸值是表征润滑油中有机酸总含量（在大多数情况下，油品不含无机酸）的质量指标。中和 1g 石油产品所需的氢氧化钾毫克数称为酸值，单位是 mgKOH/g。润滑油酸值大小，对润滑油的使用有很大的影响。酸值大，表示润滑油中的有机酸含量高，有可能对机械零件造成腐蚀，尤其是有水存在时，这种腐蚀作用可能更明显。另外润滑油在贮存和使用过程中被氧化而变质，酸值也逐渐增大，常用酸值变化的大小来衡量润滑油的氧化安定性，或作为换油指标。

润滑油的灰分，是润滑油在规定的条件下完全燃烧后，剩下的残留物（不燃物）。以质量分数表示。润滑油的灰分主要由润滑油完全燃烧后生成的金属盐类和金属氧化物所组成。含有添加剂的润滑油灰分较高。润滑油中灰分的存在，使润滑油在使用中积炭增加，润滑油的灰分过高时，将造成机械零件的磨损。

（9）化学稳定性、氧化安定性 润滑油在使用过程中，要求其化学性质和组成能保持稳定不变。但事实上，制冷压缩机中的润滑油在高温下与金属、制冷工质、水分等接触时，会产生分解、氧化和聚合等一系列反应。氧化后，生成的有机酸物质会腐蚀零件和电气绝缘材料，容易引起电气事故。聚合反应会生成沥青状的沉积物和结焦，这些物质会破坏气阀的密封性，阻塞油过滤器、输油管道和膨胀阀等通道。因此要求冷冻机油必须具有良好的化学稳定性和氧化安定性。

通常以油氧化后生成的沉淀物多少和氧化后的酸值表示其氧化安定性和化学稳定性。

2. 冷冻机油的品种与规格

在 ISO6743/3B—1988 标准中，根据制冷压缩机类型、蒸发温度、制冷剂及润滑油的组成，把冷冻机油分为 DRA、DRB、DRC 和 DRD 四个品种。前三个品种可以为深度精制的矿物油或合成烃油，并适用于蒸发器操作温度高于 $-40℃$（DRA），低于 $-40℃$（DRB）和高于 $0℃$（DRC）的各种制冷压缩机。DRD 为非烃合成油，适用于所有蒸发器温度和润滑油与制冷剂不互溶的开启式压缩机。目前制冷压缩机中所使用的冷冻机油主要包括有矿物油、合成烃油、脂类油和聚醚油。

（1）矿物油或合成烃型冷冻机油 我国在 1959 年开始制定了冷冻机油部颁标准（SY1213—59），经 1975 和 1979 年两次修订后，于 1986 年调整为专业标准（ZBE34003—86），在 1992 年经清理整顿直接转为行业标准（SH0349—92），此后在 1996 年又颁布了冷冻机油新国家标准 GB/T16630—1996。GB/T16630—1996 标准规定的冷冻机油均为矿物油或合成烃油，主要使用于氨、CFC$_S$ 和 HCFC$_S$ 为制冷剂的压缩机。按 GB/T16630—1996 的规定，这类冷冻机油产品的每个品种按质量确定等级。L-DRA/A 和 L-DRA/B 定为一等品，L-DRB/A 和 L-DRB/B 定为优等品，产品的应用范围如表 4-7 所示。GB/T16630—1996 标准规定的冷冻机油技术要求见表 4-8。

表 4-7 我国冷冻机油各品种的应用

GB/T16630—1996 规定的品种	ISO VG 粘度分类	主要组成	制冷系统中蒸发器操作温度	制冷剂类型	典型应用
L-DRA/A	N22、N46、N68	深度精制矿物油（环烷基油、石蜡基油或白油）、合成烃油	高于 $-40℃$	氨、CO$_2$	开启式。普通制冷压缩机
L-DRA/B	N32、N46			氨，CFC$_S$，HCFC$_S$，以 HCFC$_S$ 为主的混合物	半封闭。普通制冷机；冷冻、冷藏设备；空调
L-DRB/A	N32	深度精制矿物油、合成烃油	低于 $-40℃$	CFC$_S$，HCFC$_S$，以 HCFC$_S$ 为主的混合物	全封闭。冷冻、冷藏设备；电冰箱
L-DRB/B	N15、N32、N46、N56	合成烃油			

注：全封闭式的空调压缩机和热泵可用 ISO-L-DRC 油（我国尚未标准化）。

（2）聚醚油和脂类油 随着新型制冷剂的替代和发展，由于矿物油和无氯卤代烃类制冷剂无法相溶，近年来开发出了许多新型合成冷冻机油，其中聚醚油和脂类油已得到了较多的

表4-8 GB/T16630—1996规定的冷冻机油的主要质量指标

品种	L-DRA/A					L-DRA/B									L-DRB/A					L-DRB/B				
质量等级	一等品					一等品									优等品					优等品				
ISO粘度等级	15	22	32	46	68	15	22	32	46	68	100	150	220	320	15	22	32	46	68	15	22	32	46	68
运动粘度/(mm²/s)(40℃)	13.5~16.5	19.8~24.2	28.8~35.2	41.4~50.6	61.2~74.8	13.5~16.5	19.8~24.2	28.8~35.2	41.4~50.6	61.2~74.8	90~110	135~165	198~242	288~352	13.5~16.5	19.8~24.2	28.8~35.2	41.4~50.6	61.2~74.8	13.5~16.5	19.8~24.2	28.8~35.2	41.4~50.6	61.2~74.8
闪点/℃(开口,不低于)	150	150	160	160	170	150	150	160	160	170	170	210	225	225	150	160	165	170	175	150	160	165	170	175
燃点/℃(不低于)															162	172	177	182	187	162	172	177	182	187
倾点/℃(不高于)	35	35	30	30	25	35	35	30	30	25	20	10	10	10	45	42	39	33	27	45	45	42	39	36
U型管流动性/℃(不高于)	35	30	25	20	15	35	30	25	20	15	10	10	10	10										
微量水份/(mg/kg)(不大于)						50									35					35				
介电强度/kV(不小于)						25									25					25				
中和值/(mg KOH/g)(不大于)	0.08					0.03									0.03					0.03				
硫含量(%)(不大于)	0.10					0.3									0.3					0.1				
残炭(%)(不大于)	0.01					0.05									0.03					0.03				
灰分(%)(不大于)						0.005									0.003					0.003				
腐蚀试验(铜片,100℃,3h)/级(不大于)	1b					1b									1b					1a				
絮凝点/℃(不高于)	45					45	40	40	35	35	20	20	20	20	47	47	45	40	35	60	60	60	50	45
化学稳定性(250℃)/h(不小于)						96(粘度等级≥150的用175℃)									96					96				
机械杂质	无					无									无					无				

使用。聚醚油以环氧乙炔—环氧丙烷共聚醚（PAG）的综合性能较合适，不仅适用于汽车空调 R134a 系统，也适用于 R12 和 R22 系统。它有很好的润滑性，低流动点，良好的低温流动性，以及和多数橡胶有良好的兼容性。缺点是吸水性强，和矿物油不相溶，以及需要添加抗氧化剂来改善其化学和热力稳定性。多元醇酯类油（POE）是继 PAG 而推出的适用于 HFC 制冷剂的一种脂类合成油，它和 HFC 制冷剂能相溶，耐磨性好，吸水性比 PAG 弱，两相分离温度高。POE 油虽有较好的热稳定性，但在热和氧的作用下，氧化变质的温度下降很多，氧化物大部分是小分子的酸性物质。

3. 冷冻机油的选用

压缩机的型式、运行条件、压缩的工质对冷冻机油的选用都有影响。开启式制冷压缩机所用润滑油的工作条件较为缓和，加之可以经常换油，所以一般使用质量等级较低的 L—DRA/A 级冷冻机油；半封闭制冷压缩机一般使用 L—DRA/B 级冷冻机油；润滑油在全封闭制冷压缩机内工作条件苛刻，一般选用质量等级较高的 L—DRB 油。

不同的制冷剂对油的作用不同。氨与矿物油的互溶性很差，而大部分卤代烃制冷剂与矿物油互溶性很好，溶油后粘度会下降，所卤代烃制冷机用油的粘度比氨制冷机用油的粘度高。HFC 类制冷剂与矿物油不相溶，与 PAG 润滑油有限溶解，与 POE 润滑油完全互溶。CFC、HCFC、HC 类制冷剂大多选用矿物油，HFC 类制冷剂大多选用合成油，如 POE 和 PAG 润滑油。

大、中型的多缸、高速（活塞平均线速度在 3m/s 以上）、负荷较大的制冷压缩机应选较高粘度油；小型、微型或低速（活塞平均线速度在 2m/s 以下）的制冷压缩机应选低粘度油。

国产冷冻机油旧粘度等级是按 50℃ 时的运动粘度（单位：mm^2/s）大小分为 13、18、25、30、40 和 60 等牌号，新粘度等级同国际标准一样，按 40℃ 时的运动粘度（单位：mm^2/s）大小分为 15、22、32、46、68、100、150、220、320 等级。当前我国企业新旧冷冻机油还处于混用阶段，新旧粘度等级对照表见表 4-9。

表 4-9 冷冻机油新旧粘度等级对照表

新粘度等级（牌号） （根据国标 GB/T16630—1996 以 40℃ 为基准）	N15	N22	N32	N46	N68
旧粘度等级（牌号） （根据部标 SY1213 以 50℃ 为基准）	13 号	13 号	18 号	25 号、30 号	40 号

第八节　能量调节装置

一、设置能量调节装置的目的

制冷系统中设置能量调节装置的目的有二：

1）制冷系统的制冷量，是根据其工作时可能遇到的最大冷负荷选定的。但制冷机运行时，受使用条件（如冷负荷）的变化以及工况变化（如冷凝压力的变化）的影响，需要的制冷量随之变化，因而压缩机配有能量调节装置，以适应上述变化。

2）采用毛细管作节流元件的制冷机，停机时高压侧和低压侧的压力自动平衡，压缩机再次起动时不必克服排气压力和吸气压力之差，而在采用膨胀阀作为节流元件的制冷机中，停机时高压侧和低压侧的压力并不自动平衡，此时应设卸载装置，使压缩机在起动过程中，能把输气量调到零或尽量小的数值，以便使电动机能在最小的负荷状态下起动。卸载起动有许多优点，如可以给压缩机选配一般鼠笼式电动机，而不必选择其他价格昂贵、机构复杂的高启动转矩电动机；可以减小起动电流，缩短起动时间，减轻电网电压的波动和节约电能；可以避免因高低压侧压差太大以致起动困难，甚至起动不起来而烧毁起动装置甚至电动机的事故。

二、常用的能量调节方式

1. 压缩机间歇运行

压缩机间歇运行是最简单的能量调节方法，在小型制冷装置中被广泛采用。它是通过温度控制器或低压压力控制器双位自动控制压缩机的停车或运行，以适应被冷却空间制冷负荷和冷却温度变化的要求。当被冷却空间温度或与之对应的蒸发压力达到下限值时，压缩机停止运行，直到温度或与之相对应的蒸发压力回升到上限值时，压缩机重新起动投入运行。压缩机间歇运行方式，实质上是将一台压缩机在运行时产生的制冷量与被冷却空间在全部时间内所需制冷量平衡。

间歇运行使压缩机的开、停比较频繁，对于制冷量较大的压缩机，频繁的开、停还会导致电网中电流较大的波动，此时可将一台制冷量较大的压缩机改为若干台制冷量较小的压缩机并联运行，需要的冷量变化时，停止一台或几台压缩机的运转，从而使每台压缩机的开停次数减少，对电网的不利影响降低，这种多机并联间歇运行的方法已获广泛的应用。

2. 吸气节流

通过改变压缩机吸气截止阀的通道面积来实现能量调节。当通道面积减小时，吸入蒸气的流动阻力增加，使蒸气受到节流，从而吸气腔压力相应降低，蒸气比容增大，压缩机的质量流量减小，达到能量调节的目的。吸气节流压力的自动调节可用专门的主阀和导阀来实现。这种调节方法不够经济，在大中型制冷设备中有所应用，但目前国内应用较少。

3. 全顶开吸气阀片

这是指采用专门的调节机构将压缩机的吸气阀阀片强制顶离阀座，使吸气阀在压缩机工作全过程中始终处于开启状态。在多缸压缩机运行中，如果通过一些顶开机构，使其中某几个气缸的吸气阀一直处于开启状态，那么，这几个气缸在进行压缩时，由于吸气阀不能关闭，气缸中压力建立不起来，排气阀始终打不开，被吸入的气体没有得到压缩就经过开启着的吸气阀，又重新排回到吸气腔中去。这样，压缩机尽管依然运转着，但是，那些吸气阀被打开了的气缸不再向外排气，真正在有效地进行工作的气缸数目减少了，结果达到改变压缩机制冷量的目的。

这种调节方法是在压缩机不停车的情况下进行能量调节的，通过它可以灵活地实现上载或卸载，使压缩机的制冷量增加或减少。另外，全顶开吸气阀片的调节机构还能使压缩机在卸载状态下起动，这样对压缩机是非常有利的。它在我国四缸以上的、缸径70mm以上的系列产品中已被广泛采用。

全顶开吸气阀片调节法，通过控制被顶开吸气阀的缸数，能实现从无负荷到全负荷之间的分段调节。如对八缸压缩机，可实现0、25%、50%、75%、100%五种负荷。对六缸压缩机，可实现0、1/3、2/3和全负荷四种负荷。

压缩机气缸吸气阀片被顶开后，它所消耗的功仅用于克服机械摩擦和气体流经吸气阀时的阻力。因此，这种调节方法经济性较高。图4-47表示了顶开吸气阀片时与气缸正常工作时的示功图，阴影面积是顶开吸气阀片后气缸消耗的指示功，它完全用于克服气体流经吸气阀时的阻力。

4. 旁通调节

一些采用簧片阀或其他气阀结构的压缩机不便用顶开吸气阀片来调节输气量，有时可采用压缩机排气旁通的办法来调节输气量。旁通调节的主要原理是将吸、排气腔连通，压缩机排气直接返回吸气腔，实现输气量调节。图4-48所示为在压缩机内部利用电磁阀控制排气腔和吸气腔旁通的方法进行输气量调节的一个实际例子。它是一安装在半封闭压缩机（采用组合阀板式气阀结构）气缸盖排气腔上的受控旁通阀。在正常运转时，电磁阀6处在图上所示的关闭位置，一方面堵住管道5的下端，另一方面顶开止回阀8，高压气体通过冷凝器侧通道1、管道10流入控制气缸3，将控制活塞7向右推动，切断通向吸气腔通道4与排气腔通道9之间的流道，压缩机排气通过排气腔通道9、单向阀2、冷凝器通道1进入冷凝器。旁通调节输气量时，电磁阀6开启，止回阀8关闭，吸气经管道5与控制气缸3连通，控制活塞7在排气压力作用下推向左侧，排气腔通道9与吸气腔通道4连通，排气流回吸气腔，达到调节输气量的目的。

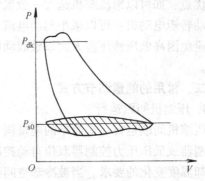

图4-47 顶开吸气阀片前后的气缸示功图

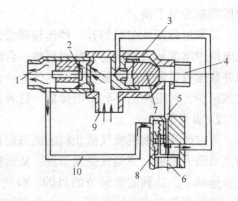

图4-48 旁通调节装置
1—冷凝器侧通道 2—单向阀 3—控制气缸
4—吸气腔通道 5—管道 6—电磁阀 7—控制
活塞 8—止回阀 9—排气腔通道 10—管道

5. 变速调节

改变原动机的转速从而使压缩机转速变化来调节输气量是一种比较理想的方法，汽车空调用压缩机和双速压缩机就是采用这种方法的。双速压缩机的电动机分2级或4级运转，以达到转速减半的目的。但这种电动机结构复杂、成本高，推广受到了限制。近些年来，以变频器驱动的变速小型全封闭制冷压缩机系列产品已面市，它的电动机转速通过改变输入电动机的电源频率而改变。其特点是可以连续无级调节输气量，且调节范围宽广，节能高效，虽然价格偏高，但考虑运行特性和经济性，目前仍获得较大的推广。

6. 关闭吸气通道的调节

通过关闭吸气通道的方法使吸气腔处于真空状态，气缸不能吸入气体，当然也没有气体排出，从而可达到气缸卸载调节的目的。这种方法没有气体的流动损失，因此比顶开吸气阀的方法效率高，但必须保证吸气通道关闭严密，一旦有泄漏存在，将会造成气缸在高压比下运行，会使压缩机过热，这是十分危险的。图4-49为关闭吸气通道的气缸卸载方法。当线圈1通电时，铁心2被吸起，打开了高压通道3，使控制活塞7紧紧地堵住了吸气通道口，阻止了制冷剂的吸入，气缸处于卸载状态（图4-49a）。当线圈电源被切断时，高压通道被关闭，控制活塞在弹簧力的作用下向上升起，打开了吸气通道，压缩机处于工作状态（图4-49b）。

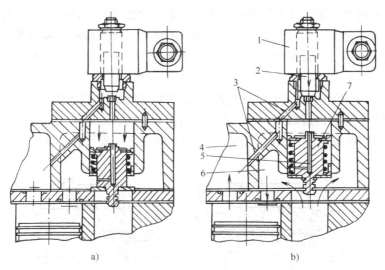

图 4-49 关闭吸气通道的气缸卸载方法

a）气缸卸载 b）气缸工作

1—线圈 2—铁心 3—高压通道 4—排气腔 5—压力平衡通道 6—吸气腔 7—控制活塞

三、能量调节机构

主要介绍大中型多缸活塞式制冷压缩机中普遍采用的全顶开吸气阀片调节机构。

1. 油缸—拉杆顶开机构

用压力油控制拉杆的移动来实现能量调节，如图4-50所示。油缸拉杆机构由油缸1、油活塞2、拉杆5、弹簧3、油管4等组成。该机构动作可以使气缸外的动环旋转，将吸气阀阀片顶起或关闭。其工作原理是：油泵不向油管4供油时，因弹簧的作用，油活塞及拉杆处

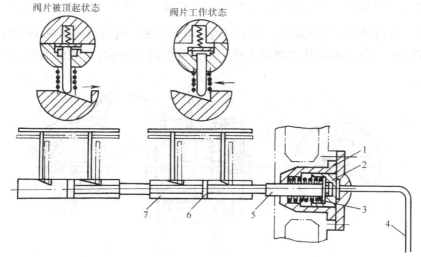

图 4-50 油缸拉杆机构工作原理图

1—油缸 2—油活塞 3—弹簧 4—油管 5—拉杆 6—凸缘 7—转动环

于右端位置，阀片被顶起，气缸处于卸载状态。若油泵向油缸 1 供油，在油压力的作用下，活塞 2 和拉杆 5 被推向左方，同时拉杆上凸缘 6 使转动环 7 转动，顶杆相应落至转动环上的斜槽底，吸气阀阀片关闭，气缸处于正常工作状态。由此可见，该机构既能起调节能量的目的，也具有卸载启动的作用。因为停车时，油泵不供油，吸气阀阀片被顶开，压缩机就空载启动，压缩机启动后，油泵正常工作，油压逐渐上升，当油压力超过弹簧 3 的弹簧力时，油活塞动作，使吸气阀阀片下落，压缩机进入正常运行状态。

图 4-51 表示了转动环的转动对吸气阀片的影响。转动环 9 处于图 4-51a 所示位置时，顶杆 6 处于转动环上斜面的最低点，吸气阀片可自由启、闭，压缩机正常工作。当转动环在拉杆推动下处于图 4-51b 所示位置时，顶杆位于斜面的顶部，吸气阀片被顶开，压缩机卸载。

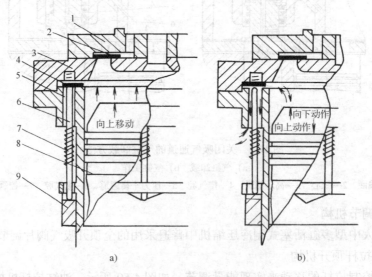

图 4-51 顶杆启阀机构工作原理图

a）正常工作状态 b）吸气阀片顶开状态

1—阀盖 2—排气阀片 3—排气阀座 4—吸气阀片 5—气缸套 6—顶杆 7—弹簧 8—活塞 9—转动环

这种油缸拉杆能量调节机构中，压力油的供给和切断一般由油分配阀或电磁阀来控制。图 4-52 为一八缸压缩机压力润滑系统中的油分配阀（手动）。阀体上有四个配油管 1、

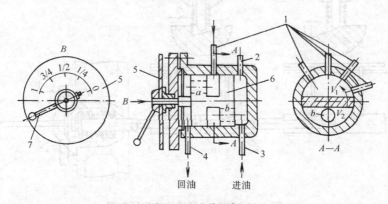

图 4-52 油分配阀

1—配油管 2—压力表接管 3—进油管 4—回油管 5—刻度盘 6—阀芯 7—手柄

一个进油管 3、一个回油管 4 和一个压力表接管 2。四个配油管分别与四对气缸的四个卸载油缸相连，回油管与曲轴箱相连。阀芯 6 将阀体内腔分隔为回油腔 V_1 和进油腔 V_2，通过手柄 7 转动阀心，可使配油管与回油腔或进油腔接通。当与回油腔接通时，图 4-50 中的油活塞 2 被弹簧 3 推向右侧，气缸处于卸载状态；当与进油腔接通时，图 4-50 中的油活塞 2 被从油泵来的压力油推向左侧，气缸处于正常工作状态。油分配阀刻度盘上有 0、1/4、1/2、3/4、1 五个数字，表示输气量的五个档次，将操作手柄分别扳到对应位置即表示气缸投入工作的对数。

电磁阀控制是利用不同的低压压力继电器操作电磁阀以控制卸载油缸的供油油路的通断。如图 4-53 所示，油泵供应的压力油经节流调节装置后分别接通卸载油缸和电磁阀。如电磁阀关闭，压力油进入卸载油缸，使油活塞左移，带动气缸套上的转动环转动，气阀顶杆下降，吸气阀片投入正常工作。否则，若电磁阀开启，油路与回路相通后阻力很小，压力油必经此通路回至曲轴箱，而卸载油缸中的油活塞在弹簧力的作用下处于右端位置，这组气阀处于卸载状态。

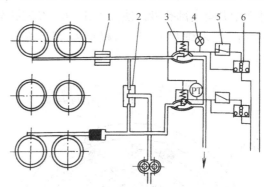

图 4-53　电磁阀控制的能量调节装置
1—卸载油缸　2—油压节流孔　3—电磁阀
4—指示灯　5—自动开关　6—自动、手动转换开关

2. 油压直接顶开吸气阀片调节机构

这种调节机构由卸载机构和能量控制阀两部分组成，两者之间用油管连接。卸载机构是一套液压传动机构，它接受能量控制阀的操纵，及时地顶开或落下吸气阀片，达到能量调节的目的。

图 4-54 所示为油压直接顶开吸气阀片的调节机构。它是利用移动环 6 的上下滑动，推动顶杆 3，以控制吸气阀片 1 的位置。当润滑系统的高压油进入移动环 6 与上固定环 4 之间的环形槽 9 时，由于油压力大于卸载弹簧 7 的弹力，使移动环向

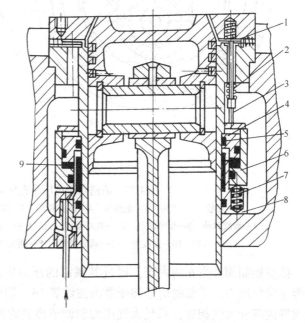

图 4-54　油压直接顶开吸气阀片机构
1—吸气阀片　2—顶杆弹簧　3—顶杆　4—上固定环　5—O 形密封圈
6—移动环　7—卸载弹簧　8—下固定环　9—环形槽

下移动，顶杆和吸气阀片也随之下落，气阀进入正常工作状态。当高压油路被切断，环形槽内的油压消失时，移动环受卸载弹簧的作用向上移动，通过顶杆将吸气阀片顶离阀座，使气缸处于卸载状态。这种机构同样具有卸载启动的特点，结构比较简单，由于环形油缸安装在

气缸套外壁上，加工精度要求较高，所有的 O 形密封圈长期与制冷剂和润滑油直接接触，容易老化或变形，以致造成漏油而使调节失灵。

　　压力油的供给和切断，是通过自动能量控制阀来实现的。如图 4-55 所示，自动能量控制阀由上半部的油压分配机构和下半部的信号接受器两部分组成。压缩机八个气缸中 1、2、7、8 号气缸为调节缸，能量控制阀圆柱形外壳 6 的法兰上有管接头 A、B、C。其中 A 通过外接油管与压缩机油泵出口相连；B 和 C 分别与 1、2、7、8 号缸的卸载机构压力油缸接通。在本体 2 中开有内部孔道，使接头 A、B、C 三孔分别与开在配油室 3 腔内壁的 A_1、B_1、C_1 孔相通（图中未画出）。压缩机能量调节范围为 100%（八缸）、75%（六缸）、50%（四缸）。

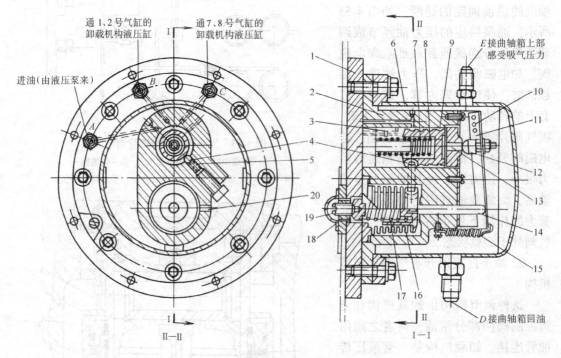

图 4-55　活塞式制冷压缩机自动能量控制阀

1—底板　2—本体　3—配油室　4—限位钢珠　5—能级弹簧　6—外壳　7—配油滑阀
8—滑阀弹簧　9—恒节流孔　10—杠杆支点　11—杠杆　12—球阀　13—变节流孔　14—顶杆
15—拉簧　16—波纹管　17—调节弹簧　18—通大气孔　19—调节螺钉　20—孔道

　　能量控制阀外壳 6 的内腔，通过其顶部的压力平衡管接头 E 与曲轴箱相通，使内腔压力等于吸气压力。下部的信号接受器由波纹管 16、调节弹簧 17 及调节螺钉 19 等零件组成。波纹管内部和大气相通，承受大气压力和调节弹簧的弹力。调节弹簧弹力的大小由调节螺钉调节。波纹管外部空间与曲轴箱连通，承受吸气压力。波纹管内外侧作用的力大小不等时便产生变形，变形位移量由顶杆 14 传递给杠杆 11，使杠杆转角变化。连接在杠杆上的球阀 12 压向或离开变节流孔 13，使孔腔中的压力成比例变化，引起配油滑阀 7 移动，接通或关闭配油孔，使调节油缸卸载机构的油压接通或释放。

　　压缩机起动前，润滑油泵不工作，油压与曲轴箱压力相等，滑阀在弹簧 8 作用下推至最右位置，所有通往卸载机构的高压油路都被节断，吸气阀片全部处于被顶开状态，故压缩机起动时，带有卸载机构的各级气缸全部处于空载起动。此时压缩机处于四缸运行。起动后，油泵投入工作，油压逐渐提高，若外界冷负荷较大，吸气压力上升，波纹管 16 被压缩，带动顶杆 14 左移，于是拉簧 15 通过杠杆机构，使球阀 12 与变节流孔压紧，泄油口就关小，配油滑阀右侧的油压便开始上升，达到一定值时，滑阀就克服弹簧 8 的弹力和限位钢珠 4 的压紧力左移，从而使钢珠进入第二个槽中，使孔 B_1 与压力油孔 A_1 接通，通往卸载机构的第一路高压油路被接通，高压油进入卸载机构的液压缸内，由于液压缸中油压大于卸载弹簧的合力，就使这一组气缸的吸气阀片落下投入工作，成六缸（75%）运行状态。若外界负荷仍高于制冷量，则吸气压力会继续升高，滑阀的继续左移，使钢珠落入第 1 个槽中，于是第二组调节缸上载，压缩机处于八缸（100%）全负荷工作。

第 五 章

活塞式制冷压缩机的总体结构与机组

5

第一节 开启活塞式制冷压缩机

一、压缩机的特点

开启式制冷压缩机的曲轴一端伸在机体外，通过联轴器或带轮与原动机相连接。曲轴伸出部位装有轴封装置，防止泄漏。开启活塞式制冷压缩机的特点是：

1）原动机独立，不接触制冷压缩机内的制冷剂和润滑油，因而无需采用耐油和耐制冷剂的措施。如果原动机为电动机，只需使用普通的电动机。而且原动机的损坏、修理、更换对制冷系统没有任何影响。

2）在无电力供应的场合，可由内燃机驱动，从而使开启式压缩机在交通工具的制冷系统中得到广泛应用。如冷藏车，汽车空调等。

3）压缩机的缸盖和气缸体充分暴露在外，便于冷却，减少了吸入制冷剂蒸气的过热度。而且容易拆卸，维修方便。

4）可用作氨制冷压缩机。在以氨为制冷剂的制冷系统中，因氨对铜有腐蚀性，故不能将电动机包含在制冷系统中，而只能采用开启式压缩机。

5）可以通过改变带传动比的简单方法改变压缩机的转速，调节其制冷量。

然而开启活塞式制冷压缩机除了制冷剂和润滑油比较容易泄漏这一最大缺点外，尚有质量大、占地面积及噪声大等缺点。因此，开启活塞式制冷压缩机中，除了用氨作为工质或不用电力驱动的情况下保持其独占地位外，在小型制冷压缩机中的应用已逐渐减少。而在低温冷藏库、冻结装置、远洋渔船和化学工业中，中型开启活塞式高速多缸压缩机还是得到普遍的采用。

开启活塞式制冷压缩机在我国有着广泛的应用。我国自行设计、制造的系列产品，如125系列和100系列等，它们具有如下的一些特点：

1）普遍采用多气缸的角度式布置方式，配合以逆流式结构，缩短活塞的高度，采用铝合金活塞。

2）普遍采用把气缸体和曲轴箱连成一体的气缸体曲轴箱机体结构型式。从而可提高机体的刚度和气密性，减少机加工量。在机体的曲轴箱两侧，开有装拆连杆大头盖的操作窗口，平时用侧盖予以密封。

3）普遍采用可更换缸套，便于采用顶开吸气阀片调节输气量方法。而吸气腔位于缸套周围，气缸冷却效果好，减少液击的可能性。

4）普遍利用气缸套上部法兰安设吸气阀通道，配置组合式的环片阀结构，使其有充分的空间安排吸排气阀，并尽量减少气缸的余隙容积，整个气阀的组合件由一圆柱形螺旋弹簧紧压在气缸套上，这不仅便于装拆，而且由此而形成安全盖机构，减轻发生液击时的机械冲击。

5）四缸以上压缩机设置能量调节装置可根据制冷系统负荷变化改变工作缸数及空载启动，既节省能耗又保护原动机。

6）普遍采用压力润滑的方式，以保证各高速摩擦表面获得可靠的润滑和轴封具有良好的密封性能，并向输气量调节机构提供液压动力。

开启活塞式制冷压缩机的气缸直径约为 50~180mm，单机缸数 2~16。活塞平均速度在

4~5m/s。长行程的制冷压缩机的 S/D 值可达 1.0，从而提高了压缩机的容积系数。

二、总体结构实例

1. 812.5A100 型开启式制冷压缩机

812.5A100 是我国自行设计、制造的 125 系列活塞式制冷压缩机之一，其总体结构如图 5-1 所示。该机以氨为制冷剂，结构型式为 8 缸、扇形、单作用、逆流式。相邻气缸中心线夹角为 45°，气缸直径 125mm，活塞行程为 100mm，当转速为 1160r/min 时，考核工况下的制冷量为 295.5kW。812.5A100 型压缩机结构紧凑、外形体积小，动力平衡性能良好，振动小，运转平稳。

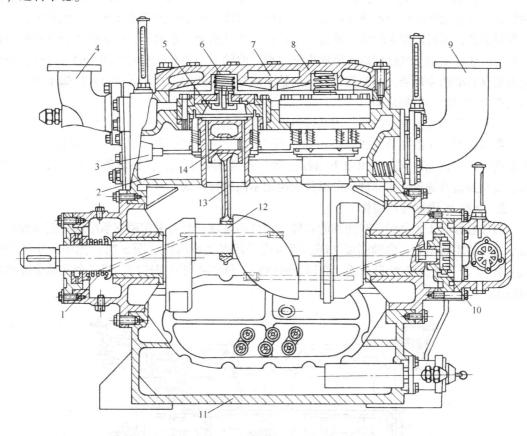

图 5-1 812.5A100 型压缩机

1—轴封 2—吸气腔 3—油压推杆机构 4—排气管 5—气缸套及进排气阀组合件 6—缓冲弹簧
7—水套 8—气缸盖 9—吸气管 10—油泵 11—曲轴箱 12—曲轴 13—连杆 14—活塞

812.5A100 型压缩机的机体为整体式，如图 4-2 所示。排气腔顶部端面用气缸盖封闭，气缸盖上设有冷却水套，用冷却水冷却。机体的两端安装有吸、排气管。曲轴箱两侧的窗孔用侧盖封闭，侧盖上装有油面指示器和油冷却器，分别用来检测油量及冷却润滑油。

压缩机采用两曲拐错角为 180°用球墨铸铁铸造的曲轴，由两个主轴承（滑动轴承）支承。平衡块与曲柄铸成一体，每个曲柄销上装配四个工字型连杆。各个连杆小头部位通过活塞销带动一个铜硅铝合金的筒形活塞，使之在气缸内作往复运动。活塞上装有两道气环和一道刮油环，其顶部呈凹陷形，与排气阀的形状相适应，以减少余隙容积。环片气阀按图 4-27

所示结构进行布置。低压蒸气从吸气管 9 经过滤网进入吸气腔 2，再从气缸上部凸缘处的吸气阀进入气缸，经压缩的气体通过排气阀进入排气腔再经排气管 4 排出。吸、排气腔之间设有安全阀，排气压力过高时，高压气体顶开安全阀后回流至吸气腔，保护机器零件不致损坏。气缸套的中部周围设有顶开吸气阀阀片的顶杆和转动环，转动环由油缸拉杆机构控制，用以调节压缩机的排气量和启动卸载之用。

轴封采用摩擦环式机械密封装置，设置在前轴承座里，运转时轴封室内充满润滑油，用以润滑摩擦面并起油封和带走热量的作用。

压缩机采用压力润滑，由曲轴自由端带动转子式内啮合齿轮油泵 10 供油，润滑油从曲轴箱底部经金属网式粗滤器进入油泵，然后经过金属片式细滤器清除杂质后，从曲轴两端进入润滑油道，润滑两端主轴承、轴封、各连杆大头轴承和活塞销等。控制能量调节机构的动力油也由油泵供给。气缸壁以飞溅润滑油润滑。曲轴下部装有充放润滑油用的三通阀。曲轴箱内装有润滑油冷却器，油冷却器浸入曲轴箱底部润滑油中，冷却器中通入冷却水时，可使曲轴箱内的润滑油得到冷却。

压缩机采用直接传动方式，用联轴器由电动机直接驱动。

我国国产 125 系列活塞式制冷压缩机有 2、4、6、8 缸四种，以适应不同容量的需要。该系列的压缩机是按 R717、R12 和 R22 三种工质通用要求设计，只需调整安全阀、气阀弹簧、安全弹簧及轴封等零部件就可以分别使用不同的制冷剂。

2. 12 缸 W 形制冷压缩机

当气缸数大于 8 个时，双曲拐的布置方式已不合适，此时采用两支承结构将使曲轴两个轴承之间的距离增大，曲轴刚度下降，因而应采用多支承结构（图 5-2）。图中所示的压缩机共有 12 个气缸，按 W 形布置。有四个曲柄销，每个装有三根连杆。用三个支承保证曲轴的刚度。

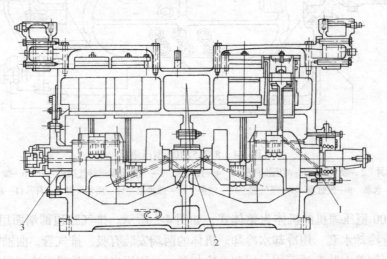

图 5-2　12 缸 W 形压缩机
1—止推轴承　2—中间轴承　3—后轴承

3. 斜盘式制冷压缩机

产量最大的开启活塞式制冷压缩机是斜盘式制冷压缩机。图 5-3 所示的斜盘式压缩机为三列六缸，它是通过斜盘16的转动，把主轴10的旋转运动转变为活塞20的往复运动，其结构紧凑，质量轻，在汽车空调中有较多的应用。主轴是通过电磁离合器11和带轮8与原动机相连。当车内温度超过设定值时，离合器线圈9通电，离合器在电磁力作用下吸合，空调器工作。车内温度降至低于设定值时，离合器线圈断电，离合器打开，主轴停止转动。

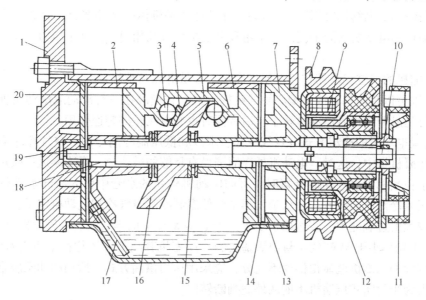

图5-3　汽车空调用斜盘式压缩机

1、7—气缸盖　2、6—气缸　3—滚珠　4—滑履　5—轴承架　8—V带轮
9—电磁线圈　10—主轴　11—离合器　12—轴封　13—密封圈　14—阀板
15—推力轴承　16—斜盘　17—吸油管　18—轴承　19—油泵　20—活塞

由主轴带动的斜盘通过滑履4、滚珠3传递作用力，使活塞作往复运动，斜盘转一圈，六个气缸各完成一个循环，因而输气量较大，又省去了连杆，使结构很紧凑。气缸盖上有阀板，等宽度的条状排气阀片固定在阀板上。压缩机每一侧有三片吸气阀片，它们做在同一块钢板上，从而使结构简化，且阀片上具有良好的应力分布。对于汽车空调器，这一点是特别重要的，因为汽车空调器的转速范围很大，使作用在阀片上的气体推力大幅度地变化，导致气阀受力状况的恶化。主轴的一端设有油泵19，它通过吸油管17将机壳底部的润滑油抽入泵内，加压后送至各摩擦副，斜盘旋转时产生的离心力也将沾在斜盘表面的润滑油飞溅至需要润滑的地点。受环境的影响，汽车空调器的冷凝温度是很高的，因此需选用冷凝压力不会太高的制冷剂。

第二节　半封闭活塞式制冷压缩机

半封闭制冷压缩机的电动机和压缩机装在同一机体内并共用同一根主轴，因而不需要轴封装置，避免了轴封处的制冷剂泄漏。半封闭制冷压缩机的机体在维修时仍可拆卸，其密封面以法兰连接，用垫片或垫圈密封，这些密封面虽属静密封面，但难免会产生泄漏，因而被称为半封闭式压缩机。

一、压缩机的特点

半封闭活塞式制冷压缩均采用高速多缸机型，其特点是：

1）原动机和压缩机共用一根主轴，取消了轴封装置和联轴器，结构紧凑、质量轻、密封性能好，噪声小。

2）机体多采用整体式结构，其电动机外壳往往是机体的延伸部分，以减少连接面积并保证了压缩机和电动机的同轴度。曲轴箱和电动机室有孔相通，保证了压力平衡以利润滑油的回流。

3）压缩机的气缸仍暴露在外，便于冷却，容易拆卸和维修。

4）主轴可以是曲拐轴或是偏心轴的结构形式，它横卧在一对滑动或滚动主轴承上。主轴的一端总是悬臂支承着电动机转子，后者同时也起着飞轮的匀速作用。

5）内置电动机的冷却方式有空气冷却、水冷和低压制冷剂冷却。空气冷却绝大多数用于风冷式冷凝机组中，这时，电动机外壳周围设有足够的散热片，靠冷凝风机吹过的风冷却电动机定子；当采用水冷式冷凝器时，可向电动机外壳的水套中引入冷却水进行定子的冷却；用低压制冷剂冷却的方式是从蒸发器来的低温制冷剂蒸气冷却电动机定子，可使内置电动机具有较大的过载能力，普遍用于功率大于 1.5kW 以上的半封闭制冷压缩机中。

6）对于功率小于 5kW 的半封闭活塞式制冷压缩机其润滑系统往往采用飞溅润滑方式，但对功率较大的压缩机就显得供油不充分，应采用压力供油方式。所用的油泵应是可以逆转工作的，因为半封闭式压缩机不能从外观判断转向。

半封闭活塞式制冷压缩机的气缸直径一般为 40~70mm，单机气缸数为 2~12 个，大多采用四极电动机驱动，其额定功率一般在 45kW 以内，最大的可达 100kW。

二、总体结构实例

1. B47F55（4FS7B）型半封闭制冷压缩机

B47F55 型压缩机为半封闭式、扇形、四缸、单作用、逆流式压缩机，如图 5-4 所示。气缸直径 70mm，活塞行程 55mm，相邻气缸中心线夹角为 45°。当采用 R12 为制冷剂，转速为 1440r/min 时，中温考核工况下的制冷量为 18kW；若采用 R22 为制冷剂，同样转速时，中温考核工况下的制冷量为 28.3kW。

机体呈圆筒形，用灰铸铁铸造，采用整体式结构形式，电动机外壳是机体的延伸部分，压缩机主轴悬伸段就是电动机转子轴。电动机借助吸入的制冷剂蒸气冷却，当采用 R22 作制冷剂时，配有冷却水套的气缸盖使排气得到冷却，以避免排气温度过高。曲轴箱和电动机室有孔相通，以保证压力的平衡。机体上设有回油阀，从油分离器分离出来的润滑油通过浮球阀自动流回曲轴箱。单拐曲轴由球墨铸铁制造，曲柄销上安装有 4 个工字型截面的连杆，连杆大头为垂直剖分式，大头轴瓦为薄壁轴瓦，小头衬套用铁基粉末冶金制成。铝合金制造的筒形活塞顶部呈凹形，有两道气环，一道油环。吸、排气阀结构与 812.5A100 型压缩机基本相同。气缸套外壁安装有顶开吸气阀片的能量调节装置，依靠油压传动顶开吸气阀片。油泵采用月牙形内啮合齿轮油泵，正、反转均能正常供油。曲轴箱底部装有油过滤网。电动机用高强度漆包线绕制，E 级或 F 级绝缘。

2. B24F22（2FL4BA）型半封闭制冷压缩机

B24F22 型压缩机为半封闭式、直立、两缸、单作用、逆流式压缩机，如图 4-38 所示。气缸直径 40mm，活塞行程 22mm，当采用 R12 为制冷剂，转速为 1440r/min 时，考核工况

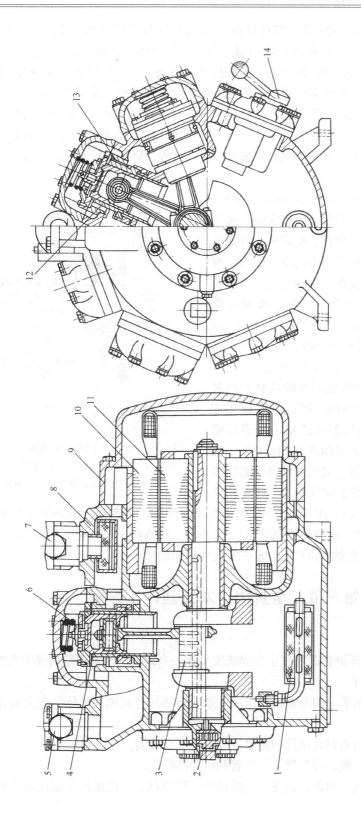

图 5-4 B47F55 型压缩机

1—油过滤器 2—油泵 3—曲轴 4—活塞 5—排气管 6—气阀组 7—吸气管 8—压缩机壳体
9—电动机壳体 10—电动机定子 11—电动机转子 12—气缸套 13—卸载顶杆 14—卸载转换阀

下的制冷量为1.3kW。B24F22型压缩机与B47F55型压缩机压缩机相比较有很多不同之处，气缸呈直立布置，曲轴是两错角为180°的偏心轴，采用整体式连杆大头。微形活塞平顶结构，吸、排气阀均装在气缸顶部的阀板上，靠缸盖内隔条分开。气缸盖内又分吸、排气腔，分别与吸、排气管相连。机体底部设可拆封盖，便于装拆和检修传动零件。该压缩机采用飞溅式润滑系统。不设输气量调节装置，所吸制冷剂蒸气不通过电动机，而是由吸气管直接进入气缸内，故电动机仅靠定子外面的散热肋片进行冷却，其冷却效果不佳，不适宜较大功率的压缩机。但这种吸气方式有利于提高压缩机的输气系数，降低其排气温度，且气体中含油量较少。

B24F22型压缩机是一种节能小型压缩机，设计先进、结构简单、合理、工艺性好、通用化、标准化程度高。其质量轻、噪声低、性能可靠、效率高，适合小型制冷设备的主机配套，可广泛用于工业、农业、商业、交通运输、医疗卫生、科学实验等国民经济各个领域。如食品冷冻、冷藏、种子疫苗储存、生产冷冻饮料等，是目前国内需求量最大的制冷压缩机之一。

3. 带CIC系统的半封闭制冷压缩机

用于R22大制冷量低温制冷的四缸和六缸半封闭制冷压缩机，为了降低排气温度，除了使用风扇外，还使用喷注液态R22的方法进行喷液冷却。实现喷液冷却的机构称为CIC系统，它由控制模块、温度传感器、喷嘴和脉冲喷射阀组成，如图5-5所示。安装于排气腔上的温度传感

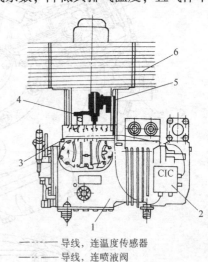

—— 导线，连温度传感器
-·-· 导线，连喷液阀

图5-5 带CIC系统的半封闭制冷压缩机
1—压缩机 2—控制模块 3—温度传感器
4—喷嘴 5—脉冲喷射阀 6—风扇

器3测量排气温度，若排气温度超过限定值，控制模块2指令喷液，液态制冷剂呈雾状喷出。排气温度降至限定值以内时，控制模块发出指令，喷液停止。配有风扇和CIC系统的半封闭制冷压缩机，运行界限得以扩充，蒸发温度可达−50℃。

第三节　全封闭活塞式制冷压缩机

一、压缩机的特点

全封闭活塞式制冷压缩机是将整个电动机支承在一全封闭的钢制薄壁机壳中而构成的制冷压缩机，其特点主要有：

1）将气缸体、主轴承座和电动机座组成一紧凑轻巧的开式刚性机体，大大减轻和缩小了其质量和尺寸。

2）制冷剂和润滑油密封在密闭的薄壁机壳中，不会泄漏。

3）外壳简洁，只有吸、排气管、工艺管和电源接线柱。

4）压缩机电动机组由内部弹簧支承，振动小、噪声低，广泛应用于家用制冷空调设备和小型商用制冷装置中。

5）全封闭活塞式制冷压缩机密封性好，但维修时需剖开机壳，维修后又要重新焊接，

为此要求它有 10 ~ 15 年使用寿命，在此期限内不必拆修。

6）绝大多数的全封闭活塞式制冷压缩机采用立轴式布置，这样就可以采用简单的离心式供油。直立式压缩机有置于电动机之上，也有置于电动机之下的。

全封闭活塞式制冷压缩机的驱动功率大多在 7.5kW 之内，目前最大的可达 22kW；缸径一般不超过 60mm；气缸数 1 ~ 2 个居多，少数有 3 ~ 4 个气缸的。全封闭活塞式制冷压缩机大多采用二极电动机。

二、总体结构实例

1. Q25F30（2FV5Q）型全封闭制冷压缩机

Q25F30 是我国自行设计制造的全封闭制冷压缩机之一。其总体结构如图 5-6 所示，为

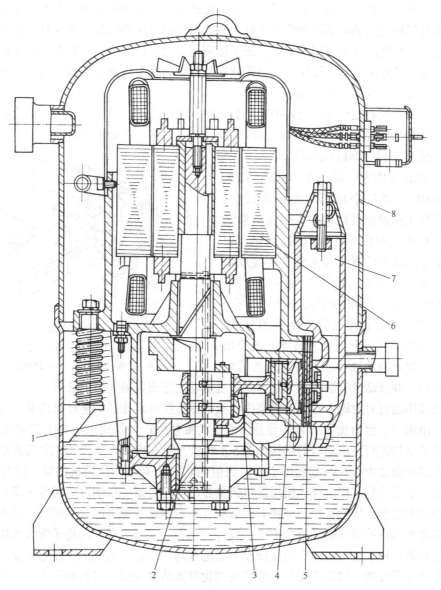

图 5-6　Q25F30 型压缩机

1—机体　2—曲轴　3—连杆　4—活塞　5—气阀　6—电动机　7—排气消声部件　8—机壳

2 缸 V 型布置、单作用、逆流式压缩机。气缸直径 50mm，活塞行程 30mm，当采用 R12 为制冷剂，转速为 2880r/min 时，高温考核工况下的制冷量为 10.69kW；若采用 R22 为制冷剂，同样转速时，高温考核工况下的制冷量为 15.81kW。压缩机的外罩壳由钢板冲制而成，分上下两部分，装配完毕后焊死。与半封闭压缩机相比，结构更紧凑、体积更小、密封性能更好。电动机布置在上部，压缩机布置在下部。气缸体、主轴承座及电动机定子外壳铸成一体，气缸体卧式布置。偏心主轴垂直布置，上部直轴端安装电动机转子，下部偏心轴端安装两个整体式大头的连杆。活塞为筒形平顶结构，因直径较小，活塞上不装活塞环，仅开两道环形槽，使润滑油充满其中，起到密封和润滑作用。吸、排气阀采用带臂柔性环片阀结构，阀板由三块钢板钎焊而成。主轴下端开设偏心油道，浸入壳底油池内，主轴旋转后产生离心力起泵油的作用，将润滑油连续不断经主轴油道送至主、副轴承及连杆大头等摩擦副进行润滑，活塞与气缸之间供油是用润滑了连杆大头的润滑油飞沫进行的。电动机布置在上部，不仅可避免电动机绕组浸泡在润滑油中，还可以利用电动机室内空腔容积作为吸气消声器，再在排气通道上设置稳压室，故压缩机消声效果较好。为减少机器的振动，采用三个弹性减振器支承整个机芯，其减振效果较好。

这种压缩机具有效率高，运转平稳、振动小、噪声低、运行可靠等特点，主要适用于以 R22 为制冷剂的压缩冷凝机组或整体制冷装置（如电冰箱、空调器等）。

2. 滑管式全封闭制冷压缩机

在小型的（功率一般小于 400W，最大不超过 600W）单缸全封闭制冷压缩机中，有时为了简化压缩机的结构，采用曲柄滑管式驱动机构来代替曲柄连杆机构。如图 5-7 所示，中空的筒形活塞 4 与滑管 1 焊接成相互垂直的丁字形整体，滑块 2 为一圆柱体，可在滑管内滑行，滑块的中部开有一圆孔，曲轴上的曲柄销穿过滑管管壁上下的导槽，垂直插入这个圆孔，形成一旋转副。当曲轴旋转时，滑块既绕曲轴中心旋转又沿滑管内

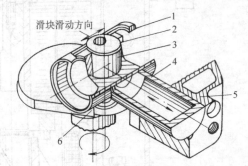

图 5-7   滑管式驱动机构
1—滑管   2—滑块   3—曲柄销
4—活塞   5—气缸   6—曲柄轴

壁往复滑行，并带动滑管活塞在气缸内作往复运动，完成压缩气体的任务。

滑管式压缩机对曲轴中心线与活塞中心线的垂直度要求比曲柄连杆机构低，且顶部的间隙可以自由调节，因而加工、装配容易，适合大批量生产，是用在冰箱上的主要压缩机机型。滑管式全封闭制冷压缩机的结构如图 5-8 所示，为了减少活塞和气缸之间的侧向力，其气缸中心线与曲轴中心有一定的偏心距，数值为 0.75 ~ 4mm。压缩机的吸、排气阀采用余隙容积极小的舌簧阀，以适应冰箱压缩机蒸发温度低的需要。压缩机的润滑为离心供油管和螺旋供油槽的组合。压缩机机体上铸有降低吸气噪声和排气噪声的空腔膨胀式消声器，它由一个或几个有狭小孔道连通的空腔组成。此外，还有管式消声器，用管子弯曲而成，既有降低排气噪声的作用，也有减少因气流脉动引起的振动的作用。管式消声器弯弯曲曲的形状使它有很好的变形性能，以适应排气温度反复变化导致的热变形，且有利于安装。但是，由于曲柄销以悬臂形式受力，滑块与滑管之间作用的比压较大，因而决定了这种压缩机不能用于功率较大和气缸数较多的机型。

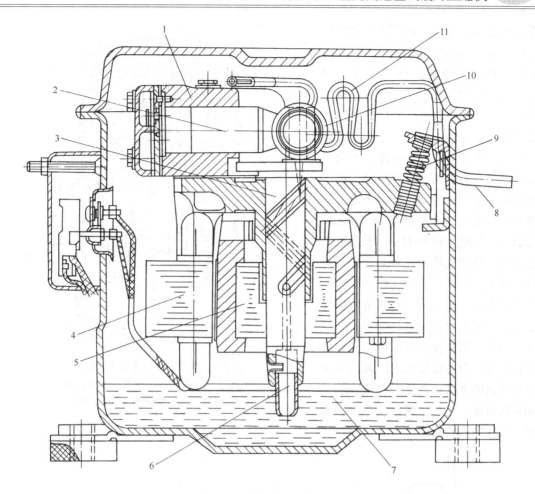

图 5-8　滑管式全封闭制冷压缩机

1—气缸　2—活塞　3—曲轴　4—定子　5—转子　6—吸油管
7—润滑油　8—排气管　9—悬挂弹簧　10—滑管　11—管式消声器

3. 滑槽式全封闭制冷压缩机

采用滑槽式驱动机构的全封闭压缩机（Q—F 制冷压缩机）是性能优良的热泵用机，如图 5-9 所示。压缩机上有两个按 90°布置的滑槽，带动四个活塞。吸气阀装在活塞顶部，排气阀装在气缸盖上，构成压缩机的顺流吸、排气。

滑槽式驱动机构也是一种无连杆的往复活塞式驱动机构，其工作原理如图 5-10 所示。图中的止转框架 4 相当于滑管式驱动机构中的滑管，但止转框架上的滑槽表面为平面，因而在滑槽中滑动的滑块表面也是平面，而非滑管式中的圆柱表面。图中所示的滑槽式驱动机构带动的活塞有四个。每个止转框架的两侧装两个，构成对置式。两个框架相互垂直。当曲轴旋转时，曲柄销带动滑块运动，因为止转框架与活塞刚性地联结在一起，只能在活塞中心线的方向运动，从而限制滑块只能作垂直方向和水平方向的运动而不能转动，这一点与滑管式驱动机构中的滑块的运动是相同的。曲轴旋转使活塞往复运动，完成压缩机的工作循环。

图 5-11 示出了采用滑槽式驱动机构的 Q—F 压缩机中的驱动零件。曲轴 9 上有一个曲柄销 7，它与方形滑块 5 中的孔配合使滑块运动。因为一个曲柄销驱动四个活塞，因此曲轴

受到的载荷比较大，为了减小曲轴的变形，Q—F 压缩机的曲轴两端均有轴承支承（左端的轴承与轴颈 6 配合）。为平衡惯性力而采用的平衡块有两块，其中右侧的一块直接制造在曲轴上，成为曲轴的一部分；左侧的一块与曲轴并不是一个整体，因为它位于轴颈 6 的左侧，若与曲轴构成一个整体，就无法装配。利用止转框架将两个活塞连结在一起是 Q—F 压缩机的一个特色，使得 Q—F 压缩机具有对置式压缩机的布置而全无一般对置式压缩机的复杂结构。两个止转框架相互垂直并应用正方形的滑块保证了四个活塞的中心线能处在同一平面内，从而在最大程度上缩短了曲柄销的长度及相应的曲轴长度。采用导向面为平面的滑槽和正方形滑块使加工和装配简便、易行，保证了各摩擦表面的尺寸精度和几何形状。

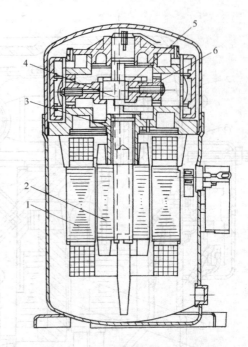

图 5-9 滑槽式全封闭制冷压缩机
1—定子 2—转子 3—主轴承 4—曲轴
5—滑块 6—活塞-滑槽-框架组合件

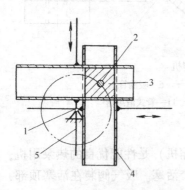

图 5-10 滑槽式驱动机构示意图
1—曲轴 2—曲柄销 3—滑块
4—止转框架 5—活塞杆

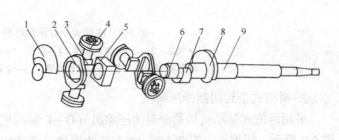

图 5-11 Q—F 压缩机的驱动机构
1、8—平衡块 2—止转框架 3—止转框架滑槽 4—活塞
5—滑块 6—轴颈 7—曲柄销 9—曲轴

Q—F 压缩机的优点是：

1）作用于气缸上的侧向力小，活塞与气缸的摩擦损失也小。

2）顺流布置的吸、排气阀有利于增加气阀的通流面积。

3）吸气阀在低蒸发温度下仍有良好的性能。

4）十字型布置的四个气缸使机器紧凑、尺寸小。这些优点的综合效果是：输气量大，能效比较高、振动小。

第四节　活塞式单机双级制冷压缩机

当蒸发温度很低时（-55～-20℃），单级压缩机不能满足要求，普遍采取的方法是使用单机双级压缩机。高速多缸压缩机除用于单级压缩制冷系统外，还可将压缩机的部分气缸的进、排气腔和另一部分气缸的进、排气腔隔开后，实现一台机器完成两级压缩过程，称为单机双级压缩机。如六缸和八缸压缩机的 2 个气缸和另外 4 个或 6 个气缸的进、排气腔隔开，形成高低压气缸理论容积比为 1:2 或 1:3，用于两级压缩制冷系统。

一、活塞式单机双级制冷压缩机的特点

单机双级压缩机和单级压缩机比较起来，主要有如下特点：

1) 机体中的气缸周围要按高低压级分隔为不同的吸排气腔，其上的管道及附件较为复杂，每一级都要配置自己的截止阀、安全阀等，并要设法使与曲轴箱相隔离的吸气腔中的积油能回到曲轴箱中去。

2) 在开启式压缩机中，当其曲轴箱压力为低压蒸发压力时，要注意保证高压缸活塞、连杆的轴承负荷能力，必要时，可在高压缸的连杆小头中采用滚针轴承。同时，由于低温下工作的曲轴箱压力很低，要设法保证润滑油泵向各工作表面的供油量，为此，有时需要通过中间齿轮来传动润滑油泵，以降低油泵相对于油面的位置，以保证足够的吸入油量。

3) 借助油压控制能量调节装置，变更高、低压级容积比，以改变其制冷量。

二、总体结构实例

1. S812.5 型制冷压缩机

S812.5 型压缩机是一种开启式单机双级制冷压缩机，它是 812.5A100 型压缩机的派生产品。该机在与相应的附属设备配套后，可用于化学工业、石油工业、食品工业、国防工业和科学研究事业，以获得需要的低温。压缩机按 R717、R12、R22 三种制冷剂通用设计的，使用时需换上与制冷剂相适应的安全阀及气阀弹簧等。

S812.5 型压缩机的气缸呈扇形排列，缸径 125mm，活塞行程 100mm，气缸数 8（高压和低压缸数分别为 2 和 6），转速 960r/min，制冷剂为 R22 时，名义工况下制冷量为 71.6kW；转速 1160r/min，制冷剂为 R717 时，名义工况下制冷量为 79.6kW。高低压级容积比范围为 1:3、1:2、1:1。

S812.5 型压缩机的总体结构如图 5-12 所示，这种压缩机的基本结构与 812.5A100 型压缩机大体相同，其不同之处如下：

1) 压缩机机体的高、低压级吸气腔和高、低压级排气腔分别铸出。与这四个腔室相应的吸、排气截止阀，吸、排气管，吸、排气用温度计及压力表也各为四个。高压级缸套下部与曲轴箱隔板配合处用 O 形橡胶圈密封，以使高压级吸气腔不与曲轴箱串气。

2) 压缩机的气阀弹簧，高压级的与 812.5A100 型压缩机的相同，而低压级则采用弹力较小的软弹簧，以改善低压下吸气阀的工作能力。

3) 压缩机采用内啮合转子式油泵，用电动机直接驱动，油泵安装于曲轴箱下部，使泵室沉浸在润滑油中，在机器工作于吸气压力较低的工况下，仍能保证正常工作。

4) 高压级的连杆小头采用滚针轴承。因为高压级负荷形式不同于单级压缩机或低压级气缸，其活塞销总是紧压在连杆小头，没有载荷转向，因此难于形成油膜，故采用衬套则润

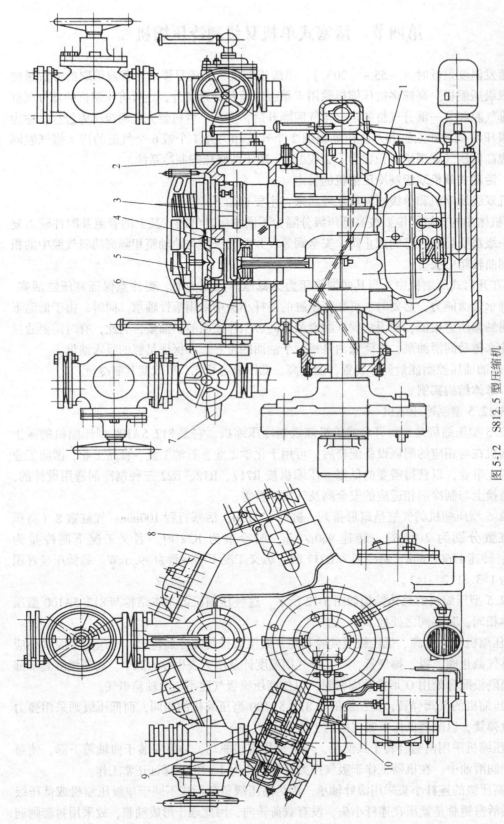

图 5-12 S812.5 型压缩机

1—曲轴 2—机体 3—高压级气阀气缸套组件 4—低压级气阀气缸套组件 5—安全盖 6—能量调节部件 7—放空阀 8—安全阀 9—高压级连杆活塞 10—油压调节阀

滑不良不能正常工作。

2. 半封闭单机双级制冷压缩机

与开启式压缩机相同，半封闭活塞式制冷压缩机也有单机双级产品。图5-13所示的半封闭活塞式单机双级制冷压缩机，有四个低压缸和两个高压缸。来自蒸发器的制冷剂经吸气管过滤器进入低压缸，压缩后与具有中间压力的低温制冷剂两相流混合，使低压缸排气温度降低。混合后的制冷剂流经电动机，对它进行冷却后进入高压缸，压缩后排入油分离器中，分离出来的润滑油从回油管返回曲轴箱，高压气体流向冷凝器。这样，保证了内置电动机得到足够的冷却，其曲轴箱处于中间压力下运行。这种压缩机可在很低的蒸发温度下工作，并在压力比达到一定数值后其可比输气系数超过单级压缩机的输气系数。

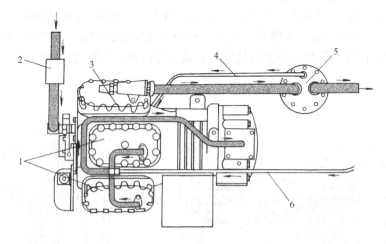

图5-13 半封闭活塞式单机双级制冷压缩机
1—低压缸 2—吸气管 3—高压缸 4—回油管 5—油分离器 6—制冷剂两相流管道

第五节 活塞式制冷机组

近年来，随着空调和制冷技术的不断发展，许多生产厂家制造出能直接为制冷和空调工程提供冷却介质的制冷机组。蒸气压缩式制冷系统的机组化已成为现代制冷装置的发展方向。制冷机组是指工厂设计和装配的由一台或多台制冷压缩机、换热设备（蒸发器和冷凝器）、节流机构、辅助设备以及附带的连接管和附件组成的整体，配上电气控制系统和能量调节装置，为用户提供所需要的制冷（热）量和冷（热）介质的独立单元。制冷机组具有结构紧凑、占地面积小、安装简便、质量可靠、操作简单和管理方便等优点，已被广泛地应用于医学、冶金、机械、旅游、商业、食品加工、化工、民用建筑等领域。

一、压缩冷凝机组

把一台或几台活塞式制冷压缩机、冷凝器、风机、油分离器、贮液器、过滤器及必要的辅助设备安装在一个公共底座或机架上，所组成的整体式机组叫活塞式压缩冷凝机组。

目前我国生产的活塞式压缩冷凝机组按使用制冷剂的不同，分为氨压缩冷凝机组和氟利昂压缩冷凝机组。按采用的冷凝器的冷却方式，可分为风冷式压缩冷凝机组和水冷式压缩冷凝机组。按所配的压缩机结构型式，可分为开启式、半封闭式和全封闭式。风冷式压缩冷凝机组装有贮液器。水冷式压缩冷凝机组冷凝器通常兼贮液器的作用，少数制冷量大的机组装有专用贮液器。

活塞式压缩冷凝机组的制冷量一般为350～580kW，但随着半封闭活塞式制冷压缩机质量的提高，采用多台主机组合成机组，制冷量范围正在扩大。活塞式压缩冷凝机组系统结构比较简单，维修方便，被广泛应用于冷藏库、冷藏箱、低温箱、陈列冷藏柜等制冷装置中。用户根据不同用途和制冷量选定相应型号机组后，只需配置膨胀阀、蒸发器及其他附件，即可组成完整的制冷系统。

对大、中型冷藏库，大、中型集中空调系统，工业用冷水系统一般选配氨压缩冷凝机组。对中、小型冷藏装置、空调系统大多数选用氟利昂压缩冷凝机组。

图5-14所示为风冷式氟利昂压缩冷凝机组，由半封闭活塞式制冷压缩机1、风冷式冷凝器2、贮液器4、管道、阀门等组成。某些产品还配置仪表控制盘。风冷式冷凝器由翅片换热器和风机组合而成，风机3的转向使空气先流过冷凝器，再经过压缩机组。

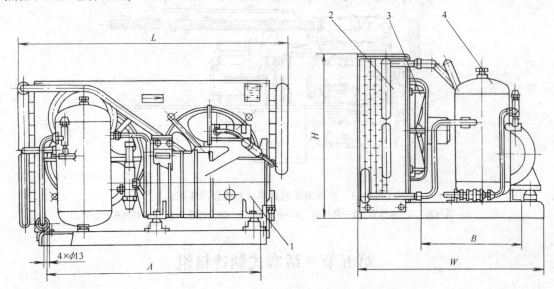

图5-14   风冷式氟利昂压缩冷凝机组
1—半封闭压缩机   2—风冷式冷凝器   3—风机   4—贮液器

图5-15所示为水冷式氟利昂活塞压缩冷凝机组，由压缩机（半封闭式或开启式）、电动机（开启式压缩机所配）、油分离器、水冷式冷凝器、仪表控制盘、管道、阀门等组成。水冷式冷凝器通常配置卧式壳管式。这种冷凝器一般放置在下部，除冷凝制冷剂外，还兼作贮液器。

图5-16所示为水冷活塞式氨压缩冷凝机组，该机组由水冷壳管式冷凝器1、氨压缩机2、电动机、油分离器3、仪表盘4、阀门、管道等组成。压缩机气缸和缸盖用冷却水冷却。冷凝器下部兼作贮液器。

二、冷水机组

将一台或数台制冷压缩机、电动机、控制台、冷凝器、蒸发器、干燥过滤器、节流装置、配电柜、能量调节机构以及各种安全保护设施，全部组装在一起，可提供5～15℃的低温冷水单元设备叫冷水机组。冷水机组适用于各种大型建筑物如宾馆、会堂、影剧院、商

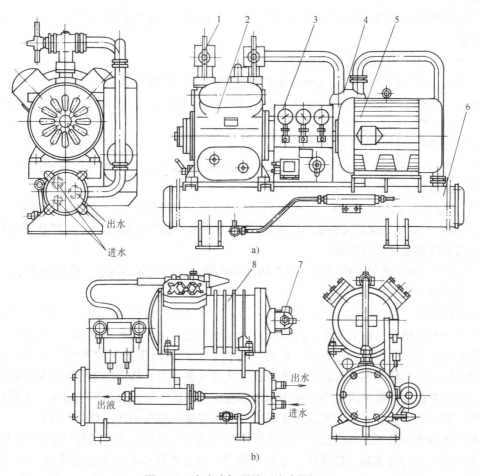

图 5-15　水冷式氟利昂压缩冷凝机组

a) 410F70（4F10）-LN 型　b) B45F40（4F5B）-LN 型

1、7—进气阀　2—开启式压缩机　3—仪表盘　4—油分离器　5—电动机　6—水冷式冷凝器　8—半封闭压缩机

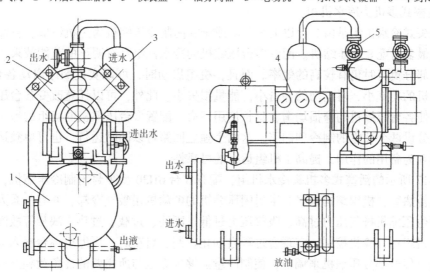

图 5-16　210A70（2AV—10）型水冷式氨压缩冷凝机组

1—水冷壳管式冷凝器　2—氨压缩机　3—油分离器　4—仪表盘　5—阀门

场、医院等舒适性空调，以及机械、纺织、化工、仪表、电子等行业所需要工业性空调或工业用冷水。

1. 活塞式冷水机组的构成与特点

活塞式冷水机组由活塞式压缩冷凝机组与蒸发器、电控柜及其他附件（干燥过滤器、贮液器、电磁阀、节流装置等）构成，并安装于同一底座上。大多数厂家将电控柜安装在机组上，部分厂家则将电控柜安装在机组以外。

活塞式冷水机组的特点是：

1）机组设有高低压保护、油压保护、电动机过载保护、冷媒水冻结保护和断水保护，确保机组运行安全可靠。

2）机组可配置多台压缩机，通过启动一台或几台来调节制冷量，适应外界负荷的波动。

3）随着机电一体化程度的提高，机组可实现压力、温度、制冷量、功耗及负荷匹配等参数全部微计算机智能型控制。

4）用户只需在现场对机组进行电气线路和水管的连接与隔热施工，即可投入运行。

2. 普通型活塞式冷水机组

冷水机组按冷凝器冷却方式不同，可分为水冷式冷水机组和风冷式冷水机组。普通型水冷活塞式冷水机组在结构上的主要特点是冷凝器和蒸发器均为壳管换热器，它们或上下叠合或左右并置，而压缩机或直接置于"两器"上面，或通过刚架置于"两器"之上。由于活塞式制冷压缩机运转时的往复运动会产生较大的往复惯性力，从而限制了压缩机的转速不能太高。故其单位制冷量的质量指标和体积指标较大，因此，单机容量不能过大，否则机器显得笨重，振动也大。普通型活塞式冷水机组的单机容量一般在 580~700kW 以下。

采用风冷式的活塞冷水机组，是以冷凝器的冷却风机取代水冷式活塞冷水机组中的冷却水系统的设备（冷却水泵、冷却塔、水处理装置、水过滤器和冷却水系统管路等），使庞大的冷水机组变得简单且紧凑。风冷机组可以安装于室外空地，也可安装在屋顶，无需建造机房。

3. 活塞式多机头冷水机组

多机头式冷水机组是由 2 台以上半封闭或全封闭制冷压缩机为主机组成，目前，多机头冷水机组最多可配 8 台压缩机。配置多台压缩机的冷水机组具有明显的节能效果，因为这样的机组在部分负荷时仍有较高的效率。而且，机组启动时，可以实现顺序启动各台压缩机，每台压缩机的功率小，对电网的冲击小，能量损失小。此外，可以任意改变各台压缩机的启动顺序，使各台压缩机的磨损均衡，延长使用寿命。配置多台压缩机的机组的另一个特点是整个机组分设两个独立的制冷剂回路，这两个独立回路可以同时运行，也可单独运行，这样可以起到互为备用的作用，提高了机组运行的可靠性。

图 5-17 所示的活塞式多机头冷水机组，配有 6 台 6H30 型半封闭制冷压缩机，换热器均采用高效传热管，机组结构紧凑。半封闭压缩机的电动机用吸气冷却，并有一系列的保护措施，在发生压缩机排气压力过高、吸气压力过低、断油、过载、过热、缺相等故障时，保护压缩机。机组由计算机控制，实现全过程自动化控制，启动时，压缩机逐台投入运行。机组制冷量通过停开部分压缩机来调节，使制冷量能够较好地与所需要的冷负荷相互匹配。

4. 活塞式模块化冷水机组

自第一台模块化冷水机组于 1986 年 9 月在澳大利亚墨尔本投入使用以来，目前已遍及

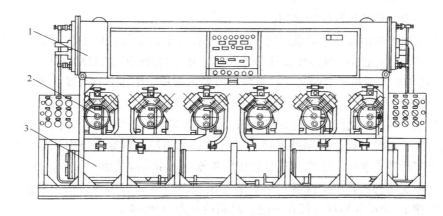

图 5-17 LS600 型冷水机组
1—蒸发器 2—压缩机 3—冷凝器

世界许多国家。它由多台小型冷水机组单元并联组合而成（见图 5-18）。每个冷水机组单元叫做一个模块，每个模块包括一个或几个完全独立的制冷系统。该机组可提供 5~8℃ 工业或建筑物空调用的低温水。模块化冷水机组的特点如下：

1）计算机控制，自动化和智能化程度高。机组内的计算机检测和控制系统按外界负荷量大小，适时启停机组各模块，全面协调和控制整个冷水机组的动态运行，并能记录机组的运行情况，因此不必设专人值守机组的运行。

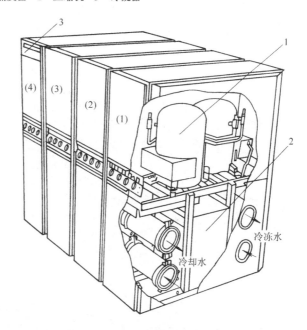

图 5-18 RC130 模块化冷水机组
1—压缩机 2—换热器 3—控制器

2）可以使冷水机组制冷量与外界负荷同步增减和最佳匹配，机组运行效率高、节约能源。

3）模块化机组在运行中，如果外界负荷发生突变或某一制冷系统出现故障，通过计算机控制可自动地使各个制冷系统按步进方式顺序运行，启用后备的制冷系统，提高整个机组的可靠性。

4）机组中各模块单元体积小，结构紧凑，可以灵活组装，有效地利用空间，节省占地面积和安装费用。

5）该机组采用组合模块单元化设计，用不等量的模块单元可以组成制冷量不同的机组，可选择的制冷量范围宽。

6）模块化冷水机组设计简单，维修不需要经过专门的技术训练，可以减少最初维修费用投资。另外，用微处理机发挥其智能特长，使各个单元轮换运行的时间差不多相等，从而延长了机组寿命，降低运行维护费用。

当前我国生产的活塞式模块化冷水机组主要有以下的型号：RC130 水冷模块化冷水机组、RCA115C 和 RCA280C 风冷模块化冷水机组、RCA115H 和 RCA280H 风冷热泵冷（热）水机组、MH/MV 水源热泵空调机，以及精密恒温恒湿机。RC130 型模块化冷水机组的每个模块单元由两台压缩机及相应的两个独立制冷系统、计算机控制器、V 形管接头、仪表盘、单元外壳构成。各单元之间的联接只有冷冻水管与冷却水管。将多个单元相联时，只要联接四根管道，接上电源，插上控制件即可。制冷剂选用 R22。制冷系统中选用 H2NG244DRE 高转速全封闭活塞式制冷压缩机，蒸发器和冷凝器均采用结构紧凑、传热效率高，用不锈钢材料制造，耐腐蚀的板式热交换器。每个单元模块制冷量为 110kW，在一组多模块的冷水机组中，可使 13 个单元模块连接在一起，总制冷量为 1690kW。

第六章
螺杆式制冷压缩机

6

　　螺杆式制冷压缩机属于容积型压缩机。它利用置于气缸内的两个具有螺旋状齿槽的转子相互啮合旋转使齿间容积发生变化，从而完成气体的吸入、压缩和排出三个过程。螺杆压缩机由于无余隙容积，故在实际工作过程中无剩余气体的膨胀过程，转子与机壳间具有很小的间隙，相互之间没有滑动摩擦，所以内效率和机械效率都比较高。另外由于它无吸、排气阀装置，易损件少，工作可靠，调节方便，使用寿命长等优点，20世纪70年代以来，在制冷空调领域取得越来越广泛的运用。

　　按照螺杆转子数量的不同，螺杆压缩机有双螺杆与单螺杆两种。

第一节　螺杆式压缩机的工作过程

一、螺杆式制冷压缩机的工作原理及工作过程

1. 螺杆压缩机的组成

　　螺杆式制冷压缩机主要由机壳、螺杆（或转子）、轴承、能量调节装置等组成。图6-1和图6-2分别为压缩机结构简图和立体图。

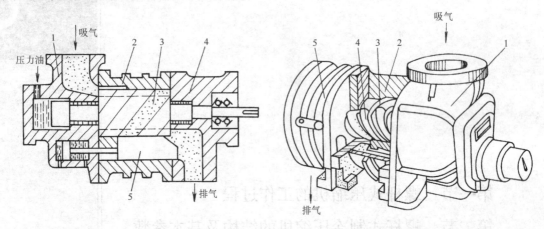

<table>
<tr><td>

图6-1　螺杆式制冷压缩机结构简图

1—吸气端座　2—机体　3—螺杆

4—排气端座　5—能量调节滑阀

</td><td>

图6-2　螺杆式制冷压缩机结构立体图

1—吸气端座　2—机体　3—阴螺杆

4—阳螺杆　5—排气端座

</td></tr>
</table>

　　机壳为剖分式，由机体、吸气端座和排气端座等三部分组成，用螺栓连接。机体的内腔横断面呈横8字形，一对螺杆平行配置于机体内腔中。在吸气侧，吸气端座和机体内壁上开有一定形状的吸气孔口，吸气端座上的为轴向吸气孔口，机体内壁上的为径向吸气孔口（参见图6-6）。在排气侧，排气端座和能量调节滑阀上开有一定形状的排气孔口，排气端座上的为轴向排气孔口，能量调节滑阀上的为径向排气孔口（参见图6-7），吸、排气口一般呈对角线方向布置。

　　一对相互啮合的螺杆，具有特殊的螺旋齿形，凸齿形的称为阳螺杆（阳转子），一般为主动转子，凹齿形的称为阴螺杆（阴转子）（见图6-8），为从动转子。阳螺杆一般做成4齿，阴螺杆做成6齿。两螺杆按一定的速比反向旋转。

2. 工作原理

　　螺杆压缩机工作时，依靠气缸中阳转子与阴转子相互啮合旋转，使转子齿间与机体（气

缸内壁）、两端封盖所构成的空间容积——即齿间基元容积，作周期性的变化，从而使吸入气体沿转子轴向压缩后排出。

3. 工作过程

图 6-3 为压缩机的工作原理图。由图可以看出，当一对螺杆啮合旋转时，每个基元工作容积的齿面接触线，都随着从吸气端移向排气端。在两螺杆的吸气侧（图 6-3a、b、c 所示），齿面接触线与吸气端之间的每个基元工作容积都在扩大，而在螺杆的排气侧（图 6-3d、e、f 所示），齿面接触线与排气端之间的每个基元工作容积都在逐渐缩小。这样，使每个基元工作容积都从吸气端移向排气端。下面以图 6-3（此图为由下而上的仰视图）中所示某基元工作容积，说明压缩机的工作过程。

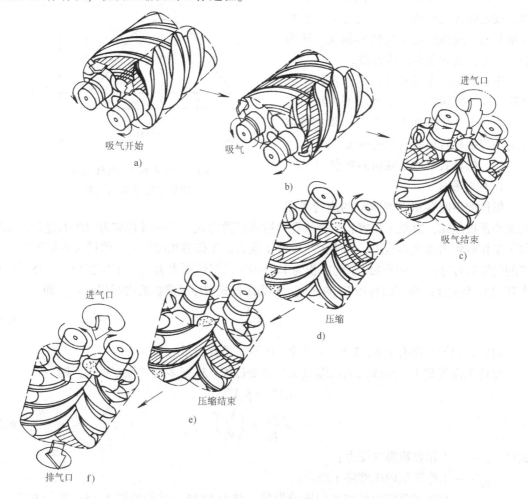

图 6-3 螺杆压缩机的工作原理图

（1）吸气过程 齿间基元工作容积随着转子旋转而逐渐扩大，并与径向和轴向吸气孔口相通，气体通过吸气孔口进入齿间基元容积，称为吸气过程。当转子旋转一定角度后，基元容积达到最大并与吸气孔口隔开时，吸气结束。

（2）压缩过程 随着转子继续旋转，主动转子与从动转子形成的齿面接触线从吸气端向排气端移动，基元容积由最大逐渐变小，直到基元容积与排气孔口相通的瞬间为止，此过程称为压缩过程。

（3）排气过程 当基元容积开始与轴向和径向排气孔口接通时，进行排气，直到基元容积等于零为止，这一过程称为排气过程。上述过程，随着转子连续运转，重复地进行。

以上讨论了两啮合螺杆一个基元容积在一个工作周期中的全部过程，而整个压缩机其他基元容积的工作过程是与之相同的，只是它们的吸气、压缩、排气过程的先后不同。

4. 气体压力、容积与阳转子转角之间的关系曲线

由压缩机的工作过程可知：排气孔口的位置和大小决定着压缩终了的容积 V_2 和压力 p_2，若将径向排气口往吸气端方向移，或轴向排气口增大，使之与工作容积提早相通，则压缩终了时的容积大，压力低；反之，则容积小，压力高。

图 6-4 为工作容积 V，工作容积中气体压力 p 与阳转子转角 ϕ 的关系曲线。它表示在一个工作周期中，工作容积和气体压力随着螺杆转角而变化的情况。

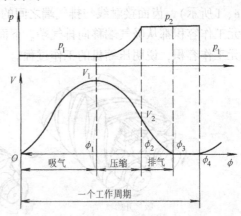

图 6-4 工作容积 V、气体压力 p 与
阳转子转角 ϕ 的关系

二、螺杆式制冷压缩机的特点

1. 内容积比

螺杆的齿间容积随着螺杆的旋转容积的缩小而被压缩，直至工作容积与排气孔口边缘相通为止，这一过程称为内压缩过程。压缩终了工作容积内的气体压力，称为内压缩终了压力。工作容积吸气终了的最大容积为 V_1，相应的气体压力为 p_1，内压缩终了的容积为 V_2，相应的气体压力为 p_2。工作容积吸气终了的最大容积 V_1 与内压缩终了的容积 V_2 的比值，称为螺杆式制冷压缩机的内容积比 ε_V。即

$$\varepsilon_V = \frac{V_1}{V_2} \tag{6-1}$$

内容积比推荐值有 2.6、3.6、5 三种，供不同场合选用。

螺杆工作容积中，气体的内压缩过程为多变过程。根据多变过程方程式，则

$$p_1 V_1^n = p_2 V_2^n$$

$$\varepsilon_p = \frac{p_2}{p_1} = \left(\frac{V_1}{V_2}\right)^n \tag{6-2}$$

式中 p_1——工作容积吸气压力；

p_2——工作容积内压缩终了压力；

n——制冷剂蒸气的平均多变压缩指数。对于 R616，近似地取 1.25；对于 R12，近似取 1.15。

内压缩终了压力 p_2 与吸气压力 p_1 的比值，称为压缩机的内压力比。其值在 5 ~ 20 范围内，与压缩机的结构和制冷剂种类有关，而与运行工况无关。

2. 附加功损失

螺杆工作容积内压缩终了压力 p_2 与吸气压力 p_1 的比值，称为内压力比。排气腔内的气体压力（背压或称外压力）p_d 与吸气压力 p_1 的比值，称为外压力比。活塞式制冷压缩

机压缩终了的气体压力 p_2，取决于排气腔内的气体压力、排气阀的弹力以及气体流动阻力。如果略去气阀的弹簧力及气体流动阻力，可近似地认为活塞式制冷压缩机压缩终了压力 p_2，等于排气腔内气体压力 p_d，即 $p_2 = p_d$。螺杆式制冷压缩机内压缩终了压力 p_2，取决于压缩机的内容积比和吸气压力。因此，螺杆式制冷压缩机内压缩终了压力 p_2，不一定等于排气腔的气体压力 p_d。若螺杆式制冷压缩机内压缩终了压力 p_2，与排气腔内气体压力 p_d 不相等，工作容积与排气孔口连通时，工作容积中的气体将进行定容压缩或定容膨胀，使气体压力与排气腔压力趋于平衡，从而产生附加功损失。下面分三种情况讨论：

（1）$p_d > p_2$（欠压缩，图6-5a） 在排气管内气体压力 p_d 高于内压缩终了压力 p_2 的情况下，气体在齿间容积内由吸气压力 p_1 压缩到压缩终了压力 p_2，此时，工作容积与排气孔口相连通，排气管中的气体倒流，使工作容积中的气体由 p_2 定容压缩到排气管内气体压力 p_d（由 C 到 G），然后进行排气过程。这就比气体由压力 p_1 直接压缩到 p_d（由 B 到 E）时多耗的功，即附加功损失，相当于图中阴影面积 ECG。

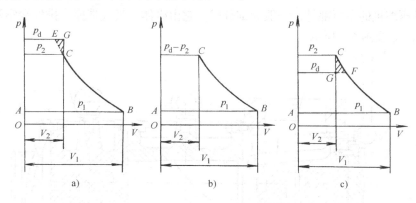

图6-5 螺杆压缩机压缩过程 p-V 图
a) $p_d > p_2$ b) $p_d = p_2$ c) $p_d < p_2$

（2）$p_d = p_2$（图6-5b） 在排气管内的气体压力 p_d 等于内压缩终了压力 p_2 的情况下，没有附加功损失。

（3）$p_d < p_2$（过压缩，图6-5c） 在排气腔内的气体压力 p_d 低于内压缩终了压力 p_2 的情况下，气体在工作容积内由吸气压力 p_1 压缩到压缩终了 p_2（由 B 到 C），再由压力 p_2 定容膨胀到排气管内气体压力 p_d（由 C 到 G），然后再进行排气过程。此时，多耗的功相当于面积 FCG。

由此，当压缩机内压缩终了压力与排气腔内气体的压力不相等，即内压力比与外压力比不等时，将产生附加功损失，从而降低压缩机的指示效率。所以，应力求压缩机的实际运行工况与设计工况相等或接近，以使螺杆式制冷压缩机获得运行的高效率。

3. 螺杆式制冷压缩机的优缺点

与活塞式压缩机相比，螺杆式压缩机有如下优缺点：

1）由于螺杆式压缩机的转速高（通常在 3000r/min 以上），重量轻，体积小，占地面小等优点，因而提高了经济指标。

2）振动小，由于没有往复惯性力，动力平衡性能好，故对基础的要求可低些。

3）结构简单，没有阀片、活塞环等易损件，所以运行周期长，维修简单，使用可靠。

4）对液击的耐受性高，由于结构上的特点，螺杆式压缩机对湿行程和液击不敏感。

5）运转时噪声较大，这是由于制冷剂气体周期性地高速通过吸、排气孔口，以及通过缝隙的泄漏等原因带来的影响。

6）辅助设备较大，由于压缩机采用喷油方式，需要喷入大量油，因而需要增设体积较大的油分离器等设备，故整个机组的体积和质量加大。

第二节 螺杆式制冷压缩机的结构及基本参数

一、螺杆式制冷压缩机的结构

螺杆式制冷压缩机的主要零件包括机壳、转子、轴承、轴封、滑阀能量调节装置、油压平衡活塞等。

1. 机壳

机壳是压缩机的主要部件。一般为剖分式。它由机体、吸气端座、排气端座及两端端盖组成，如图 6-6 及图 6-7 所示。

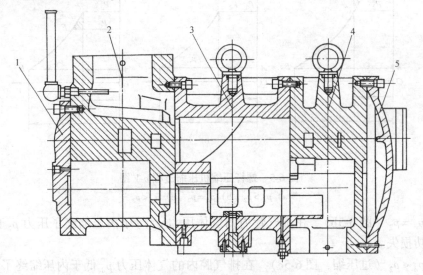

图 6-6 机壳部件结构图
1—吸气端盖 2—吸气端座 3—机体 4—排气端座 5—排气端盖

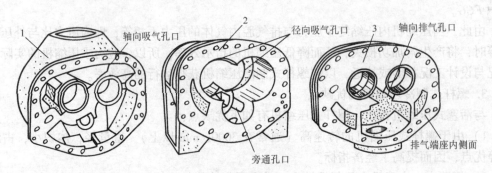

图 6-7 机壳部件立体图
1—吸气端座 2—机体 3—排气端座

吸气端座上部铸有吸气腔,与其内侧的轴向吸气孔口连通,轴向吸气孔口的位置和形状大小,应保证工作容积最大限度的充气,并能使阴转子的齿开始侵入阳转子齿槽时,工作容积与吸气孔口断开,其间的气体开始压缩。吸气端座中部有安置后主轴承的轴承座孔和油平衡活塞座孔,下部铸有能量调节用的油缸,其外侧面与吸气端盖连接。

机体的内腔断面呈横 8 字形,内腔上部靠吸气端有径向吸气孔口,它是依照转子的螺旋槽形状铸造而成的。装配时,径向吸气孔口与吸气端座的吸气腔连通,它的设置可以扩大吸气孔口的面积。机体内腔下部留有安装移动滑阀的位置,还铸有能量调节旁通口,机体的外壁铸有筋板,其作用主要是提高机体的强度和刚度,并起散热作用。

排气端座中部有安置阴、阳转子的前主轴承及向心推力球轴承的轴承孔座,下部铸有排气腔,与其内侧的轴向排气孔口连通。轴向排气孔口的位置和形状大小,应尽可能地使压缩机所要求的排气压力完全由内压缩达到,同时,排气孔口应使齿间容积中的压缩气体能够全部排到排气管道。轴向排气孔口的面积越小,则获得的内容积比(内压力比)越大。装配时,排气端座的外侧面与排气端盖连接。

机壳的材料采用灰铸铁,如 HT21-40。

2. 螺杆

螺杆是压缩机的主要部件(见图 6-8)。其结构一般为整体式,即将螺杆与轴做成一体。螺杆的结构特点,可参阅本节第二部分内容。螺杆一般采用中碳钢、合金钢或球墨铸铁制作而成,精加工后,需经平衡校验。

3. 轴承与油压平衡活塞

螺杆式制冷压缩机的阴、阳螺杆由滑动轴承(主轴承)和向心推力球轴承支承(参见图 6-21),滑动轴承镶有巴氏合金衬套。压缩机运转时,两螺杆的螺旋部分端面及螺旋状齿面上都作

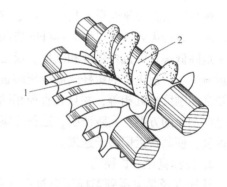

图 6-8 阴、阳螺杆
1—阴螺杆 2—阳螺杆

用着气体的压力,从而使螺杆产生径向和轴向力。滑动轴承与向心推力球轴承均承受径向力,向心推力球轴承还承受一定的轴向力,对于阳螺杆,其上作用有较大的轴向力,为了减轻向心推力球轴承的负荷,还在阳螺杆上(吸气端)增设油压平衡活塞。其原因如下:

1)作用在螺杆吸气端端面上的气体压力(吸气压力),低于作用在螺杆排气端端面上的气体压力,因此,使两螺杆产生轴向力,其方向指向吸气端。

2)作用在螺杆螺旋齿面上的气体压力在轴向上的分力,对于阳螺杆(单边不对称齿形),其方向指向吸气端;对于阴螺杆(单边不对称齿形),其方向指向排气端。作用在阳螺杆上的轴向合力,比作用在阴螺杆上的轴向合力要大得多。因此,阳螺杆上除装设向心推力球轴承外,还增设油压平衡活塞,而阴螺杆上则仅装设向心推力球轴承。

4. 轴封

螺杆式制冷压缩机多采用摩擦环式轴封,其结构与工作原理见活塞式制冷压缩机有关轴封一节。

5. 能量调节机构

螺杆式制冷压缩机的能量调节采用滑阀式能量调节机构。其结构和调节原理见本章第六

节。

6. 喷油结构

螺杆式制冷压缩机工作时，由于润滑油系统不断地向一对转子的啮合处喷射大量冷却润滑油，这些润滑油与被压缩的制冷剂蒸气均匀混合，吸收气体压缩过程产生的热量，降低压缩机的排气温度。此外，喷入的压力油在螺杆及机体内壁面形成一层油膜，起密封和润滑作用，从而减少气体内部泄漏，提高输气系数，降低运动时的噪声。

与螺杆相贴合的滑阀上部，开有喷油小孔（见图6-13），其开口方向与气体泄漏方向相反，压力油从喷油管进入滑阀内部，经滑阀上部喷油孔，以射流形成喷射到工作容积受压缩部位。

螺杆压缩机的喷油量以排气量的 0.8% ～1% 为宜。喷油温度一般规定：制冷剂 R616 时，油温为 25～55℃；制冷剂为 R12 和 R22 时，油温为 25～45℃。油压一般比排气压力高 196～294kPa。

二、螺杆式制冷压缩机的基本参数

1. 齿数

螺杆的齿数由排气量、排气压力、吸排气压力差及转子刚度诸多因素来确定。一般来说，减少螺杆齿数，可以增大螺杆的齿间面积，提高压缩机的排气量。但螺杆齿数的减少，相应地降低螺杆的抗弯强度和刚度。反之，增加齿数则螺杆的强度和刚度提高，压缩机的排气量减少。目前生产的螺杆式制冷压缩机一般采用阳阴转子齿数比 4:6 的方案，阴、阳转子的强度和刚度接近相等，并且在直径相同的情况下具有较大排气量。现在不对称齿型的齿数比趋向 5:6 的方案。实践证明，这种方案在刚度上是足够的，同时有利于阴转子提高齿顶圆周速度，使其接近阳转子速度。

2. 公称直径、长径比

螺杆直径是关系到螺杆压缩机系列化、零件标准化、通用化的一个重要参数。我国有关部门规定，螺杆的公称直径 D_1 为 63、80、100、125、160、200、315 等，其单位以 mm 计。

所谓螺杆的长径比，是指压缩机螺杆的螺旋部分的轴向长度 L 与螺杆公称直径 D_1 的比值，用 λ 表示。

即：
$$\lambda = L/D_1$$

近代螺杆压缩机采用小的螺杆长径比。在排气量不变时，减少螺杆长径比，螺杆直径相应加大，使吸、排气孔口面积增加，从而可降低气体流速，减少气体的压力损失。同时，减少螺杆长径比，螺杆变得粗而短，使螺杆具有良好的刚度，增加压缩机运转的可靠性，并有利于螺杆压缩机向高压力比方向发展。

对于具有相同螺杆直径和转速的螺杆压缩机，改变螺杆的长径比，就可以很方便地获得不同的排气量。目前，螺杆压缩机长径比的常用范围为 1～1.5。我国有关部门规定用两种长径比，即 $\lambda = 1.0$ 和 $\lambda = 1.5$，前者为短导程螺杆的长径比，后者为长导程螺杆的长径比。

3. 螺杆扭转角

螺杆扭转角的大小应能保证压缩机齿间容积充分吸气，它表示螺杆齿面在吸、排气端平面之间的扭转角度。为了使工作容积得到完全的吸气，工作容积应在与排气端完全脱开之后，再与吸气口脱开。螺杆的螺旋部分长度均小于一个导程，其扭转角均小于360°。一般不对称齿形的阳螺杆扭转角为 $260°$、$300°$，与之相啮合的阴螺杆的扭转角则为 $180°$、$200°$。

4. 圆周速度和转速

螺杆齿顶圆周速度是影响压缩机外形尺寸及效率的重要因素。对于一定型线的螺杆压缩机，在相同工质、相同工况、一定的喷油量和油温下存在着一最佳圆周速度，因为圆周速度增加，会使压缩机的动力损失增加，而圆周速度降低，则会使泄漏增加。对于喷油螺杆压缩机，阳转子的最佳圆周速度在 $15\sim45\text{m/s}$ 之间；少油螺杆压缩机在 $25\sim65\text{m/s}$ 之间；无油螺杆压缩机则在 $60\sim120\text{m/s}$。圆周速度确定后，螺杆转速也随之确定。喷油螺杆压缩机主动转子转速范围为 $630\sim4400\text{r/min}$。

第三节　螺杆式压缩机转子型线

一、转子型线的基本概念

螺杆压缩机转子的扭曲齿面称为转子的型面。型面与垂直于转子轴线平面（如端平面）的截交线称为转子的型线。

主动转子与从动转子两型面之间相互接触，所形成的空间曲线，称为型面的接触线，它把齿间基元容积分为两个压力不同的区域，起到密封和隔离基元容积的作用。

主动转子型线与从动转子型线在端平面上啮合运动时啮合点的轨迹，称为啮合线。显然，型面接触线在端平面上的投影，就是型线的啮合线。

二、型线的分类和基本要求

螺杆压缩机的型线主要有两种：对称型线和非对称型线。

齿型对称于齿顶中心线且型线完全相同的，称为对称型线；反之，齿型不对称于齿顶中心线且型线不同的，称为非对称型线。

只在转子节圆的内侧或外侧一边有型线，称为单边型线；节圆内外均具有型线则称为双边型线。

转子型线是由若干段不同类型的曲线组成，如圆弧、摆线、直线、椭圆、抛物线等与其相应的共轭曲线组成，它们之间的不同组合则构成了不同的转子齿型。转子齿型除满足一般啮合运动的要求外，还应满足下列要求：

1）齿型在啮合运动过程中，应具有排出和吸入方面的气密性，即横向气密性。

2）齿型在啮合过程中，应具有齿间容积之间的气密性，即轴向气密性。

3）齿型在啮合过程中，应具有尽可能短的接触线长度。

4）转子齿型应具有较小的泄漏三角形。

5）转子齿型应具有良好的应急性能。

6）转子齿型应具有较小的封闭容积。

三、摆线的形成和特性

摆线是螺杆式压缩机型线的重要组成部分，因此有必要对摆线的形成及特性作一介绍。

如图 6-9 所示，滚动的圆（滚圆）在固定的圆周（基圆）O_1 上作纯滚动。滚圆上任意固定点 k（形成点）在空间形成的轨迹线 kk'，称为摆线。若滚圆半径为 r，k 点至滚圆圆心的距离为 b，则 k 点有在滚圆内、滚圆上或滚圆外三种情况，即 $b<r$、$b=r$ 或 $b>r$，所形成的摆线分别称为缩短摆线、正常摆线或伸长摆线。若滚圆在基圆外滚动，则得到的摆线为外摆线，若滚圆在基圆内作纯滚动，则得到的摆线为内摆线。因此我们可以分别获得三种外摆线和三种内摆线。即缩短、正常、伸长外摆线或内摆线。

另外，还可以证明，与外摆线相啮合的型线为内摆线。同一滚圆上的点 k，在基圆 r_{1t} 外滚动而形成的外摆线和在基圆 r_{2t} 内滚动形成的内摆线相啮合。在螺杆压缩机转子型线中还常常用到下列几种特殊情况的摆线。

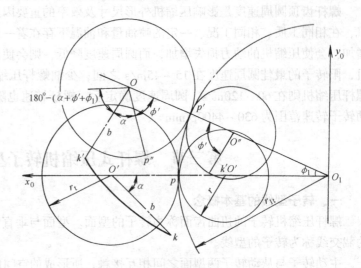

图 6-9　摆线的形成

1）取滚圆为从动转子节圆，且形成点在节圆圆周上，即 $r = r_{2t}$，$b = r$。

此时，主动转子型线为正常外摆线。而与主动转子相属的从动转子型线（内摆线），则蜕化为从动转子节圆上的一点，这种相属型线称为点啮合型线，常在螺杆压缩机转子型线中加以采用。

2）取滚圆为从动转子节圆，但形成点不在节圆圆周上，即 $r = r_{2t}$，$b \neq r$。

此时，主动转子型线为伸长或缩短外摆线。从动转子型线仍蜕化成一点。也称为点啮合型线。

3）取滚圆直径等于从动转子的节圆半径，且形成点处于滚圆圆周上，即 $r = \frac{1}{2} r_{2t}$，$b = r$。

则主动转子的型线为正常外摆线。而从动转子的型线将蜕化为一条径向直线，它与横坐标轴重合。这种型线，在修正的转子型线中常常采用。

四、单边对称圆弧型线（见图6-10）

1. 主动转子型线

$A'_1 C'_1$——以主动转子节圆为基圆，从动转子节圆为滚圆，其形成点为滚圆圆周上 A'_2 点所形成的正常外摆线。如前所述，此型线称为点啮合型线。

$C'_1 D_1 C_1$——半径为 r 的圆弧，其圆心 O 与两转子的节圆啮合点 p_0 相重合，即在两转子节圆的切点上。

$C_1 A_1$ 与 $A'_1 C'_1$ 相同。

$A_1 A'_1$——为主动转子节圆上

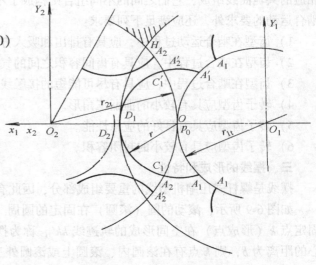

图 6-10　单边对称圆弧型线

的圆弧段。

2. 从动转子型线

$A'_2D_2A_2$——与主动转子型线段 $C'_1D_1C_1$ 完全相同，以两转子节圆切点为中心，半径为 r 所作的一段圆弧。

$A_2A'_2$——从动转子节圆圆周上的一段圆弧，其弧长与主动转子型线上相应圆弧相等。

该对称圆弧型线的轴向气密性较差，但由于设计、制造较为方便，且转子之间的接触线长度比其他型线短，部分抵消了轴向气密性不良带来的不利影响，故在螺杆式压缩机中仍常被采用。

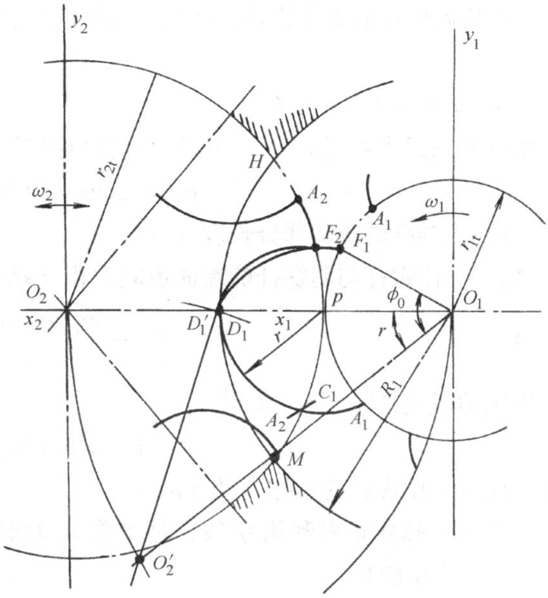

五、单边不对称型线（见图6-11）

1. 主动转子型线

F_1D_1——以主动转子节圆为基圆，从动转子节圆为滚圆，该圆周上 F_2 点为形成点滚动而形成的正常外摆线。如前所述，此型线称为点啮合型线。

A_1F_1——节圆 r_{1t} 的一段圆弧。

C_1A_1、D_1C_1——以两节圆啮合点 p 为圆心，r 为半径的一段圆弧。

图6-11　单边不对称型线

2. 从动转子型线

F_2D_2——以从动转子节圆为基圆，主动转子节圆为滚圆，主动转子型线上的 D_1 点为形成点滚动得到的伸长外摆线。显然，从动转子的型线段 F_2D_2 也为点啮合型线。

D_2A_2——同主动转子型线段 D_1C_1。

A_2F_2——节圆 r_{2t} 圆周上的一段圆弧，其弧长应与主动转子上相应型线 A_1F_1 的弧长相等。

该型线改善了圆弧型线轴向气密性差的缺点，提高了压缩机的效率。

因此，在螺杆型线设计时，应使其泄漏面积小，效率高。目前制造的螺杆式压缩机，其螺杆一般采用单边非对称摆线圆弧型线。除此之外，还有 SRM 齿型，Sigma 齿型，X 齿型，CF 齿型。

现在各种新型线层出不穷，如 a 齿型、b 齿型和 Stals 齿型。极大地提高了螺杆压缩机的性能。

第四节　螺杆式压缩机输气量

一、输气量的计算

螺杆压缩机的输气量是压缩机在单位时间内排出的气体，换算到吸气状态下的容积。其

理论输气量为单位时间内阴、阳螺杆转过的齿间容积之和，即

$$V_{th} = 60(m_1 n_1 V_1 + m_2 n_2 V_2) \tag{6-3}$$

式中 V_1、V_2——阳螺杆与阴螺杆的齿间容积（一个齿槽的容积）（m^3）；

    m_1、m_2——阳螺杆与阴螺杆的齿数；

    n_1、n_2——阳螺杆与阴螺杆的转速（r/min）。

压缩机两螺杆的啮合旋转，相当于齿轮的啮合传动，因此

$$m_1 n_2 = m_2 n_2 \tag{6-4}$$

又 $V_1 = A_{01} L$ $V_2 = A_{02} L$

将以上三式代入（6-3），则压缩机的理论排气量为

$$V_{th} = 60 m_1 n_1 L (A_{01} + A_{02}) \tag{6-5}$$

式中 L——螺杆的螺旋部分长度（m）；

A_{01}、A_{02}——阳螺杆与阴螺杆的端面齿间面积（端平面上的齿槽面积）（m^2）。

令

$$C_n = \frac{m_1(A_{01} + A_{02})}{D_1^2} \tag{6-6}$$

则压缩机理论输气量可写成

$$V_{th} = 60 C_n n_1 L D_1^2 \tag{6-7}$$

式中 D_1——阳螺杆的公称直径（m）；

C_n——螺杆面积利用系数，是由螺杆齿形和齿数所决定的常数，一般为 0.515 ~ 0.641。

直径和长度尺寸相同的两对螺杆，面积利用系数大的一对螺杆，其输气量大，反之输气量小。相同输气量的螺杆压缩机，面积利用系数大的螺杆，机器外形尺寸和质量可以小些。但螺杆的面积利用系数大，往往会使螺杆齿厚，特别是阴转子的齿厚减薄，降低螺杆的刚度，引起加工精度降低，运转时由于气体压力产生的变形增加，也增加了泄漏。因此，在设计制造螺杆时，选取面积利用系数必须全面考虑。

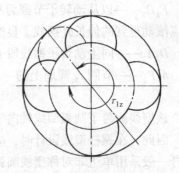

在螺杆式压缩中，螺杆的齿面在吸、排气端平面之间扭曲的程度用螺杆的扭角表示。所谓扭角，即螺杆某齿的齿面与两端平面的截交线在端平面上投影的夹角。如图 6-12 中所示 τ_{1z} 为阳螺杆的扭角。直径和长度相同的螺杆，扭角大的则齿面的扭曲程度大。

当螺杆的扭角大到某一数值时，啮合两螺杆的某工作容积对，吸气端与与吸气孔口隔断时其齿在排气端并

图 6-12 阳螺杆的扭角 τ_{1z}

未完全脱离，致使螺杆的齿间容积不能完全充气。考虑这一因素对压缩机输气量的影响，用螺杆的扭角系数 C_j 表征。压缩机的有效理论输气量 V_g（齿间可能充气的最大容积）与其理论输气量 V_{th} 的比值，称为螺杆的扭角系数。即

$$C_j = \frac{V_g}{V_{th}}$$

通常，扭角系数 C_j 在 0.96 ~ 1 范围。扭角大的螺杆，C_j 值较小；扭角小的，C_j 值较大。

于是，螺杆式压缩机的有效理论输气量为

$$V_g = 60C_n C_j n_1 LD_1^2 \tag{6-8}$$

由于泄漏、气体受热等，螺杆式制冷压缩机的实际输气量，低于它的有效理论排输气量。当考虑到压缩机输气系数 λ 时，其实际输气量 V_a 为

$$V_a = \lambda V_g \tag{6-9}$$

二、影响输气系数的主要因素

1. 泄漏损失

由于压缩机的结构特点及制造工艺等原因，螺杆之间及螺杆与机壳之间总是存在着间隙，从而产生泄漏。气体通过间隙的泄漏，可分为外泄漏和内泄漏两种。前者是指压力升高的气体通过间隙向吸气管道及正在吸气的齿间容积的泄漏；而内泄漏是指具有较高压力的气体，通过间隙向压力较低的工作容积的泄漏，如排气管中的气体向正在压缩的工作容积泄漏。外泄漏影响压缩机的输气系数，内泄漏仅影响压缩机耗功。

2. 吸气压力损失

气体通过压缩机吸气管道和吸气孔口时，产生气体流动损失，吸气压力降低，比容增大，相应地减少了压缩机的吸气量，降低了压缩机的输气系数。

3. 预热损失

转子与机壳因受到压缩气体的加热而温度升高。在吸气过程中，气体受到吸气管道、转子和机壳的加热而膨胀，相应地减少了气体的吸入量，降低了压缩机的输气系数。

第五节　螺杆压缩机的制冷量、功率和效率

一、压缩机的制冷量

螺杆式压缩机的制冷量 Q_0 为

$$Q_0 = \frac{\lambda V_g q_v}{3600} = \frac{G_a q_0}{3600} \tag{6-10}$$

式中　λ——压缩机的输气系数；

V_g——压缩机的有效理论输气量（m^3/h）；

q_v——给定工况下，制冷剂的单位容积制冷量（kJ/m^3）；

G_a——压缩机的实际质量输气量（kg/h），$G_a = \dfrac{V_g}{v_1}$ 中，v_1 为吸气状态下的气体比容

（m^3/kg）；

q_0——给定工况下，制冷剂的单位质量制冷量（kJ/kg）。

二、压缩机的功率和效率

1. 功率

1）压缩机绝热压缩所需的功率 N_{th}

$$N_{th} = \frac{G_a(h_2 - h_1)}{3600} \tag{6-11}$$

式中　$(h_2 - h_1)$——单位绝热理论功，即绝热压缩过程终点和始点的气体焓差（kJ/kg）。

2）压缩机的指示功率 N_i　即压缩机用于压缩气体所消耗的功率，可根据同类型压缩机

选取指示效率来计算确定。螺杆式制冷压缩机的指示效率一般为 0.8 左右。

$$N_i = \frac{N_{th}}{\eta_i} = \frac{G_a(h_2 - h_1)}{3600\eta_i} \tag{6-12}$$

3）压缩机的轴功率 N_e　即压缩机实际消耗的功率为

$$N_e = \frac{N_i}{\eta_m} = \frac{G_a(h_2 - h_1)}{3600\eta_i\eta_m} \tag{6-13}$$

式中　η_m——压缩机的机械效率，通常在 0.95 ~ 0.98 之间。

压缩机的轴功率也可以看成由它的指示功率和摩擦功率两部分所组成，即

$$N_e = N_i + N_m \tag{6-14}$$

2. 效率

衡量螺杆式压缩机的运转经济性，常用压缩机的绝热效率 η_{ad} 表示，即

$$\eta_{ad} = \frac{N_{th}}{N_e} \tag{6-15}$$

式中　N_{th}——理论绝热压缩所需的功率（kW）；

N_e——压缩机的轴功率（kW）。

目前，螺杆式压缩机的绝热效率范围：低压力比，大输气量时 $\eta_{ad} = 0.82 ~ 0.85$；高压力比、中小输气量时 $\eta_{ad} = 0.62 ~ 0.82$。此外，也常用压缩机的指示效率（内效率）η_i 来评价压缩机内部工作过程的完善程度，一般为 0.8 左右。

$$\eta_i = \frac{N_{th}}{N_i} \tag{6-16}$$

压缩机的机械效率，表征轴承、轴封等处的机械摩擦所引起功率损失的程度，等于指示功率与轴功率的比值。即

$$\eta_m = \frac{N_i}{N_e} \tag{6-17}$$

式中　η_m——螺杆式制冷压缩机的机械效率，通常在 0.95 ~ 0.98 之间。

压缩机的绝热效率 η_{ad} 与它的指示效率 η_i 之间有如下关系：

$$\eta_{ad} = \frac{N_{th}}{N_e} = \frac{N_{th}N_i}{N_iN_e} = \eta_i\eta_m \tag{6-18}$$

影响螺杆式制冷压缩机指示效率的主要因素有：气体的流动损失；泄漏损失；内外压力比不等时的附加损失。

3. 输气系数

螺杆压缩机属于容积型回转式压缩机，其容积的缩小，使气体的压力升高，即容积的变化导致压力的变化。为了表征压缩机的容积特性，引入输气系数 λ。输气系数是换算到吸气状态下的实际输气量与有效理论输气量之比。即

$$\lambda = \frac{V_a}{V_g} \tag{6-19}$$

式中　V_a——螺杆压缩机的实际输气量（m^3/h）；

V_g——螺杆压缩机的有效理论输气量（m^3/h）。

输气系数的几何和物理意义，在于衡量压缩机转子齿间容积利用的程度，即螺杆压缩机

转子尺寸利用的完善度。

由于螺杆压缩机结构上的特点，没有活塞压缩机中的吸排气阀和余隙容积，尤其是新的齿型应用，泄漏大大减少。螺杆压缩机的喷油提高了密封效果、减少了泄漏，并改善了冷却作用，故螺杆压缩机的输气系数，比活塞式的高。

第六节　螺杆压缩机的输气量调节机构

螺杆式制冷压缩机的能量调节的方法主要有吸入节流调节、转停调节、变频调节、滑阀调节、柱塞调节等。目前广为使用的是滑阀调节。

一、滑阀能量调节原理

滑阀调节的基本原理，是通过滑阀的移动，使压缩机阴、阳螺杆齿间容积，在齿面接触线从吸气端向排气端移动的前一段时间内，仍与吸气口连通，并使部分气体回流到吸气腔，即滑阀减少了螺杆的有效工作长度，以达到输气量调节的目的。

滑阀式能量调节机构，如图 6-13 所示。调节滑阀置于压缩机两螺杆啮合部位的下面（排气侧），与两螺杆外圆柱面紧贴。滑阀靠近排气孔口的一端为滑阀前缘，另一端为背部，滑阀前缘部位开有径向排气孔口。通过手动、液动或电动等方式，使滑阀沿着机体轴线方向往复滑动。滑阀由油压活塞带动，当活塞左侧油腔进油、右侧油腔回油时，推动滑阀右移，打开旁通口，减小螺杆的有效长度，从而使压缩机的输气量减少。若滑阀停留在某一位置，压缩机即在某一输气量下工作。

图 6-14 为滑阀能量调节的原理图。其中图 6-14a 为全负荷的滑阀位置，此时滑阀尚未移动，压缩机运行时，工作容积中的全部气体被排出。图 6-14b 为部分负荷时滑阀位置，滑阀向排气端方向移动，则旁通口开启，滑阀的有效工作长度相应减小。压缩过程中，工作容积内齿面接触线，从吸气端向排气端移动，越过旁通口后，工作容积内的气体才能进行压缩，即只能压缩和排出工作容积中的部分气体，其余吸进的气体，未进行压缩就通过旁通口进入压缩机的吸气腔。这样，输气量就减少，起到能量调节的作用。

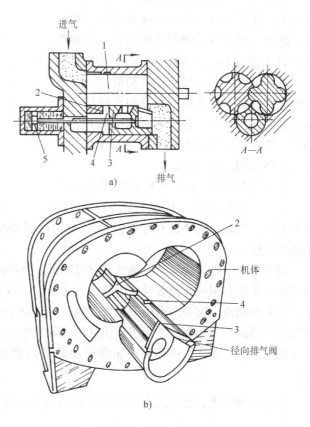

图 6-13　滑阀式能量调节机构
1—阴阳螺杆　2—滑阀固定端
3—能量调节滑阀　4—旁通口　5—油压活塞

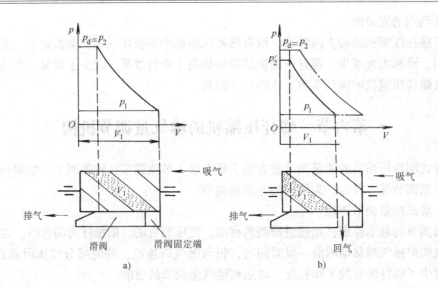

图 6-14 滑阀能量调节的原理

a) 全负荷位置 b) 部分负荷位置

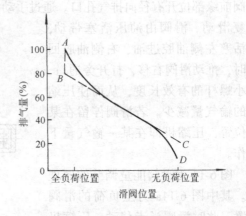

图 6-15 输气量和滑阀位置的关系

滑阀的位置离固定端越远，旁通口开启得越大，螺杆的有效工作长度就越短，输气量就越少。图 6-15 为螺杆压缩机输气量和滑阀位置关系曲线。滑阀前部同固定端紧贴时，为全负荷位置。当稍微移动滑阀，旁通口即开启。由于滑阀固定部分的长度约占机体长度的五分之一，故当滑阀刚刚离开固定端时，从理论上讲应使输气量突降到 80%，如图 6-15 曲线 ABC 所示。

但压缩机实际运行中由于旁通口的开启，导致气体膨胀压力下降，进入旁通口的气体减小，因此，输气量不可能从 100% 立即降到 80%，而是如图 6-15 曲线 AD 所示，输气量连续变化。

随着滑阀向排气端移动，输气量继续降低。当滑阀向排气端移动至理论极限位置时，即输气量当工作容积的齿面接触线刚刚通过旁通口，将要进行压缩，此时压缩机处于全卸载状态。如果滑阀越过这一理论极限位置，则排气端座上的轴向排气量孔口与工作容积连通，使排气腔中的高压气体倒流。为了防止这种现象发生，实际上常把这一极限位置设置在输气量 10% 的位置上。因此，螺杆制冷压缩机的能量调节范围一般为 10% ～ 100%，且为无级调节。

我们已经知道，压缩机在运行中，其内压力比与内容比的关系为 $\varepsilon_p = \left(\dfrac{V_1}{V_2}\right)^n$，所以内容比一旦确定后，内压力比也随之确定。也就是压缩机的内容比决定内压力比。但在减负荷运行时，压缩机工作容积内压缩终了压力低于全负荷运行时内压缩终了压力，如图 6-14b 所示。压力 p_2 低于压力 $p_2 = p_d$（压缩机全负荷运行时，工作容积内压缩终了压力等于排气管内气体压力）。这是由于减负荷运行时，螺杆的有效工作长度缩短，实际吸入气体容积减小，内压力比相应减小的缘故。

当压缩机在部分负荷运行时，其工作容积内压缩终了压力，低于满负荷运行时的内压缩终了压力。这样由于减负荷运行时，螺杆的有效工作长度缩短，实际吸入气体减小，内容积比相应减小的缘故。在能量调节过程中，其制冷量与功率消耗关系如图 6-16 所示。从图中可以看出，螺杆式制冷压缩机的制冷量与功耗的关系，在能量调节范围内不是成正比，当压缩机负荷为 50% 以上时，功率消耗与负荷接近正比关系，而在低负荷下，功耗较大。因此，从经济性方面考虑，一般认为螺杆制冷压缩机在 50% 负荷以上至满负荷运行为宜。

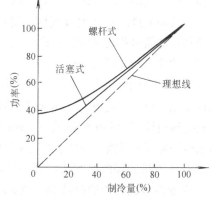

图 6-16　不同负荷下制冷量与功率的关系

二、滑阀能量调节机构

能量调节机构由三部分组成：第一部分包括滑阀、滑阀顶杆、油活塞、油缸、压缩弹簧及端座；第二部分为能量调节指示器；第三部分为油路及能量调节控制阀。

滑阀的调节是通过控制油活塞的运动来实现，图 6-17a 所示为使用电磁换向阀的能量调节控制图。电磁换向阀由两组电磁阀构成，电磁阀 A_1 和 A_2 为一组，电磁阀 B_1 和 B_2 为另一组。每组的两个电磁阀通电时同时开启，断电时同时关闭。电磁换向阀组控制能量调节滑阀的工作情况如下：电磁换向阀 A_1 和 A_2 开启，电磁阀 B_1 和 B_2 关闭。高压油通过电磁阀 A_1 进入油缸右侧，使活塞左移，油活塞左侧的油通过电磁阀 A_2 流回压缩机的吸气部位。当压缩机运转负载增至某一预定值时，电磁阀 A_1 和 A_2 关闭，供油和回油管路都被切断，油活塞定位，压缩机即在该负载下运行。反之，电磁阀 B_1 和 B_2 开启，电磁阀 A_1 和 A_2 关闭，即可实现压缩机减载。这种情况下，滑阀的上下载是在油压差的作用下完成的。

图 6-17b 所示为另一种滑阀调节方法。它使用两个电磁阀，当压缩机卸载时，卸载电磁阀

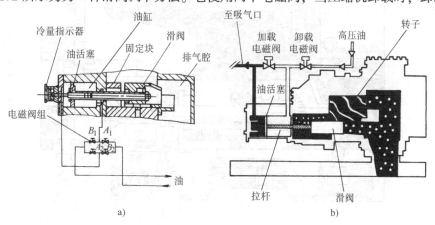

a)　　　　　　　　　　　　　　b)

图 6-17　能量调节的控制
a）两组电磁阀　b）两个电磁阀

开启，上载电磁阀关闭，高压油进入油缸，推动油活塞，使滑阀移向开启位置，滑阀开口使压缩气体回到吸气端，从而减少压缩机输气量。压缩机上载时，卸载电磁阀关闭，上载电磁阀开启，使油从油缸排向机体内吸气侧，滑阀在制冷剂高低压差的作用下，移向全负荷位置，此时，滑阀在加载时移动速度比卸载时快。与图6-17a相比，这种方法结构简单，调节方便。

三、内容积比调节机构

在制冷和空调应用中，由于气候条件的改变，螺杆式制冷压缩机运行压缩比会在一个宽广范围内变化，以至会造成欠压缩和过压缩现象，降低了压缩机的效率。内容积比调节机构的目的，就是通过改变径向排气口的位置来改变内容比，以适应不同的运行工况，以节省能耗，这对带有经济器运行的螺杆压缩机将显得更为重要。

螺杆压缩机的径向排气孔口开在滑阀的前缘部位上，改变内容比传统的办法是，为同一型号的压缩机配置几种径向排气孔口形状大小不同的滑阀，例如可配置三种，使压缩机在全负荷运转时获得的内容积比分别为2.6、3.6、5。不同内容积比时，滑阀的径向排气口的形状大小不同，如图6-18阴影线部分所示。显然，滑阀上开设大的径向排气孔口时，获得小的内容积比，滑阀上开设小的径向排气孔口时，获得大的内容积比。但是对于工况变化很大的机组，有必要实现内容积比随工况变化进行无级自动调节。

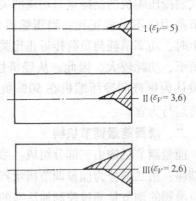

图6-18　不同容积比 ε_v 时径向排气口的形状大小

图6-19是滑阀无级内容积比调节机构。图中输气量调节滑阀1和内容积比调节滑阀3都能左右独立移动。滑阀1同油活塞7连成一体，通过油孔6和8进出油推动油活塞7，实现滑阀1左右移动；而油孔5进出油是使作用在油活塞4上的油压力与弹簧力合力差，推动内容积比调节滑阀3左右移动。在进行内容积比调

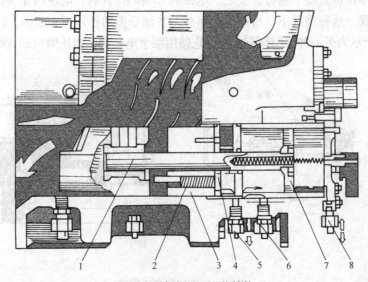

图6-19　内容积比调节结构

1—输气量调节滑阀　2—弹簧　3—内容积比调节滑阀　4、7—油活塞　5、6、8—进出油孔

节时，设有径向排气孔口的输气量调节滑阀 1 向左边移动，则排气孔口缩小，此时，内容积比调节滑阀 3 也必须向左移动，紧靠滑阀 1。在进行输气量调节时，滑阀 1 向左移动，滑阀 3 则通过油孔 5 放油，脱离滑阀 1，造成两滑阀有一定间距，制冷剂气体在两滑阀之间旁通。由上述可知，滑阀 1 的移动可以无级调节输气量和卸载起动，而滑阀 1 和 3 联动可以进行无级内容积比调节。

第七节　螺杆压缩机的润滑系统

一、润滑油循环系统

螺杆式冷水机组的油路系统是确保螺杆压缩机安全、可靠运行的关键因素。如前所述，喷油螺杆压缩机的喷油量（以容积计）约占螺杆制冷压缩机排气量的 0.8% ~ 1%，喷入的油除了起密封工作容积和冷却压缩气体与运动部件的作用外，还要润滑轴承、增速齿轮、阴阳转子等运动部件。根据油路系统是否配有油泵，将其分为三种类型：即带油泵油循环系统、不带油泵油循环系统及混合油循环系统。

1. 带油泵油循环系统

带油泵系统是螺杆冷水机组常用的油循环系统，特别是压缩机采用滑动轴承（主轴承），或螺杆转速较高，以及带有增速齿轮等情况下，冷水机组上需设置预润滑油泵。每次开机前，首先起动预润滑油泵，建立一定的油压，然后压缩机才能正常起动。当机组工作稳定后，系统油压可以由油泵一直供给，或由冷凝器压力提供。此时预润滑油泵可以关闭。

图 6-20 是典型的带油泵油循环系统。贮存在油分离器 5 内的较高温度的冷冻油，经过截止阀，油粗过滤器 8，被油泵 9 吸入排至油冷却器 11。在油冷却器中，油被水冷却后进入油精过滤器 12，随后进入油分配总管 13，将油分别送至滑阀喷油孔、前后主轴承、平衡活塞、四通换向电磁阀 A、B、C、D 和能量调节装置的液压缸 14 等处。

送入前后主轴承、四通换向电磁阀的油，经机体内的油孔返回到低压侧。部分油与蒸气混合后，由压缩机排至油分离器。一次油分离器内的油经循环再次使用，二次油分离器内的低压油，一般定期放回压缩机低压侧。

压差控制器 G 控制系统高低压力，温度控制器 H 控制排气温度，压差控制器 E 控制过滤器压差，压力控制器 F 控制油压。

2. 不带油泵油循环系统

当压缩机采用对润滑条件不敏感的滚动轴承，以及压缩机转速较低时，机组常趋向于采用不带油泵油循环系统。在机组运行时依靠机组建立的排气压力来完成油的循环。

3. 混合油循环系统

不少机组联合使用上述两种系统。机组运行在低压工况下，由油泵供给足够的油，而在高压运行时，靠压力差供给。

二、主要零部件

1. 油分离器

螺杆式制冷压缩机由于喷入大量的润滑油，制冷剂蒸气与油的混合物由压缩机排气口排出。若气、油混合物进入冷凝器和蒸发器等热交换器后，由于油不蒸发，就会在换热器的壁面上形成一层油膜，这样就大大降低了传热效果和制冷效率。为此，对制冷剂中的油，必须

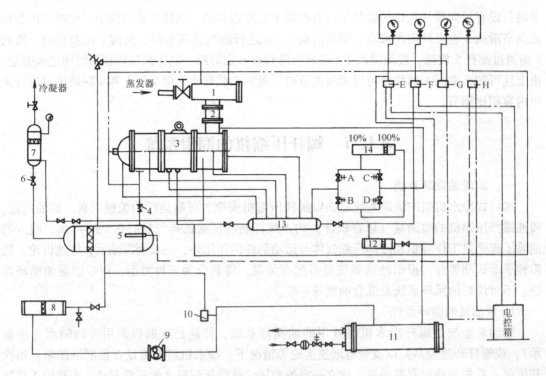

图 6-20 带油泵循环系统

———油路 —··—电路 —·—气路 ----温度

1—吸气过滤器 2—吸气止逆阀 3—压缩机 4—排气止逆阀 5—油分离器 6—截止阀 7—二次油分离器
8—油粗过滤器 9—油泵 10—油压调节阀 11—油冷却器 12—油精过滤器 13—油分配总管 14—液压缸

在进入系统之前在油分离器中进行分离。

当螺杆压缩机排出的高压气、油混合物进入油分离器，由于油分离器容积大，气体的流速突降，加上气体的流动方向改变，依靠惯性作用使油分离沉降下来，大量的油聚集在分离器底部。这种分离被称为一级分离，为了进一步提高分离精度，有些螺杆冷水机组还进行二次油分离或多次油分离。

二次分离是在一次分离后进行的，它是利用特制的充填物，将细小雾状油滴通过捕集作用，使油滴凝聚变大，在流经填充物时被进一步分离下来，分离效果以质量计可达 $(5 \sim 50) \times 10^{-6} kg/kg$。目前填充物有不锈钢金属丝网、玻璃纤维、聚脂纤维、微孔陶瓷等。一般气流流经滤网的流速控制在 $1 \sim 2m/s$ 范围内，过高流速会影响分离效果。

2. 油冷却器

喷入压缩机的油温，一般根据不同的制冷剂和冷冻机油分别有相应的喷油温度。如对于氨制冷机为 $25 \sim 55℃$，氟制冷机为 $25 \sim 45℃$。这是因为油温直接影响油的粘度，并影响压缩机的润滑、冷却和密封效果。

一般使用以水进行冷却的壳管式油冷却器。在冷却负荷比较小的螺杆机中也有使用制冷剂直接膨胀式油冷却器，后者既对传热有利又能抗腐蚀。目前，主要使用于渔船用螺杆压缩机上。

3. 滤油器

为了保护制冷机的润滑部分和油泵，在油系统的两个地方设置过滤器。在向压缩机供油前要仔细检查并列的两个过滤器。用截止阀控制轮换使用。在一个过滤器使用时，清洗另一个过滤器，而不必停止制冷机运行。

有的机器在滤油器上装在油压保护装置，当滤油器堵塞、供油压力下降至一定限度时，油压保护装置动作使压缩机停车。

在油泵吸入侧装置的过滤器，滤网稍粗。一般虽然不易堵塞，但若堵塞就会引起油泵气蚀，油压力表指针抖动剧烈。

4. 油泵和油压调节阀

油泵是压缩机不可缺少的重要辅助设备，可以与压缩机直接带动，也可以由电动机驱动。主要有齿轮泵、螺杆泵等几种型式。用油压进行能量调节的螺杆式压缩机，大部分用电机直接带动的齿轮油泵。

为了使供给压缩机的润滑油保持一定的油压，装有油压调节阀。调节弹簧至适合运行的压力（排气压力 + 146kPa）向机器供油，如长期使用，由于油垢和沉积物等会造成动作不良，要进行定期的拆洗。

试车运行阶段油压会因滤油器的堵塞而下降，此时用调整油压调节阀的方法来提高压力是不妥当的，而应该清洗。

5. 油加热器、油压保护开关

为了防止在低环境温度下由于油温过低影响机组起动，一般都装有油加热器。对于氨制冷机组，由于氨工质不溶于油，在低温情况下，油的粘度增大，这时油泵若起动，管道阻力将增加，吸油困难。对于卤代烃类制冷机组，在某一压力下，温度越低，工质越容易溶于油内，因此油被稀释而导致粘度下降，在压力稍有变化时，油箱内可能起泡，这时油泵不能正常工作，机组也就无法起动。因此，如果环境温度较低，则首先起动油加热器加热油。对于氨制冷剂应保持在20℃左右，对于卤代烃类制冷剂应保持在30℃左右，然后再起动预润滑油泵，以达到冷水机组正常运行。

向压缩机正常供油是机组运转的必要条件，故油压保护对提高压缩机可靠性至关重要。对目前大部分采用压差供油方式的机组，油压必须高于排气压力一定值，机组才能正常运转。在起动过程中，部分机组控制程序允许机组油压有一个逐步上升的过程，但必须在规定时间内上升到规定值。油压差主要与冷凝压力、油管路阻力有关，在冷却水温度较低情况下，机组易因油压保护而报警停机。

第八节　压缩机总体结构实例和机组

一、压缩机的总体结构实例

1. LG20 型螺杆式制冷压缩机

该机为单级开启式氨压缩机，其主要技术数据如下：

制冷剂为 R717，转子公称直径 D_1 为 200mm，转子长径比（长导程转子）为 1.5，主动转子额定转速为 2960r/min，标准工况制冷量 Q_0 为 581.5kW，配用电动机功率为 220kW。

图 6-21 为国产 LG20 型螺杆式制冷压缩机的总体结构。电动机通过压缩机的联轴器与阳转子连接，然后由阳转子带动阴转子转动。机壳为垂直剖分式，中部为机体，前端（功率输入端）与排气端座及排气端盖相连，后端与吸气端座及吸气端盖相接。

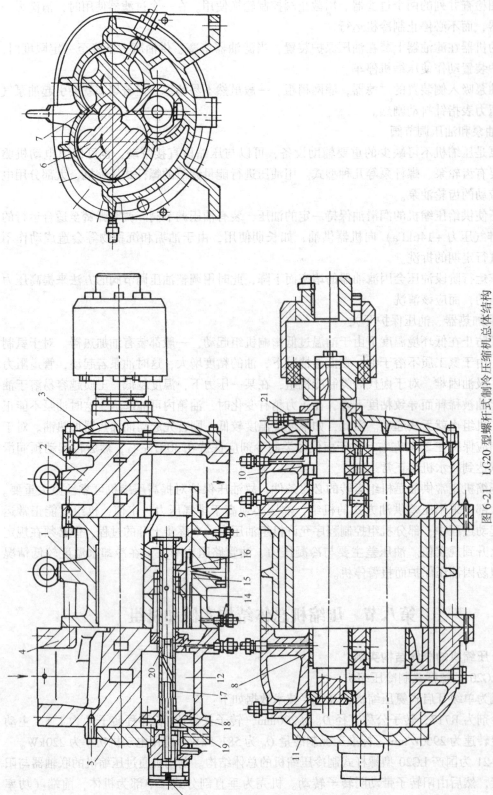

图 6-21 LC20 型螺杆式制冷压缩机总体结构

1—机体 2—排气端座 3—排气端盖 4—吸气端座 5—吸气端盖 6—阴转子 7—阳转子 8,9—主轴承 10—向心推力球轴承 11—平衡活塞 12—油缸 13—能量调节指示器 14—滑阀 15—滑阀导管 16—滑阀导向块 17—套管 18—油活塞 19—喷油管 20—销 21—轴封

转子的齿形为单边不对称摆线圆弧齿形，阳转子与阴转子的齿数配置为4:6。两转子通过主轴承和向心推力球轴承支承在机壳中，径向负荷主要由主轴承承受，阴转子的轴向负荷由向心推力球轴承承担，阳转子的轴向负荷较大，由其前端的向心推力球轴承和后端的平衡活塞共同承受。

压缩机的能量调节采用滑阀式能量调节机构。滑阀的前端开有径向排气孔口，与机壳排气腔连通。滑阀底面开有导向槽，与机体内的滑阀导向块配合，以保证滑阀平稳地移动。滑阀做成中空，阀背上钻有喷油孔。滑阀、滑阀导管、开有螺旋槽的套管和油活塞连成一体，一同作往复运动。与喷油管固连的销插入套管的螺旋槽内，当滑阀往复移动时，使喷油管转动，滑阀的位移量与喷油管的转角成正比变化，因而由喷油管带动的能量调节指示器可示出能量调节负荷的大小。喷油管、滑阀导管和能量调节滑阀的中空部分构成向转子齿间容积喷油的通道。压缩机的能量调节滑阀有一固定部分，为适应不同的运转工况，采用更换滑阀的方法来调节内容积比。

该压缩机的轴封为摩擦环式轴封装置，装在阳转子轴的功率输入端。

2. ASL—76型双级螺杆式制冷压缩机

该机为开启式，其主要技术数据如下：制冷剂采用R717，转子的公称直径低压级为250mm（转子序号7）、高压级为200mm（转子序号6），主电动机功率为300kW。图6-22

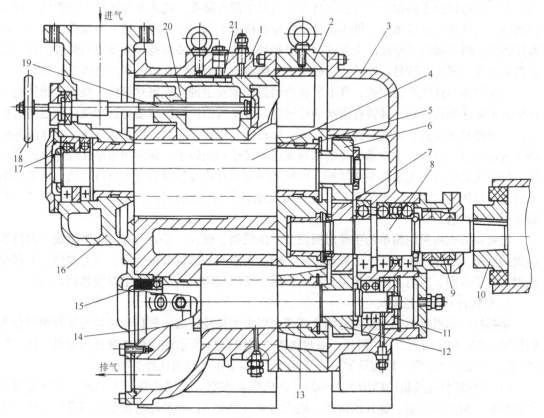

图6-22 ASL—66型双级螺杆式制冷压缩机的总体结构

1—机体 2—排气端座 3—排气端盖 4—低压级转子 5—低压级主轴承 6—从动齿轮 7—主动齿轮 8—主轴 9—轴封 10—联轴器 11—平衡活塞 12—从动齿轮 13—高压级主轴承 14—高压级转子 15、17—角接触球轴承 16—吸气端盖 18—手轮 19—丝杠 20—滑阀 21—导向块

为 ASL—66 型双级螺杆式制冷压缩机的总体结构。

双级螺杆式压缩机内装有两对互相啮合的螺旋形转子，两对转子上下布置，上面一对转子为低压级，下面一对转子为高压级。在两个主动转子上装有传动齿轮，统一由主轴传动。电动机转动时，通过联轴器带动主轴上主动齿轮转动。由主动齿轮带动上下两级主动转子（阳转子）上的从动齿轮，从而使两级的主动转子转动。从动转子（阴转子）则随主动转子一同旋转。

来自蒸发器的气体首先进入低压级转子，进行吸气、压缩、排气等工作过程，这与单级螺杆压缩机相同。低压级排出的气体进入齿轮箱体内，此时从压缩机以外引入一部分低温制冷剂蒸气，进入齿轮箱与之混合以冷却低压级排出的气体，并且控制在一定的中间压力下。这部分气体进入高压级转子，进行吸气、压缩及排气等过程。排出的高温、高压气体进入油分离器，开始系统的气体循环过程。

双级螺杆压缩机，低压级装有滑阀式能量调节机构，因此压缩机开始运转时高压级即进入工作；低压级可用滑阀减载起动。在压缩过程的同时需向转子压缩部位喷油。

双级螺杆式压缩机主要由机壳、转子、轴承、轴封、能量调节机构、传动齿轮等部件组成。

机壳部件由高强度铸铁制成。它由机体、吸气端盖、排气端盖及齿轮箱体组成。吸气端盖装有支承低压转子的轴承，并铸有吸气孔口及滑阀安装孔。机体是封闭转子的壳体，高低压级转子精确地装入机体内。低压级转子空腔在机体下部，设有排气端主轴承孔，排气孔口直接铸出。低压级转子空腔的上部铸有为滑阀导向用的空腔并装有导向及喷油装置。排气端盖各装有高、低压级转另一端的支承轴承，并铸有低压级排气孔口及高压级吸气孔口。

齿轮箱体与排气端盖相连，其上装有传动齿轮组及主轴机械密封机构。在齿轮箱体的下部铸有平衡活塞孔；在上部铸有滑阀的位移腔。转子均由高强度球墨铸铁制成，经过精密加工，并经过平衡检查，以减少运转时振动。阳转子与阴转子齿数的配置为 4:6，并且两相对转子齿数配置比相同。主轴承和止推轴承支承阳转子和阴转子，其作用与单级螺杆压缩机相同。仅高压级阳转子上装有平衡活塞，以减轻轴向力对止推轴承的过大负荷。动力从主轴输入后，通过传动齿轮而同步带动高、低压级主动转子（被动齿轮）转动，传动齿轮箱内有喷油管喷油润滑。

能量调节机构采用简单的手动滑阀调节，由滑阀、丝杠、手轮及导向块等组成。由铸铁制成的滑阀，装在低压级转子上部和机壳之间，在滑阀上部设有进油孔，压力油通过下部小孔喷入转子齿间。因阴、阳转子密封在机体内，所以仅需在主传动轴上安装轴封。

3. 单螺杆式制冷压缩机

单螺杆压缩机是由一个螺杆与两个或两个以上的星轮组成。螺杆和星轮按其外形可分为圆柱形（C）和平面形（P）两种，因此就构成如图 6-23 所示的四种单螺杆压缩机：PC 型、PP 型、CP 型和 CC 型。目前最常用的是 CP 型，本节主要介绍这种类型。

CP 型单螺杆压缩机的结构见图 6-24。在机壳 4 内有一个圆柱螺杆 5 和两个对称配置的平面星轮 1 组成啮合副。螺杆的齿槽、机壳内腔（气缸 8）和星轮齿顶平面构成封闭的基元容积。当动力传到螺杆轴 3 上时，螺杆就带动星轮旋转。气体由吸气腔 6 进入螺杆齿槽内相对运动时，封闭容积逐渐减少，气体受到压缩。机壳上开有喷液孔（图中未表示），将油或液体制冷剂喷入基元容积内，起密封、冷却和润滑作用。

通常取螺杆直径 d_1 与星轮直径 d_2（见图6-24）之比为1，中心距 $b = 0.8d_1$。转子齿槽数范围为 4 ~ 8 槽，它取决于内容积比的选定。图6-25所示为开启式单螺杆压缩机的结构。

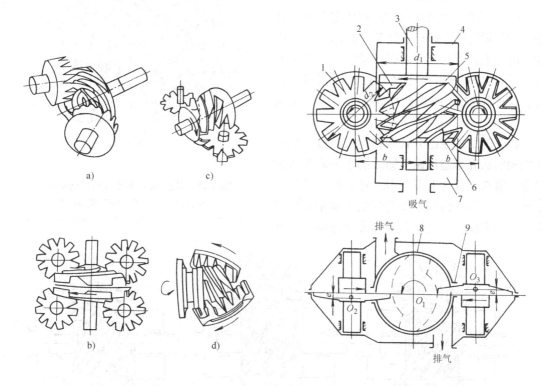

图 6-23 单螺杆压缩机的类型

a）PC 型 b）PP 型 c）CP 型 d）CC 型

图 6-24 单螺杆压缩机简图

1—星轮 2—排气口 3—主轴 4—机壳 5—螺杆
6—螺杆吸气端 7—吸气腔 8—气缸 9—气缸孔槽
d_1—螺杆直径 d_2—星轮直径 b—中心距

现以螺杆的一个齿槽为例说明压缩机的工作过程：

1）吸气过程（图6-26a）。螺杆齿槽在星轮尚未啮合前，与吸气腔连通，处于吸气状态。当螺杆转到一定位置，星轮齿将螺杆齿槽封闭，吸气过程结束。

2）压缩过程（图6-26b）。吸气过程结束后，螺杆继续转动，随着星轮齿沿着螺杆齿槽推进，封闭的工作容积逐渐缩小，实现工质的压缩过程。当工作容积与排气口连通时，压缩过程结束。

3）排气过程（图6-26c）。工作容积与排气口连通后，随着螺杆继续转动，被压缩工质由排气口输送至排气管道，直至星轮齿脱离螺杆齿槽为止。

（1）输气量的计算 单螺杆压缩机的理论输气量的确定方法与双螺杆压缩机相似。其理论输气量的计算公式为

$$V_{th} = 2nzV_1 \tag{6-20}$$

式中 V_{th}——理论输气量（m^3/min）；

n——螺杆的转速（r/min）；

z——螺杆齿槽数；

V_1——星轮齿封闭时的最大基元容积

（m^3/min）。

（2）机壳 机壳的圆柱形内腔起着气缸作用，它与螺杆外缘间存在间隙，靠喷入液体密封。但在螺杆相对气缸内壁运动时，制冷剂蒸气会不可避免地由高压区向低压区流动，因此，这种间隙是单螺杆压缩机的主要泄漏通道。

机壳的结构在剖分式和整体式两种。剖分式结构的机壳是通过螺杆轴线的水平面作为剖分面，将机壳分为上下两半。这种机壳的优点是铸造、清砂、内部工作表面加工和啮合副的装入均较方便。主要缺点是部分剖分面处于高

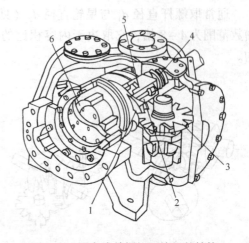

图 6-25 开启式单螺杆压缩机的结构

1—螺杆转子 2—内容积比调节结构

3—星轮 4—轴封 5—输气量调节滑阀 6—轴承

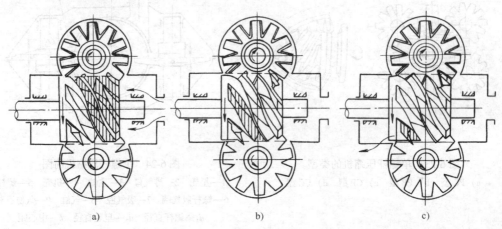

图 6-26 单螺杆压缩机的工作过程

a) 吸气过程 b) 压缩过程 c) 排气过程

压区内，密封要求高。为了防止内部制冷工质外泄，往往需要采用特殊的密封措施。特别是调整好啮合副之间及啮合副与气缸之间的间隙，在上下机壳每次合拢固定时，由于拧紧螺栓的松紧程度不同而变化，因此在每次打开机壳后，均需重新调整。

图 6-27 为整体式机壳的内部结构。它的前后侧（垂直于视图方向）开有圆孔，其中，有一侧的圆孔较大，装配好的螺杆组件由此装入。机壳的左右侧开有方形窗口，装配好的星轮组件由此斜向装入，此时，已装入机壳的螺杆组件要作适当转

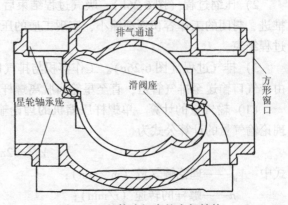

图 6-27 整体式机壳的内部结构

动，使星轮装入时与之啮合。

（3）螺杆、星轮啮合副　螺杆的结构多年来无多大变化，通常在进气端有一倒角，以增大机器的流通面积；排气端有一圆柱段，以密封高压气体。为了进一步提高密封效果，有时在圆柱段上开有起节流作用的环形齿槽。

星轮的结构主要有整体式、浮动式和弹性星轮三种。整体星轮的星轮片和支座制成一体，它们可以是同一材料，主要是铝合金或球墨铸铁，也可以在金属支座上模压一层塑料。这种星轮结构简单，没有任何附加零件。

图 6-28 所示浮动星轮的星轮片 2 和支座 4，通过一个或两个带有 O 形橡胶圈 1 的销钉 3 连接成一体。这种星轮的研制成功，在减小星轮工作齿面磨损方面有了突破性进展。因为啮合副在工作中，星轮齿侧面的磨损，是由颤振或齿轮游隙所产生的共振引起的。浮动星轮中的星轮片，大多采用工程塑料，质量小，在受到外力作用而摆动时，其惯性力也小。特别时 O 形橡胶圈的弹性。星轮片可相对于支座稍有转动（退让），从而使质量大的支座保持匀速转动。有效地减少了星轮片的磨损。

用喷液体制冷剂来代替喷油，是单螺杆压缩机的发展方向。但这种液体的润滑和密封性能远不如各种润滑油好，因而，浮动星轮的星轮片会有明显磨损，影响整机的运行可靠性。图 6-29 所示弹性星轮，就是为解决这个问题提出的。这种星轮的每一个齿都做成单独的弹性镶嵌件，每个齿包括活动块 1、固定块 2 和固定块尾部的弹簧 3。固定块底部有两个销子，其中大销 4 用来将固定块固定在铸铁支座 6 上，小销 5 作固定块定位用。图中虚线表示活动块有一部分被固定块盖住，防止它抬起来。固定块和活动块在支座上，构成星轮的前后侧工作表面。

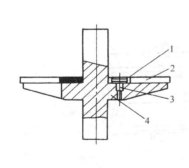

图 6-28　浮动星轮
1—O 形橡胶圈　2—星轮片　3—销钉　4—支座

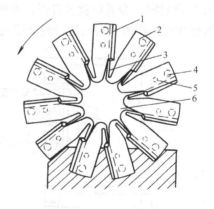

图 6-29　弹性星轮
1—活动块　2—固定块　3—弹簧　4—大销　5—小销　6—支座

（4）能量调节机构　单螺杆压缩机的能量调节机构主要有薄膜式、转动环式和滑阀式三种。薄膜式调节器适用于用气量经常变动的空气压缩机上。制冷压缩机中主要用后两种，它们均可以在保持内压比不变的条件下，实现能量在 100%～25% 范围内的无级调节。这两种能量调节器，都是采用将基元容积中的部分工质回流到吸气腔的方法，来减少基元容积，从而实现输气量的调节。

图 6-30 示出了转动环式能量调节器的结构原理。在螺杆排气端的壳体（气缸）与螺杆间，设置一个与螺杆主轴同心，并可以绕此中心改变其周向位置的排气量调节圆环块，壳体

上开有与吸气腔连通的回流通道。满负荷时（图6-30a），圆环块完全盖住回流通道。部分负荷时（图6-30b），圆环块转至一定位置最初星轮扫过的容积气体并未压缩，而是经回流通道流到进气腔。当螺杆进一步转至某一角度后，齿槽内气体与回流通道隔开，气体的压缩过程开始。显然，此时被压缩的气体减少，输气量也相应减少。在转动圆环块使回流通道的截面积增大的同时，圆环块的另一侧将部分排气口盖住，从而使内压力比基本保持不变。

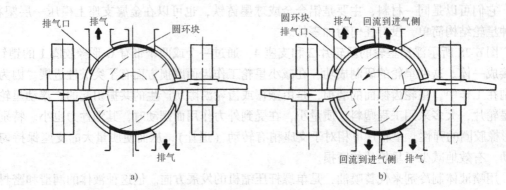

图6-30 转动环式能量调节器
a）满负荷 b）部分负荷

单螺杆压缩机滑阀式能量调节器的结构见6-31图。其工作原理与双螺杆压缩机相同，但具体结构却有较大差别。滑阀安置在具有半圆槽的气缸壁上，由于两个星轮同时与螺杆齿槽形成压缩腔，故在螺杆两边就有相应的两个滑阀。滑阀从满负荷（图6-31a）向部分负荷（图6-31b）移动时，旁通口就被打开，齿槽内气体就向吸气口回流。当齿槽越过旁通口后，齿槽内气体才开始压缩，从而达到调节输气量的目的。

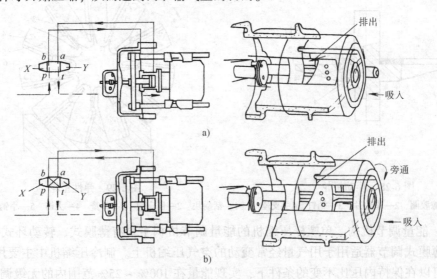

图6-31 滑阀式调节器结构原理
a）满负荷 b）部分负荷

在目前的单螺杆压缩机中，大多采用滑阀结构。转动环式能量调节器结构简单、紧凑，适用于剖分式结构的制冷机。

（5）轴承和轴封　单螺杆与双螺杆压缩机的一个主要差别是：单螺杆压缩机的螺杆与星轮啮合副上作用力很小，可以选用普通级别的滚动轴承。轴封的结构与双螺杆相同。

二、螺杆式制冷压缩机组

1. LG20 型机组的工作原理

将螺杆压缩机、驱动电机、冷却润滑油系统、能量调节的控制装置、安全保护装置和监控仪表等，组装成机组的形式，称为螺杆式制冷压缩机组。图 6-32 和图 6-33 分别为 LG20 型螺杆压缩机组的外形图和油、气路系统图。

图 6-33 中，蒸发器产生的低压制冷剂蒸气通过配管进入吸气截止阀 1、吸气过滤器 2 及吸气止逆阀 3，被吸入压缩机 4。这里，吸气止逆阀的主要作用是，防止压缩机停机时高压气体向低压系统回流造成压缩机内螺杆反转。

压缩后的气体，与喷射到压缩机的油液一同经排气孔口及维修截止阀 5 进入一次油分离器 6。气体流经一次油分离器（兼作贮液器）时，大部分油液被分离，少量的油液随气体流出。流出的气体经排气止逆阀 7、二次油分离器 8 和机组的排气截止阀 9 排至冷凝器等高压设备。排气止逆阀的作用是防止停机时气体从高压系统倒流，以保证主机内处于蒸发压力范围。

在一次油分离器中被分离出来的高温油液，为使之能循环使用，须经油管输往油冷却器 10，冷却至 $40 \sim 60℃$。被冷却后的油液经截止阀 11 和粗过滤器 12 过滤后吸入油泵 13，加压后输往精滤油器 14 再次滤去油中的杂质。油泵的设置是为了向螺杆压缩机各轴承及能量调节机构等输送一定压力的油液，其油压比排气压力高出 $146 \sim 294kPa$。油压与排气压力的压力差由油压调节阀 15 控制。

由精滤油器过滤后的常温压力油分两路输出。其中一路经截止阀 16 输往压缩机的滑阀内，向压缩机工作容积的压缩部位喷油。另一路经截止阀 17 输往油分配器 18，然后分别向压缩机轴封、向心推力球轴承、前主轴承、后主轴承、油压平衡活塞、滑阀的导向面、能量调节控制阀等部位供油。

以上各工作部位的油液工作后汇集起来，经过压缩机排出孔流入油分离器，与气体分离后再循环使用。此外，在二次油分离器中被分离出来的油液，经电磁阀 19（开机时开启，停机时关闭）、节流阀 20 回到压缩机的吸入部位也参与工作。

为了保证压缩机启动时吸气腔内不至有过多的积油，制冷压缩机组吸气腔底部的回油管接头和油泵的入口处设置回油管，用电磁阀 21 控制。压缩机启动前该电磁阀随油泵启动而开启，吸气腔内的油即可被油泵吸出。当油泵进入正常运转，能量调节滑阀调至最低负荷位置时，压缩机方能启动，此时电磁阀 21 关闭，切断这条回油管路。

压缩机组配有能量调节的控制阀，其结构形式有两种，即手动四通阀 22 和电磁换向阀组 23。

压缩机组配有各种监控仪表（见图 6-33）。这些仪表是：油压表 24，指示精滤器前后的油压；高压表 25，指示排气压力；低压表 26，指示吸气压力；排气温度表 27，指示排气温度；油压压差控制器 28，当精滤油器前后油压差超过 $98\ kPa$ 时起作用，自动停机；油压压差控制器 29，当油分配器内油压与排气压力的差值超出允许值时起作用，自动停机；高低压压力控制器 30，当吸气压力或排气压力超过调定值起作用，自动停机；温度控制器 31，

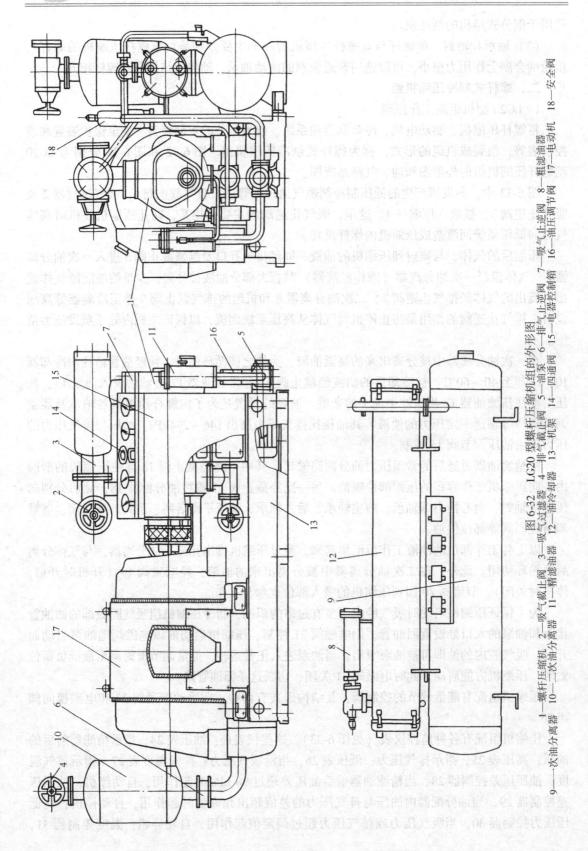

图 6-32 LG20 型螺杆压缩机组的外形图

1—螺杆压缩机 2—吸气截止阀 3—吸气截止阀 4—吸气过滤器 5—油泵 6—排气止逆阀 7—排气止逆阀 8—粗滤油器
9—一次油分离器 10—二次油分离器 11—精滤油器 12—油冷却器 13—机架 14—四通阀 15—电器控制箱 16—油压调节阀 17—电动机 18—安全阀

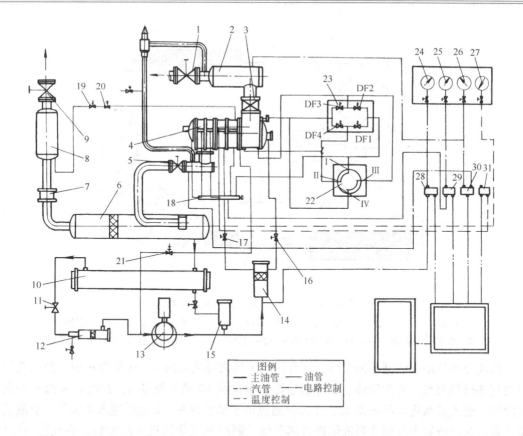

图 6-33　LG20 型螺杆压缩机组油、气路系统图

1—吸气截止阀　2—吸气过滤器　3—吸气止逆阀　4—压缩机　5—维修截止阀　6—一次油分离器
7—排气止逆阀　8—二次油分离器　9—排气截止阀　10—油冷却器　11、16、17—截止阀　12—粗滤油器
13—油泵　14—精滤油器　15—油压调节阀　18—油分配器　19、21—电磁阀　20—节流阀　22—四通阀
23—电磁换向阀组　24—油压表　25—高压表　26—低压表　27—排气温度表
28、29—油压压差控制器　30—高低压压力控制器　31—温度控制器

当油分配器内的油温超高（高于60℃）时起作用，自动停机。

2. 空调用螺杆式压缩机组

螺杆式制冷机组有多种型式。根据冷凝器结构不同，可分为水冷式机组与风冷式机组，根据采用压缩机台数不同，可分为单机头机组与多机头机组。风冷式冷水机组由螺杆压缩机、蒸发器、风冷式冷凝器、油分离器、控制箱、起动柜等主要部件组成。目前市场上常见的风冷螺杆式冷水机组，绝大部分为多机头机组。风冷式冷水机组工作流程与水冷机组大致相同，所不同的是水冷式机组的冷凝器采用壳管式换热器，而风冷式机组的冷凝器采用翅片式换热器。下面以风冷热泵式冷热水机组为例说明其原理与结构。

（1）基本原理与结构　图 6-34 为风冷热泵式冷热水机组流程。

当压缩机在制冷工况下工作时，压缩机 1 排出的高温、高压制冷剂气体进入油分离器3，在油分离器中，油被分离出来，经过单向阀 2 回到压缩机 1。油泵 4 为预润滑油泵，在机组起动前向压缩机供油；在压缩机运转后，机组利用高低压压差将油经单向阀 2 向压缩机供油。

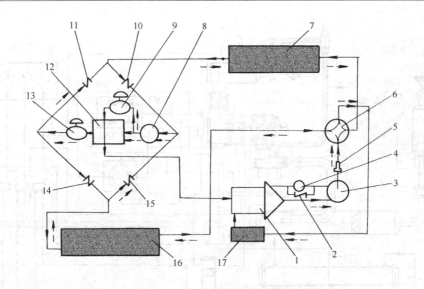

图 6-34 风冷热泵式冷热水机组流程

1—压缩机 2、10、11、14、15—单向阀 3—油分离器 4—油泵 5—背压阀 6—四通换向阀
7—盘管 8—贮液器 9、13—电子膨胀阀 12—经济器 16—壳管式换热器 17—气液分离器

从油分离器出来的制冷剂气体，经背压阀 5 到四通换向阀 6，在盘管 6 中，制冷剂气体与空气进行热交换，变为液体，制冷剂液体经单向阀 10 到贮液器 8。贮液器 8 出来的制冷剂液体，绝大多数进入经济器 12，小部分通过电子膨胀阀 9，节流后进入经济器。节流后的制冷剂，在经济器中与制冷剂液体进行热交换，制冷剂气化后进入压缩机。在气化过程中，进入经济器 12 的制冷剂液体吸收热量进一步冷却，这一部分制冷剂液体通过电子膨胀阀 13 后节流降压，再经过单向阀 14 进入壳管式换热器 16，制冷剂吸收热量而气化，通过四通换向阀 6 进入气液分离器 17，制冷剂气体被吸入到压缩机中，完成制冷循环。

制热工况见图中虚线，这里不再赘述。

（2）性能特点 根据我国制定的风冷热泵冷热水机组的标准，机组的额定制冷量是指环境空气温度为 35℃，出水温度为 6℃ 时机组的制冷量。机组的额定制热量是指环境温度为 6℃，出水温度为 45℃ 时机组的制热量。在实际工作时由于环境温度不同和冷水或热水温度不同，机组的制冷量是变化的。

当环境温度降低到 0℃ 左右时，空气侧换热器表面结霜加快，传热温差大，此时蒸发温度下降速率加快，制冷剂流量大大减小，机组制冷量、输入功率大大减小，必须周期性地除霜，机组才能正常工作。一般当环境温度降低到 −4 ~ 5℃ 以下时，可起动辅助电加热器，加热系统的回水，从而补偿风冷热泵制热量的衰减。

3. 带经济器的螺杆式机组

螺杆式制冷压缩机的特点之一是单级压缩比大。但随着压缩比的增大，循环的节流损失增加，压缩机的泄漏损失也增加，效率急剧下降。为了提高效率，改善性能，常利用螺杆压缩机吸气、压缩、排气为单方向进行的特点，在压缩机的中部设置一个中间补气口，吸入从经济器来的闪发蒸气。带经济器的螺杆压缩制冷循环系统常用的有两种：一种是两次节流的系统；另一种是一次节流，使液体过冷的系统。

（1）两次节流的螺杆压缩机制冷循环 图6-35所示的是两次节流的螺杆压缩制冷循环

系统。从压缩机 A 排出的气、油混合物，经油分离器 B 将油分离后，制冷剂蒸气进入冷凝器 C 和贮液器 D。从贮液器出来的高压液体经节流阀 E 后，进入经济器 F。在经济器中部分液体蒸发，使其余液体降温至中间压力下的饱和温度。降温后的制冷剂液体再经过第二次节流后，进入蒸发器 G。在蒸发器中，蒸发后的气体回到螺杆压缩机，而在经济器中闪发的气体，经螺杆压缩机的中间补气孔进入，在基元容积（接触线封闭后的气腔）内继续被压缩。由于闪发的制冷剂液体吸收了其余液体的热量而使其过冷，因此制冷量增加。由于在蒸发器内蒸发的气体和闪发气体一起在基元容积内被压缩，所以压缩功也略有增加。试验证明当用 R22 为制冷剂时，在冷凝温度 $t_c = 30 \sim 40℃$，蒸发温度 $t_e = -15 \sim -40℃$ 范围内，制冷量增大 19% ~ 44%，单位功率制冷量提高了 6% ~ 30%，节能效果十分明显。

螺杆压缩机增设中间补气口后，单级螺杆压缩机变成为双级压缩，在同一压缩腔内进行的"准二级压缩"螺杆压缩机。图 6-36 为压缩过程在压焓图上的表示。压缩机先吸入 1 点状态的气体，吸气终了该齿槽与吸气口脱离，基元容积封闭，随即与中间补气口连通。理论上，由经济器 F 来的气体（压力为 p_m、质量为 a）立刻充进来，使齿槽内压力瞬时升高到 p_m。但实际上，中间补气口先随着螺杆的旋转逐步开大，充气量逐步增加，腔内压力逐步升高；随着腔内压力的升高，补气量也减少，直到补气过程结束，腔内压力也达不到 p_m，而是在点 3 的状态（$p_3 < p_c$）。因此，中间补气过程是一个既旋转增压，又绝热充气混合的联合作用过程，如图中 1-3 所示。其次是高压级的压缩过程，当中间补气口与该齿槽脱离后，开始了第二级的压缩过程，在第二级压缩的初期，由于喷入的油温仍高于制冷剂气体的温度，因此该压缩过程是油加热气体的多变压缩过程，以图 6-36 中的 3—4 表示。点 4 状态的温度等于油温，过了点 4 后，则是油冷却气体的压缩过程，即过程 4—5。如果螺杆压缩机的内压力比小于外压力比，即压缩后的气体压力，则最后的排气过程接近等容压缩过程。

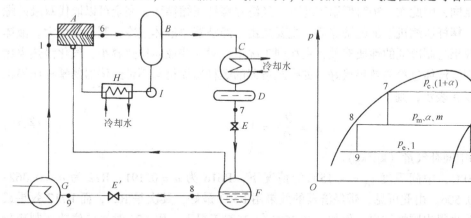

图 6-35　两次节流的螺杆压缩机制冷循环系统
A—螺杆压缩机　B—油分离器　C—冷凝器　D—贮液器
E、E'—节流阀　F—经济器　G—蒸发器　H—油冷却器　I—油泵

图 6-36　两次节流的螺杆
压缩循环在 p-h 图上的表示

（2）一次节流的螺杆压缩机制冷循环　图 6-37 所示为一次节流的螺杆压缩制冷循环系统，它与两次节流循环的区别，仅是经济器构造不同而已。一次节流循环是用中间压力下蒸发的制冷剂液体来冷却盘管内的高压液体，使之过冷。所以，一次节流循环有利于制冷剂的远距离输送，其节能效果与两次节流循环相同。一次节流循环在压焓图上的表示见图。由于

带经济器的螺杆压缩机中的中间补气是在吸气结束后进行的，因此对吸气量没有影响，制冷量增加是由于单位制冷量的增加，同样由于被压缩的气体量增加，所以压缩功也略有增加。图 6-38 是 R22 带经济器螺杆压缩机与单级螺杆压缩机的比较。从图中可以看出：蒸发温度越低，带经济器螺杆比单级螺杆的制冷量增加得越多，而功率则增加得很少，即蒸发温度越低，单位轴功率制冷量越大。

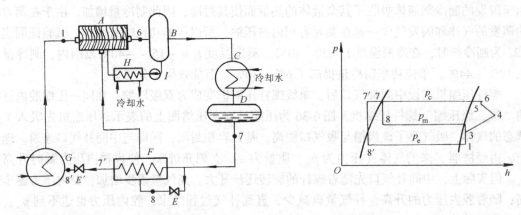

图 6-37　一次节流的螺杆压缩机制冷循环系统　　　　图 6-38　一次节流的螺杆压缩

A—螺杆压缩机　B—油分离器　C—冷凝器　D—贮液器　　　　循环在 p-h 图上的表示

E、E′—节流阀　F—经济器　G—蒸发器　H—油冷却器　I—油泵

带经济器的螺杆压缩机与双级压缩的螺杆系统相比，占地面积小、操作简单、容易控制。从压缩机的性能分析，经济器螺杆在 -30℃ 低温工况下，几乎与双级压缩螺杆循环系统的制冷效果相同，因此在 -30℃ 低温工况下，经济器螺杆压缩循环，完全可以取代双级的螺杆压缩循环。螺杆压缩机增加经济器后，主要是由于经济器中液体过冷，制冷量增大。液体过冷产生的效果与制冷剂的性质有关，在相同工况下，对那些液体比热容小、气化潜热也比较小的制冷剂，液体过冷的效果最好。如带经济器的螺杆压缩机与不带经济器的螺杆压缩机的制冷量比以 A 表示，则

$$A = \frac{Q_{oe}}{Q_o} = 1 + a \tag{6-21}$$

式中　a——中间补气量（kg/kg）。

在 $t_c = 30$℃，中间温度 $t_m = -15$℃ 的情况下，R616 为 $a = 0.191$；R22 为 $a = 0.362$；R502 为 $a = 0.506$。由此可见，带经济器的效果用 R502 最好，其次是 R22，而 R717 效果最小。实际试验也得出同样结果。例如，在 35℃/-35℃ 工况下，用 R22 时，单位功率制冷量提高了 24%；而用 R717 时仅提高了 16.6%。

在蒸发温度要求低于 -30℃，而且连续运行的条件下，经济器螺杆压缩机由于内容积比过大和排气温度过高等原因，从节能的观点考虑，仍应采用双级压缩的螺杆压缩机制冷循环。

第七章
离心式制冷压缩机

7

第一节 离心式制冷压缩机的工作原理与结构

离心式制冷压缩机属于速度型压缩机，是一种叶轮旋转式的机械。它是靠高速旋转的叶轮对气体作功，从而提高气体压力的，气体的流动是连续的，其流量比容积式制冷压缩机要大得多。为了产生有效的能量转换，其旋转速度必须很高。离心式制冷压缩机吸气量0.03～15m³/s，转速1800～90000r/min，吸气温度通常在－10～10℃，吸气压力14～700kPa，排气压力小于2MPa，压力比在2～30之间，几乎所有制冷剂都可采用。由于以往离心式制冷机组常用的R11、R12等CFC类工质，对大气臭氧层破坏极大，已被国际上禁止，目前已开始改用R22、R123和R134a等工质。

一、离心式制冷压缩机的工作原理及特点

离心式制冷压缩机有单级、双级和多级等多种结构型式。单级压缩机主要由吸气室、叶轮、扩压器、蜗壳等组成，如图7-1所示。对于多级压缩机，还设有弯道和回流器等部件。一个工作叶轮和与其相配合的固定元件（如吸气室、扩压器、弯道、回流器或蜗壳等）就组成压缩机的一个级。多级离心式制冷压缩机的主轴上设置着几个叶轮串联工作，以达到较高的压力比。多级离心式制冷压缩机的中间级如图7-2所示。为了节省压缩功耗和不使排气温度过高，级数较多的离心式制冷压缩机中可分为几段，每段包括一至几级。低压段的排气需经中间冷却后才输往高压段。

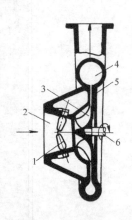

图7-1 单级离心式制冷压缩机简图
1—进口可调导流叶片 2—吸气室 3—叶轮
4—蜗壳 5—扩压器 6—主轴

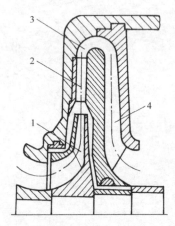

图7-2 离心式制冷压缩机的中间级
1—叶轮 2—扩压器 3—弯道 4—回流器

图7-1所示的单级离心式制冷压缩机的工作原理如下：压缩机叶轮3旋转时，制冷剂蒸气由吸气室2通过进口可调导流叶片1进入叶轮流道，在叶轮叶片的推动下气体随着叶轮一起旋转。由于离心力的作用，气体沿着叶轮流道径向流动并离开叶轮，同时，叶轮进口处形成低压，气体由吸气管不断吸入。在此过程中，叶轮对气体作功，使其动能和压力能增加，气体的压力和流速得到提高。接着，气体以高速进入截面逐渐扩大的扩压器5和蜗壳4，流速逐渐下降，大部分气体动能转变为压力能，压力进一步提高，然后再引出压缩机外。

对于多级离心式制冷压缩机，为了使制冷剂蒸气压力继续提高，则利用弯道和回流器再

将气体引入下一级叶轮进行压缩，如图7-2所示。

因压缩机的工作原理不同，离心式制冷压缩机与活塞式制冷压缩机相比，具有以下特点：

1）在相同制冷量时，其外形尺寸小、重量轻、占地面积小。相同的制冷工况及制冷量，活塞式制冷压缩机比离心式制冷压缩机（包括齿轮增速器）重5~8倍，占地面积多一倍左右。

2）无往复运动部件，动平衡特性好，振动小，基础要求简单。目前对中小型组装式机组，压缩机可直接装在单筒式的蒸发—冷凝器上，无需另外设计基础，安装方便。

3）磨损部件少，连续运行周期长，维修费用低，使用寿命长。

4）润滑油与制冷剂基本上不接触，从而提高了蒸发器和冷凝器的传热性能。

5）易于实现多级压缩和节流，达到同一台制冷机多种蒸发温度的操作运行。

6）能够经济地进行无级调节。可以利用进口导流叶片自动进行能量调节，调节范围和节能效果较好。

7）对大型制冷机，若用经济性高的工业汽轮机直接带动，实现变转速调节，节能效果更好。尤其对有废热蒸气的工业企业，还能实现能量回收。

8）转速较高，用电动机驱动的一般需要设置增速器。而且，对轴端密封要求高，这些均增加了制造上的困难和结构上的复杂性。

9）当冷凝压力较高，或制冷负荷太低时，压缩机组会发生喘振而不能正常工作。

10）制冷量较小时，效率较低。

目前所使用的离心式制冷机组大致可以分成两大类：一类为冷水机组，其蒸发温度在−5℃以上，大多用于大型中央空调或制取5℃以上冷水或略低于0℃盐水的工业过程用场合；另一类是低温机组，其蒸发温度为−5~−40℃，多用于制冷量较大的化工工艺流程。另外在啤酒工业、人造干冰场、冷冻土壤、低温试验室和冷温水同时供应的热泵系统等也可使用离心式制冷机组。离心式制冷压缩机通常用于制冷量较大的场合，在350~7000kW内采用封闭离心式制冷压缩机，在7000~35000kW范围内多采用开启离心式制冷压缩机。

二、主要零部件的结构与作用

由于使用场合的蒸发温度和制冷剂不同，离心式制冷压缩机的缸数、段数和级数相差很大，总体结构上也有差异，但其基本组成零部件不会改变。现将其主要零部件的结构与作用简述如下。

1. 吸气室

吸气室的作用是将从蒸发器或级间冷却器来的气体，均匀地引导至叶轮的进口。为减少气流的扰动和分离损失，吸气室沿气体流动方向的截面一般做成渐缩形，使气流略有加速。吸气室的结构比较简单，有轴向进气和径向进气两种形式，如图7-3所示。对单级悬臂压缩机，压缩机放在蒸发器和冷凝器之上的组装式空调机组中，常用径向进气肘管式吸气室（图7-3b）。但由于叶轮的吸入口为轴向的，径向进气的吸气室需设置导流弯道，为了使气流在转弯后能均匀地流入叶轮，吸气室转弯处有时还加有导流板。图中7-3c所示的吸气室常用于具有双支承轴承，而且第一级叶轮有贯穿轴时的多级压缩机中。

2. 进口导流叶片

在压缩机第一级叶轮进口前的机壳上安装进口导流叶片可用来调节制冷量。当导流叶片旋转时，改变了进入叶轮的气流流动方向和气体流量的大小。转动导叶时可采用杠杆式或钢

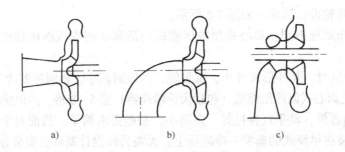

图 7-3 吸气室

a）轴向进气吸气室 b）径向进气肘管式吸气室 c）径向进气半蜗壳式吸气室

丝绳式调节机构。杠杆式如图 7-4 所示，进口导叶实际上是一个由若干可转动叶片 3 组成的菊形阀，每个叶片根部均有一个小齿轮 1，由大齿圈 2 带动，大齿圈是通过杠杆 7 和连杆 6 由伺服电动机 4 传动，也可用手轮 8 进行操作。图 7-5 为钢丝绳传动形式，由一个主动齿轮 5 通过钢丝绳 3 带动六个从动齿轮 2 转动，从而带动七个导叶 1 开启。为了使钢丝绳在固定轨道上运动，防止它从主动齿轮和从动齿轮上滑出，又安装有七个过渡轮 4，主动齿轮根据制冷机组的调节信号，由导叶调节执行机构带动链式执行机构转动主动齿轮。

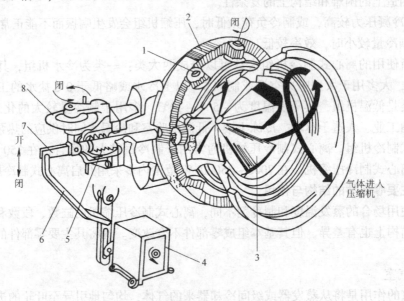

图 7-4 杠杆式进口可转导叶机构

1—小齿轮 2—齿圈 3—转动叶片 4—伺服电动机 5—波纹管 6—连杆 7—杠杆 8—手轮

进口导叶的材料为铸铜或铸铝，叶片具有机翼形与对称机翼形的叶形剖面，由人工修磨选配。进口导叶转轴上配有铜衬套，转轴与衬套间以及各连接部位应注入少许润滑剂，以保证机构转动灵活。

3. 叶轮

叶轮也称工作轮，是压缩机中对气体作功的惟一部件。叶轮随主轴高速旋转后，利用其叶片对气体作功，气体由于受旋转离心力的作用以及在叶轮内的扩压流动，使气体通过叶轮后的压力和速度得到提高。叶轮按结构型式分为闭式、半开式和开式三种，通常采用闭式和

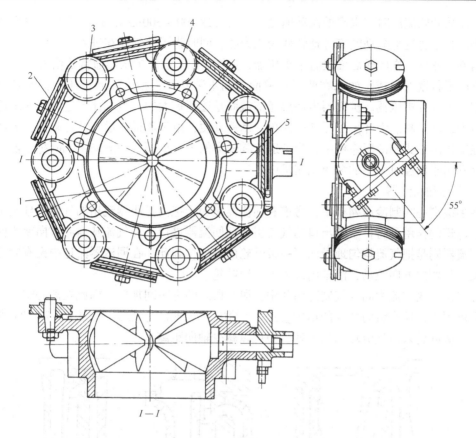

图 7-5　钢丝绳式进口可转导叶机构
1—导叶　2—从动齿轮　3—钢丝绳　4—过渡轮　5—主动齿轮

半开式两种，如图 7-6 所示。闭式叶轮由
轮盖、叶片和轮盘组成，空调用制冷压缩
机大多采用闭式。半开式叶轮不设轮盖，
一侧敞开，仅有叶片和轮盘，用于单级压
力比较大的场合。有轮盖时，可减少内漏
气损失，提高效率，但在叶轮旋转时，轮
盖的应力较大，因此叶轮的圆周速度不能
太大，限制了单级压力比的提高。半开式
叶轮由于没有轮盖，适宜于承受离心惯性
力，因而对叶轮强度有利，使叶轮圆周速度
可以较高。钢制半开式叶轮圆周速度目前
可达 450～540m/s，单级压力比可达 6.5。

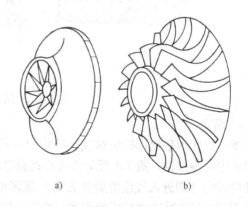

a)　　　　　　　　b)

图 7-6　离心式制冷压缩机叶轮
a）闭式　b）半开式

　　离心式制冷压缩机的叶轮的叶片按形状可分为单圆弧、双圆弧、直叶片和三元叶片。空
调用压缩机的单级叶轮多采用形状既弯曲又扭曲的三元叶片，加工比较复杂，精度要求高。
当使用氟利昂制冷剂时，通常用铸铝叶轮，可降低加工要求。

　　4. 扩压器

气体从叶轮流出时有很高的流动速度，一般可达 $200\sim300m/s$，占叶轮对气体作功的很大比例。为了将这部分动能充分地转变为压力能，同时为了使气体在进入下一级时有较低的合理的流动速度，在叶轮后面设置了扩压器，如图7-2所示。扩压器通常是由两个与叶轮轴相垂直的平行壁面组成。如果在两平行壁面之间不装叶片，称为无叶扩压器；如果设置叶片，则称为叶片扩压器。扩压器内环形通道截面是逐渐扩大的，当气体流过时，速度逐渐降低，压力逐渐升高。无叶扩压器结构简单，制造方便，由于流道内没有叶片阻挡，无冲击损失。在空调离心式制冷压缩机中，为了适应其较宽的工况范围，一般采用无叶扩压器。叶片扩压器常用于低温机组中的多级压缩机中。

5. 弯道和回流器

在多级离心式制冷压缩机中，弯道和回流器是为了把由扩压器流出的气体引导至下一级叶轮。弯道的作用是将扩压器出口的气流引导至回流器进口，使气流从离心方向变为向心方向。回流器则是把气流均匀地导向下一级叶轮的进口，为此，在回流器流道中设有叶片，使气体按叶片弯曲方向流动，沿轴向进入下一级叶轮。

在采用多级节流中间补气制冷循环中，段与段之间有中间加气，因此在离心式制冷压缩机的回流器中，还有级间加气的结构。图7-7给出了三种加气型式，其中图7-7b和c所示型式对下一级叶轮入口气流均匀性不利，但可以减少轴向距离。

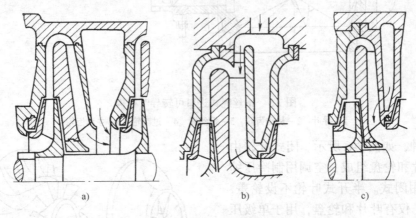

图 7-7　级间加气型回流器

6. 蜗壳

蜗壳的作用是把从扩压器或从叶轮中（没有扩压器时）流出的气体汇集起来，排至冷凝器或中间冷却器。图7-8所示为离心式制冷压缩机中常用的一种蜗壳形式，其流通截面是沿叶轮转向（即进入气流的旋转方向）逐渐增大的，以适应流量沿圆周不均匀的情况，同时也起到使气流减速和扩压的作用。蜗壳一般是装在每段最后一级的扩压器之后，也有的最后级不用扩压器而将蜗壳直接装在叶轮之后，如图7-9所示。其中，图7-9a所示为蜗壳前装有扩压器；图7-9b所示为蜗壳直接装在叶轮之后，这种蜗壳中气流速度较大，一般在蜗壳后再设扩压管，由于叶轮后直接是蜗壳，所以对叶轮的工作影响较大，增加了叶轮出口气流的不均匀性；图7-9c所示为不对称内蜗壳，是空调用单级机组中常用的形式，这种蜗壳是安置在叶轮的一侧，蜗壳的外径保持不变，其流通截面的增加是由减小内半径来达到的。蜗壳的横截面常见的有圆形、梯形等。

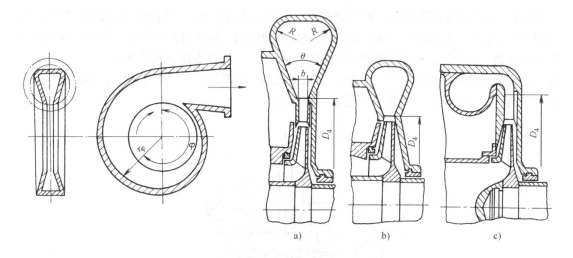

图 7-8　蜗壳　　　　　　　图 7-9　蜗壳的几种布置形式

a) 蜗壳前为扩压器　b) 蜗壳前为叶轮　c) 不对称内蜗壳

在氟利昂冷水机组的蜗壳底部有泄油孔，水平位置设有与油引射器相连的高压气引管。各处用充气密封的高压气体均由蜗壳内引出。

7. 密封

对于封闭型机组，无需采用防止制冷剂外泄漏的轴封部件。但在压缩机内部，为防止级间气体内漏，或油与气的相互渗漏，必须采用各种型式的气封和油封部件，对于开启式压缩机，还需设置轴封装置。离心式制冷压缩机中常用的密封型式有如下几种。

（1）迷宫式密封　又称为梳齿密封，主要用于级间的密封，如轮盖与轴套的内密封及平衡盘处的密封。迷宫式密封由梳齿隔开的许多小室组成，它是利用梳齿形的曲径使气体向低压侧泄漏时受到多次节流膨胀降压（因为每经一道间隙和小室气体压力均有损失），从而达到减少泄漏的目的。迷宫密封的结构多种多样，常见的如图 7-10 所示。曲折密封优于平滑型，常用于轴套、平衡盘的密封，但制造较为复杂，轴向定位较严格。台阶型密封主要用于轮盖密封。

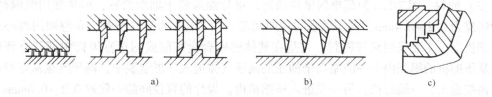

图 7-10　迷宫式密封型式

a) 镶嵌曲折型密封　b) 整体平滑型密封　c) 台阶型密封

（2）机械密封　主要用于开启式压缩机中的转轴穿过机器外壳部位的轴端密封。机械密封的结构型式较多，主要有由一个静环和一个动环组成的单端面型，以及两个静环和一个动环，或两个静环和两个动环组成的双端面型。图 7-11 为一个动环 6 和两个静环 5 组成的双端面型机械密封。密封表面为静环与动环的接触面，弹簧 2 通过静环座 4 把静环压紧在动环上。O 形圈 3 和 7 防止气体从间隙中泄漏。在压缩机工作时，轴封腔内通入压力高于气体压力约 0.05 ~ 0.1MPa 的润滑油，把压紧在动环两侧的静环推开一个间隙，形成密封油膜，既减少了摩擦损失，也起到了冷却和加强密封效果的作用。停机时油压下降，但恒压罐使轴封腔内尚维持一定油压，弹簧又把静环压紧在动环上，从而形成良好的停机密封。机械密封的优点是密封性能好，接近于绝对密封，且结构紧凑。但不足之处是易于磨损，寿命短，摩擦副的线速度不能太高，密封面比压也有一定的限制。

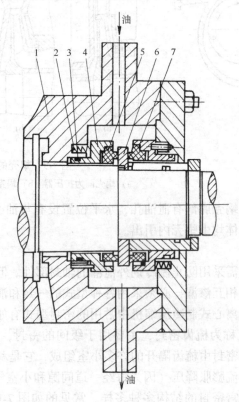

图 7-11　机械密封

1—轴封壳体　2—弹簧　3、7—O 形圈　4—静环座　5—静环　6—动环

（3）油封　图 7-12a 为简单的单片油封。单片油封装于轴承两侧，单片常用铝铜材料，直径间隙为 0.2 ~ 0.4mm，大于轴承的径向间隙。图 7-12b 为充气密封。在空调用离心式制冷压缩机上，主要采用充气密封。它是在整体铸铝合金车削成的迷宫齿排中部开有环形空腔，从压缩机的蜗壳内引一股略高于油压的高压气体进入环形空腔中，高压气流从空腔内密封齿两端逸出，一端封油，另一端进入压缩机内。齿片的直径间隙一般取 0.2 ~ 0.6mm。

除上述主要零部件外，离心式制冷压缩机还有其他一些零部件。如：减少轴向推力的平衡盘；承受转子剩余轴向推力的推力轴承以及支撑转子的径向轴承等。

为了使压缩机持续、安全、高效地运行，还需设置一些辅助设备和系统，如增速器、润滑系统、冷却系统、自动控制和监测及安全保护系统等。

三、离心式制冷压缩机总体结构实例

离心式制冷压缩机和其他形式的制冷压缩机一样，按密封结构形式分为开启式、半封闭式和全封闭式三种。表 7-1 给出了离心式制冷压缩机常用形式结构示意图及特点。

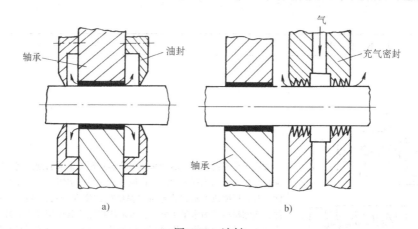

图7-12 油封

a) 单片油封 b) 充气油封

表7-1 离心式制冷压缩机常用形式结构示意图及特点

种类	结 构 示 意 图	特 点
全封闭式	a)	所有的制冷设备封闭在同一机壳内。电动机两个出轴端各悬一级或两级叶轮直接拖动，取消了增速器、无叶扩压器和其他固定元件。电动机在制冷机中得到充分冷却，不会出现电流过载。装置简单，噪声低，振动小。有些机组采用气体膨胀机高速传动，结构更简单。一般用于飞机机舱或船只内空调，采用氟利昂制冷剂。它具有制冷量小，气密性好的特点
半封闭式	b)	压缩机组封闭在一起，泄漏少。各部件与机壳用法兰面连接，结构紧凑。采用单级或多级悬臂叶轮。多级叶轮也可不用增速器而由电动机直接拖动。电动机需专门制造，采用制冷剂冷却并要考虑电动机的耐腐蚀。润滑系统为整体组合件，埋藏在冷凝器一侧的油室中
空调用开启式	c)	开启式压缩机或增速器出轴端装有轴封。电动机放在机组外面利用空气冷却，可节省能耗3%~6%。也可用其他动力机械传动。若机组改换制冷剂运行时，可以按工况要求的大小更换电动机。润滑系统放在机组内部或另外设立。用于化工企业或空调

（续）

种类	结 构 示 意 图	特 点
低温用开启式	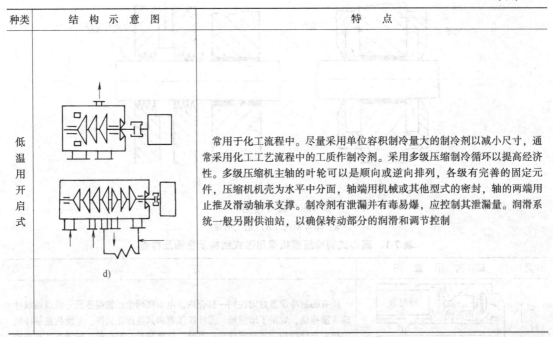	常用于化工流程中。尽量采用单位容积制冷量大的制冷剂以减小尺寸，通常采用化工工艺流程中的工质作制冷剂。采用多级压缩制冷循环以提高经济性。多级压缩机主轴的叶轮可以是顺向或逆向排列，各级有完善的固定元件，压缩机机壳为水平中分面，轴端用机械或其他型式的密封，轴的两端用止推及滑动轴承支撑。制冷剂有泄漏并有毒易爆，应控制其泄漏量。润滑系统一般另附供油站，以确保转动部分的润滑和调节控制

图 7-13 为一台 2800kW 制冷量的空调用单级离心式制冷压缩机纵剖面图。它由叶轮、扩压器、蜗壳、增速齿轮、电动机和进口导叶等部件组成。气缸为垂直剖分型。采用低压制冷剂 R11 或 R123 作为工质。压缩机采用半封闭的结构型式，其驱动电动机、增速器和压缩机组装在一个机壳内。叶轮为半开式铝合金叶轮。制冷量的调节由进口导叶进行连续控制。齿轮采用斜齿轮，在增速箱上部设置有油槽。电动机置于封闭壳体中，电动机定子和转子的线圈都用制冷剂直接喷液冷却。

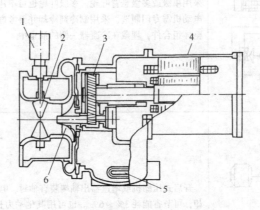

图 7-13 单级离心式制冷压缩机
1—导叶电动机 2—进口导叶 3—增速齿轮 4—电动机 5—油加热管 6—叶轮

图 7-14 所示为 ALT250-36/-20 型氨离心式制冷压缩机的总体结构图。该机为 2 段 7 级，主要用于化工工艺中的冷却或大型食品工业冷藏等，其主要技术参数见表 7-2。

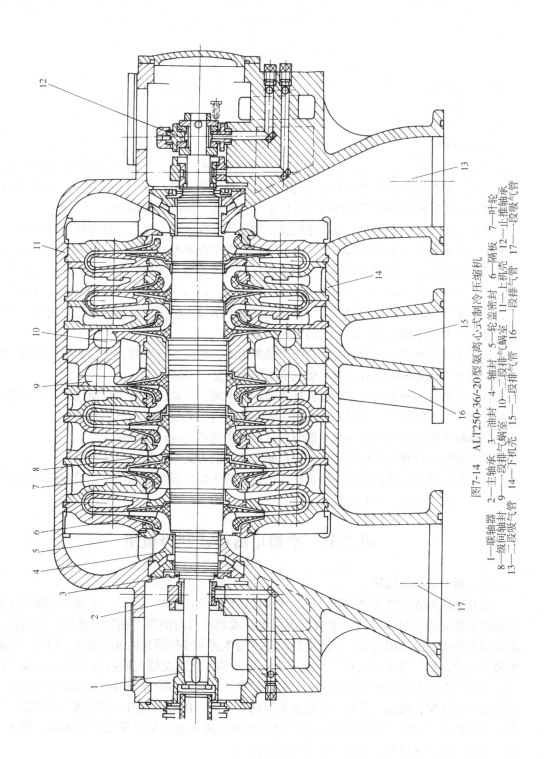

图7-14 ALT250-36/-20型氨离心式制冷压缩机

1—联轴器 2—主轴承 3—油封 4—轴封 5—轮盖密封 6—隔板 7—叶轮
8—级间轴封 9—一段排气蜗室 10—二段排气蜗室 11—上机壳 12—止推轴承
13—二段吸气蜗室 14—下机壳 15—二段排气管 16—一段排气管 17—一段吸气管

表 7-2 ALT250-36/-20 压缩机主要技术参数

项　目		参　数	项　目	参　数
段数		2	二段出口温度/℃	123
级数		7（一段 1～4 级、二段 5～7 级）	二段出口压力/MPa	1.4279
设计 工况	冷凝温度/℃	+36	转子最大直径/mm	475
	蒸发温度/℃	-20	主轴转速/（r/min）	12789
设计工况制冷量/kW		2907	电动机转速/（r/min）	1500
一段进口温度/℃		-12	电动机功率/kW	1600
一段进口压力/MPa		0.1764	机组传动方式	电动机—增速器—压缩机

其机体和各级隔板组为水平剖分式。两段的吸、排气口均铸于下机壳，壳体的两端铸有轴承箱。各级隔板组构成了各级的无叶扩压器、弯道、回流器和蜗壳。

压缩机的转子由主轴和七级叶轮组成，均用优质合金钢制造。叶轮为具有后弯叶片的闭式叶轮，是由轮盖和带有铣制叶片的轮盘用合金钢铆合成型的。各级叶轮和整个转子均经过严格的动平衡校验。转子由位于轴承箱中的一对滑动主轴承支撑。主轴承由轴瓦及轴承座组成，为水平剖分式结构。轴瓦为四油楔瓦。由钢背、铸造锡青铜中间层和巴氏合金工作面构成，上有 4 个进油孔向各油楔供油润滑，能较好地承受主轴高速运转时的径向载荷。主轴的后端还装有双向止推轴承，防止主轴轴向窜动。

压缩机的级间密封是轮盖密封和级间轴封组成，均为迷宫密封。主轴两端设有充气式油封，以防止轴承箱内的润滑油进入吸气室和制冷剂蒸气外漏。

压缩机两段的吸入口分别布置在机体前、后两侧，从而使轴封得以简化，并且由于两段的叶轮吸入口方向相反，可以自行抵消一部分轴向力，减轻止推轴承的负荷。

压缩机主轴的轴端用齿轮联轴器与行星齿轮增速器的输出轴联接。

压缩机吸入口装有蝶形阀，可采用控制其开度的方式调节压缩机的制冷量。

为了确保整个压缩机组各润滑部位的用油，该机需配置润滑油站，上设两套可切换的油系统，一套投入运行，一套备用。

第二节　空调用离心式制冷机组

一、离心式制冷循环

和其他压缩式制冷机组一样，离心式制冷循环也是由蒸发、压缩、冷凝和节流四个热力状态过程组成的。图 7-15 为一单级半封闭离心式制冷机组的制冷循环示意图。压缩机 4 从蒸发器 6 中吸入制冷剂气体，经压缩后的高压气体进入冷凝器 5 内进行冷凝。冷凝后的制冷剂液体经除污后，通过节流阀 7 节流后进入蒸发器，在蒸发器内吸收盘管中的冷媒水的热量，成为气态而被压缩机再次吸入进行循环工作。冷媒水被冷却降温后，由循环水泵送到需要降温的场所实行降温。另外，在通过节流阀节流前，用管路引出一部分液体制冷剂，进入蒸发器中的过冷盘管，使其过冷，然后经过滤器 9 进入电动机转子端部的喷嘴，喷入电动机，使电动机得到冷却，再流回冷凝器再次冷却。

二、离心式制冷机组

离心式制冷机组主要由离心式制冷压缩机、冷凝器、蒸发器、节流装置、润滑系统、进

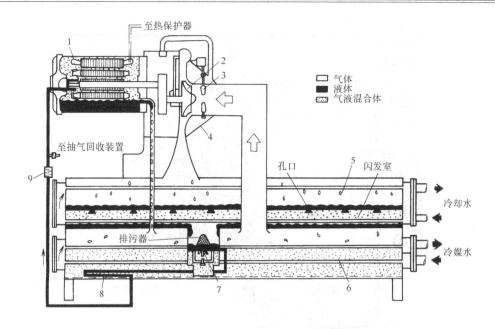

图7-15 单级半封闭离心式制冷机组的制冷循环

1—电动机 2—叶轮 3—进口导流叶片 4—离心式制冷压缩机
5—冷凝器 6—蒸发器 7—节流阀 8—过冷盘管 9—过滤器

口低于大气压时用的抽气回收装置、进口高于大气压时用的泵出系统、能量调节机构及安全保护装置等组成。

一般空调用离心式制冷机组制取4～9℃冷媒水时，采用单级、双级或三级离心式制冷压缩机，而蒸发器和冷凝器往往做成单筒式或双筒式置于压缩机下面，作为压缩机的基础，以组装形式出厂。节流装置常用浮球阀、节流膨胀孔板（或称节流孔口）、线性浮阀及提升阀等，在有些机组中，还有用透平膨胀机作为节流装置的。

1. 润滑系统

离心式制冷压缩机一般是在高转速下运行的，其叶轮与机壳无直接接触摩擦，无需润滑。但其他运动摩擦部位则不然，即使短暂缺油，也将导致烧坏，因此离心式制冷机组必须带有润滑系统。开启式机组的润滑系统为独立的装置，半封闭式则放在压缩机机组内。图7-16所示为一半封闭离心式制冷压缩机的润滑系统。润滑油通过油冷却器2冷却后，经油过滤器5吸入油泵1；油泵加压后，经油压调节阀3调整到规定压力（一般比蒸发压力高0.15～0.2MPa），进入磁力塞6，油中的金属微粒被磁力吸附，使润滑油进一步净化；然后一部分油送往电动机9末端轴承，另一部分送往径向轴承15、推力轴承16及增速器齿轮和轴承；然后流回储油箱供循环使用。

由于制冷剂中含油，在运转中就应不断把油回收到油箱。一般情况下经压缩后的含油制冷剂，其油滴会落到蜗壳底部，可通过喷油嘴回收入油箱。进入油箱的制冷剂闪发成气体再次被压缩机吸入。

油箱中设有带恒温装置的油加热器，在压缩机启动前或停机期间通电工作，以加热润滑油。其作用是使润滑油粘度降低，以利于高速轴承的润滑，另外在较高的温度下易使溶解在润滑油中的制冷剂蒸发，以保持润滑油原有的性能。

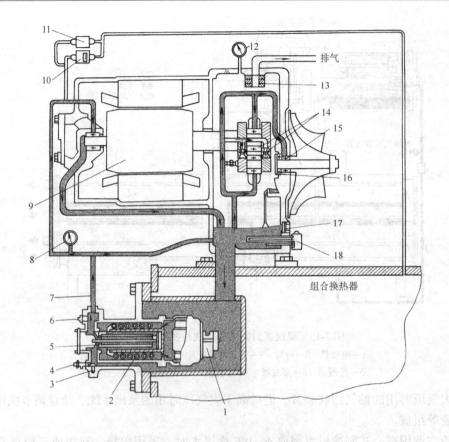

图 7-16 半封闭离心式制冷压缩机的润滑系统

1—油泵 2—油冷却器 3—油压调节阀 4—注油阀 5—油过滤器 6—磁力塞 7—供油管
8—油压表 9—电动机 10—低油压断路器 11—关闭导叶的油开关 12—油箱压力表 13—除雾器
14—小齿轮轴承 15—径向轴承 16—推力轴承 17—喷油嘴视镜 18—油加热器的恒温控制器与指示灯

为了保证压缩机润滑良好，油泵在压缩机启动前 30s 先启动，在压缩机停机后 40s 内仍连续运转。当油压差小于 69kPa 时，低油压保护开关使压缩机停机。

空调用离心式制冷压缩机由于使用不同的制冷剂，对润滑油的要求也不同。R22 机组的专用油要求为烷基苯基合成的冷冻机油。用于 R134a 机组中润滑齿轮传动时，一般采用多元醇基质合成冷冻机油。

2. 抽气回收装置

空调机组采用低压制冷剂（如 R11、R123）时，压缩机进口处于真空状态。当机组运行、维修和停机时，不可避免地有空气、水分或其他不凝性气体渗透到机组中。若这些气体过量而又不及时排出，会引起冷凝器内部压力的急剧升高，使制冷量减少，制冷效果下降，功耗增加甚至会使压缩机停机。因此需采用抽气回收装置，随时排除机内的不凝性气体和水分，并把混入气体中的制冷剂回收。一般有"有泵"和"无泵"两种型式。

图 7-17 所示为"有泵"型式的抽气回收装置的例子，它由抽气泵（小型活塞式压缩机）、油分离器、回收冷凝器、再冷器、差压开关、过滤干燥器、节流器、电磁阀等组成。不仅可自动排除不凝性气体、水分、回收制冷剂，而且还可为机组抽真空或加压。积存于冷

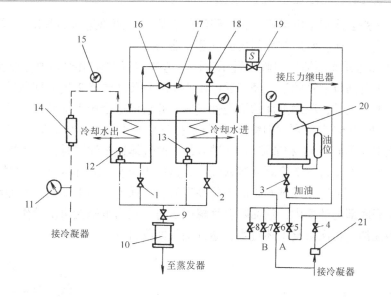

图 7-17　"有泵"型自动抽气回收装置

1~9—阀门　10—过滤干燥器　11—冷凝器压力表　12—回收冷凝器　13—再冷器　14—差压开关
15—回收冷凝器压力表　16、18—减压阀　17—止回阀　19—电磁阀　20—抽气泵　21—节流器

凝器顶部的不凝性气体和制冷剂蒸气的混合气体，通过节流器 21，经阀 4 进入回收冷凝器 12 上部。在此被冷却后，其中制冷剂蒸气，在一定饱和压力下冷凝为液体并流至下部。当下部聚集的制冷剂液位达到一定高度时，浮球阀打开，液体通过阀 9 进入过滤干燥器 10，被回收到蒸发器内。积存于上部的空气和不凝性气体逐渐增多，使回收冷凝器内压力升高。当回收冷凝器内压力低于机组冷凝器顶部压力达 14kPa 时，差压开关 14 就动作，电磁阀 19 接通开启，并同时自动启动抽气泵 20，将回收冷凝器上部的空气及不凝性气体和残存的制冷剂蒸气排出，经阀 8 进入再冷器 13，再经浮球阀、阀 9、过滤干燥器 10 流入蒸发器内。再冷器 13 上部仍积存的空气及不凝性气体，经减压阀 18（调压至等于或大于大气压）放入大气。由于废气的排出，回收冷凝器 12 内压力降低，与机组冷凝器内压力的差值上升到 27kPa 时，差压开关再次动作，使抽气泵 20 停止运行，关闭电磁阀 19，这时只有回收冷凝器继续工作。如此周而复始地自动运行。阀 1 和阀 2 是准备在浮球阀失灵时，以手动操作排放液体制冷剂。若放在手动操作位置时，无论排气操作开关是否闭合，抽气泵 20 都会连续不断地运转。在对机组内抽真空或进行充压时，均采用手动操作。

"无泵"型抽气回收装置不用抽气泵，而采用新的控制流程，自动排放冷凝器中积存的空气和不凝性气体，达到与有泵装置等同的效果。无泵型式具有结构简单、操作方便、节能等优点，应用日渐增多。目前使用的无泵抽气回收装置控制方式，有差压式和油压式两种。图 7-18 为差压式无泵抽气回收装置示意图，该装置主要由回收冷凝器、干燥器、过滤器、差压继电器、压力继电器及若干操作阀等组成。从冷凝器 17 上部通过阀 6、过滤器 16 进入回收冷凝器 11 的混合气体，经双层盘管冷却后，混合气体中的制冷剂在一定的饱和压力下被冷凝液化，经阀 2 进入干燥器 10 吸水后，通过阀 7 回到蒸发器 18。废气则通过阀 4 由排气口排至大气。可见，它是利用冷凝器和蒸发器的压力差来实现抽气回收的。冷却液是从机组内的浮球阀 19 前抽出的高温高压的制冷剂液体，经蒸发器底部过冷段过冷，通过阀 8、过滤器9后，一路去冷却主电动机，另一路经阀1后，分两路进入回收冷凝器11中的双层盘管，冷却不凝性气体，然后制冷剂再回到蒸发器18。

图7-19为油压式无泵抽气回收装置示意图，这种装置在使用时必须需要油压，一般取自高位油箱。来自高位油箱的油，经三通电磁阀1，干燥过滤器2进入回收冷凝器9，由于油压的作用，油面上升，压缩上部的不凝性气体，并借助这个压力推动压力开关，打开排气电磁阀5，经单向阀6把不凝性气体排入大气。排气后压力降低，电磁阀关闭。不凝性气体是从冷凝器上部经单向阀11和节流口10进入的，此气体通过油层时，所含制冷剂一部分被油吸收，另一部经冷却盘管7冷凝后溶入油中，这时大部分制冷剂从混合气体中分离出来，回收在油中。当油面上升至浮球阀4的限位高度后，三通电磁阀1动作，使油和制冷剂的混合物流回到机壳底部的油槽内，油面降至浮球阀3时，三通电磁阀再次动作，切断回油，向回收冷凝器内注油，再次重复上述过程，达到抽气回收目的。

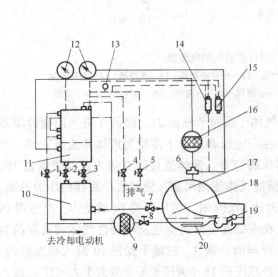 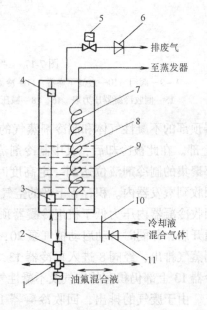

图7-18　差压式无泵抽气回收装置　　　　图7-19　油压式无泵抽气回收装置

1~8—波纹管阀　9、16—过滤器　10—干燥器　　　1—三通电磁阀　2—干燥过滤器　3—下浮球阀

11—回收冷凝器　12—压力表　13—电磁阀　　　　4—上浮球阀　5—排气电磁阀　6、11—单向阀

14—差压继电器　15—压力继电器　　　　　　　　7—冷却盘管　8—润滑油油位

17—冷凝器　18—蒸发器　19—浮球阀　20—过冷段　　9—回收冷凝器　10—节流口

另外对于采用高压制冷剂（如R22、R134a）的机组，还必须设置泵出系统。它用于充灌制冷剂、制冷剂在蒸发器和冷凝器之间的转换以及机组抽真空等场合。泵出系统是由小型半封闭活塞式制冷压缩机及小型冷凝器等组成的水冷冷凝机组。

第三节　离心式制冷机组的特性曲线及能量调节

一、离心式制冷机组的特性曲线

1. 离心式制冷压缩机的特性曲线

对于一般离心式压缩机，为了较清晰地反映其特性，通常在某一转速情况下，将排气压力和气体流量的关系用曲线表示。对于离心式制冷压缩机，冷凝压力对应于一定的冷凝温度，气体流量对应于一定的制冷量。因此，制冷压缩机的特性可用制冷量与冷凝温度（或冷凝温度与蒸发温度的温差）的关系曲线表示。即，制冷压缩机的特性曲线与一般压缩机的区别，在于它和冷凝器、蒸发器的运行情况有关。图 7-20 为某空调用离心式制冷压缩机在一定转速下的特性曲线。它表示了在不同蒸发温度 t_0 时（$t_0 = 2$、4、$6℃$），温差（$\Delta t = t_k - t_0$）及压缩机的轴功率 N_z 与制冷量 Q_0 的关系曲线。

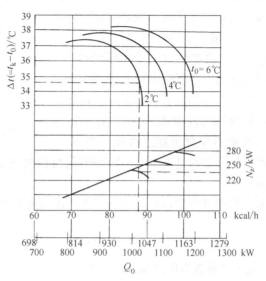

由图中可以看出，蒸发温度和冷凝温度的变化对制冷量都有较大的影响。当冷凝温度不变时，制冷量 Q_0 随蒸发温度 t_0 的升高而增大；当蒸发温度不变时，制冷量 Q_0 随冷凝温度 t_k 的升高而下降。压缩机的轴功率一般情况下随制冷量的增大而增大，但随制冷量增大到某一最大值后发生陡降。

图 7-20　空调用离心式制冷压缩机特性曲线

2. 冷凝器和蒸发器的特性曲线

在离心式制冷机组中，压缩机与制冷设备是密切相关的，因此需要讨论冷凝器和蒸发器两个主要设备的特性曲线。

由冷凝器换热方程与机组的热平衡方程的综合，可得冷凝器的冷凝温度 t_k 与制冷量 Q_0 之间的关系式：

$$t_k = t_{w1} + \frac{1 + \dfrac{1}{K_e}}{(1 + e^{-\alpha_k}) G_w c_w} Q_0 \tag{7-1}$$

式中　t_k——冷凝器的冷凝温度（℃）；

$\quad\quad t_{w1}$——冷凝器的冷却水进水温度（℃）；

$\quad\quad \alpha_k$——冷凝器的导热系数，$\alpha_k = \dfrac{K_k A_k}{G_w c_w}$；

$\quad\quad K_k$——冷凝器的传热系数（$kW/(m^2℃)$）；

$\quad\quad A_k$——冷凝器的传热面积（m^2）；

$\quad\quad G_w$——冷却水质量流量（kg/h）；

$\quad\quad c_w$——冷却水质量比热容（$kJ/(kg℃)$）；

$\quad\quad K_e$——单位轴功率的制冷量；

$\quad\quad Q_0$——制冷量（kW）。

式（7-1）中，$1/K_e$ 即离心式制冷机的比轴功率，此值随制冷量 Q_0 的增大而减小，严格地说，冷凝器的特性曲线 t_k—Q_0 是一条稍微向上凸起的曲线。为分析工况方便，可不考虑 Q_0 的变化，而认为冷凝器的特性曲线是一条斜率与冷却水量 G_w 成反比的直线（见图 7-21 中的 Ⅰ、Ⅰ′、Ⅱ、Ⅱ′）。当制冷量为 0 时，$t_k = t_{w1}$。由图 7-21 中的冷凝器特性曲线可看出，冷凝温度随着 Q_0 的增加而升高。当冷却水进水温度 t_{w1} 改变时，冷凝器的特性曲线 t_k—Q_0 在纵坐标上的初始点位置也随之改变。当进

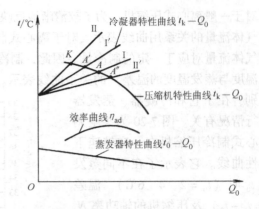

图 7-21 压缩机和制冷设备的联合特性曲线

入冷凝器的冷却水量减少时，冷凝器的特性曲线 t_k—Q_0 斜率增大；当冷却水量增大时，则斜率减小。

和冷凝器的方程转换类似，可推导出蒸发器的蒸发温度 t_0 与制冷量 Q_0 的关系为：

$$t_0 = t_{s1} - \frac{Q_0}{(1 - e^{-\alpha_0}) G_s c_s} \tag{7-2}$$

式中　t_0——蒸发器的蒸发温度（℃）；

t_{s1}——蒸发器中载冷剂进口温度（℃）；

α_0——蒸发器的导热系数，$\alpha_0 = \dfrac{K_0 A_0}{G_s c_s}$；

K_0——蒸发器的传热系数（kW/(m²℃)）；

A_0——蒸发器的传热面积（m²）；

G_s——载冷剂质量流量（kg/h）；

c_s——载冷剂质量比热容（kJ/(kg℃)）。

由式（7-2）可见：当载冷剂质量流量 G_s 及进入蒸发器的载冷剂温度 t_{s1} 恒定时，蒸发温度 t_0 随制冷量 Q_0 的增加而降低。若不考虑蒸发器的传热系数 K_0 的变化，则 t_0 与 Q_0 将成为直线关系（见图 7-21）。

3. 压缩机与制冷设备的联合工作特性

当通过压缩机的流量与通过制冷设备的流量相等，压缩机产生的压头（排气口压力与吸气口压力的差值）等于制冷设备的阻力时，整个制冷系统才能保持在平衡状况下工作。这样制冷机组的平衡工况应该是压缩机特性曲线与冷凝器特性曲线的交点。

图 7-21 中压缩机特性曲线与冷凝器特性曲线的交点 A 为压缩机的稳定工作点。当冷凝器冷却水进水量变化时，冷凝器的特性曲线将改变，这时交点 A 也随之而改变，从而改变了压缩机的制冷量。如果冷凝器进水量减少，则冷凝器特性曲线斜率增大，曲线 Ⅰ 移至 Ⅰ′ 的位置，压缩机工作点移到 A' 点，制冷量减少。反之，如果冷凝器冷却水进水量增大，则压缩机工作点移至 A'' 点，制冷量增大。

当冷凝器冷却水进水量减小到一定程度时压缩机的流量变得很小，压缩机流道中出现严重的气体脱流，压缩机的出口压力突然下降。由于压缩机和冷凝器联合工作，而冷凝器中气体的压力并不同时降低，于是冷凝器中的气体压力反大于压缩机出口处的压力，造成冷凝器

中的气体倒流回压缩机，直至冷凝器中的压力下降到等于压缩机出口压力为止。这时压缩机又开始向冷凝器送气，压缩机恢复正常工作。但当冷凝器中的压力也恢复到原来的压力时，压缩机的流量又减小，压缩机出口压力又下降，气体又产生倒流。如此周而复始，产生周期性的气流振荡现象，这种现象称为"喘振"。

如图7-21中所示，当冷凝器冷却水进水量减小，冷凝器的特性曲线移至位置Ⅱ时，压缩机的工作点移至K。这时，制冷机组就出现喘振现象。点K即为压缩机运行的最小流量处，称为喘振工况点，其左侧区域为喘振区域。

喘振时，压缩机周期性地发生间断的吼响声，整个机组出现强烈的振动。冷凝压力、主电动机电流发生大幅度的波动，轴承温度很快上升，严重时甚至破坏整台机组。因此，在运行中必须采取一定的措施，防止喘振现象的发生。

由于季节的变化，冷水机组工况范围变化的幅度较大。因此，扩大工况范围，特别是减小喘振工况点的流量，是目前改善离心式制冷机组性能的关键之一。

二、离心式制冷机组的能量调节

离心式制冷机组的能量调节，决定于用户热负荷大小的改变。一般情况下，当制冷量改变时，要求保持从蒸发器流出的载冷剂温度t_{s2}为常数（这是由用户给定的），而这时的冷凝温度是变化的。改变压缩机及换热器参数可对机组的能量进行调节，为防止发生喘振，还必须有防喘振措施。

1. 压缩机对机组能量的调节

（1）进气节流调节　就是在蒸发器和压缩机的连接管路上安装一节流阀，通过改变节流阀的开度，使气流通过节流阀时产生压力损失，从而改变压缩机的特性曲线，达到调节制冷量的目的。这种调节方法简单，但压力损失大，不经济。

（2）采用可调节进口导流叶片调节　在叶轮进口前装有可转动的进口导流叶片，导流叶片转动时，进入叶轮的气流产生预定方向的旋绕，即进口气流产生所谓的预旋。利用进气预旋，在转速不变的情况下改变压缩机的特性曲线，从而实现机组能量的调节。这种调节方法，被广泛应用在单级或双级的空调用离心式制冷机组的能量调节上。采用这种调节机构调节，有时可使单级离心式制冷机组的能量减少到10%。图7-22所示为空调用制冷机组中进口导流叶片自动能量调节的示意图。当外界要求的制冷量减少时，则流回蒸发器的冷媒水（载冷剂）温度t_{s1}降低，相应地从蒸发器流出的冷媒水温度t_{s2}也降低，不能保持出水温度为常数。这时由电阻式温度计感受，温度调节仪发出信号，通过脉冲开关及交流接触器，指

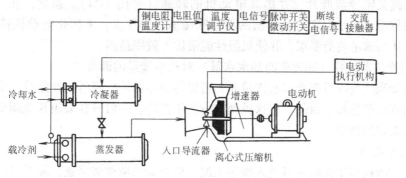

图7-22　进口导流叶片自动能量调节示意图

挥执行机构电动机旋转，关小进口导流叶片的开度，减少制冷量，直到 t_{s2} 回升到与温度调节仪的调定值相符，制冷量与外界达到新的平衡为止。相反，当外界要求的制冷量增加时，出水温度 t_{s2} 相应升高，温度调节仪发出信号使执行机构电动机向相反方向旋转，开大进口导流叶片的开度，增大制冷量，直至出水温度 t_{s2} 下降至调定值为止。

在单级离心式制冷压缩机上采用进口导流叶片调节具有结构简单、操作方便、效果较好的特点。但对多级，如果仅调节第一级叶轮进口，对整机特性曲线收效甚微。若每级均用进口导叶，则导致结构复杂，且还应注意级间协调问题。

（3）改变压缩机转速的调节 当用汽轮机或可变转速的电动机拖动时，可改变压缩机的转速进行调节，这种调节方法最经济。如图 7-23 所示，对应于每个压缩机转速 $n(n_1 > n_2 > n_3)$ 有不同的温度曲线 t_k—Q_0 和绝热效率曲线 η_{ad}—Q_0。当转速发生改变时，工作点将随之改变从而达到调节机组能量的目的。图中还说明其喘振点 K_1、K_2、K_3 随转速的降低向左端移动，扩大了使用范围。

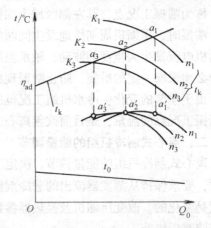

图 7-23　改变压缩机转速的能量调节

压缩机转速的改变可采用变频调节以改变电动机转速来实现。应用于离心式冷水机组中的变频驱动装置（Variable Speed Drives，简称 VSD）针对离心式制冷压缩机是速度型压缩机这一特点，通过调节电动机转速和优化压缩机导流叶片的位置，使机组在各种工况下，尤其是部分负荷情况下，始终保持最佳效率。一般速度型压缩机的电动机消耗功率与转速的立方有关联，即减小转速，将大大减小功率，同时提高压缩机的效率，降低制冷机组的功耗。

VSD 根据冷水出水温度和压缩机压头来优化电动机的转速和导流叶片的开度，从而使机组始终在最佳状态区运行。VSD 控制的基本参数是冷水出水温度实际值与设定值的温差。当机组在满负荷工况下运行时，导流叶片全开，电动机速度逻辑完全由温差控制。随着冷负荷的下降，电动机转速将减小，并通过压缩机的压头和系统最小允许转速来控制电动机速度逻辑，直至转速达到最小为止。此时，电动机将保持在最小转速，并由电动机转速来给导流叶片控制逻辑提供信号，使其减小导流叶片的开度。随着冷负荷的继续下降，来自压缩机的转速信号继续关闭导流叶片，并提高电动机的转速（见图 7-24）。总之，在任何工况下，VSD 都能根据冷水出水温度与设定值的温差和压缩机的压头，来优化电动机转速和导流叶片的开度，从而满足负荷要求，并使机组性能最优，效率最高。

2. 改变换热器参数（如改变冷却水水量）对机组能量的调节

由前可知当改变冷凝器冷却水流量时，可以得到不同的冷凝器特性曲线，从而可使工作点移动，达到调节能量的目的。但这种调节方法不经济，一般只在采用其他调节方法的同时作为一种辅助性的调节。

3. 防喘振调节

离心式制冷机组工作时一旦进入喘振工况，应立即采取调节措施，降低出口压力或增加入口流量。压力比和负荷是影响喘振的两大因素，当负荷越来越小，小到某一极限点时，便

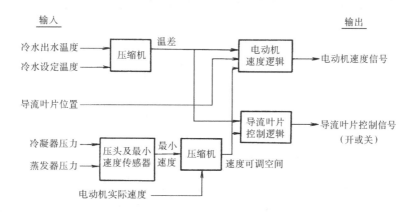

图 7-24　VSD 工作原理图

会发生喘振，或者当压力比大到某一极限点时，便发生喘振。一般可采用热气旁通来进行喘振防护，如图 7-25 所示，它是通过喘振保护线来控制热气旁通阀的开启或关闭，使机组远离喘振点，达到保护的目的。从冷凝器到蒸发器连接一根管，当运行点到达喘振保护点而未能到达喘振点时，通过控制系统打开热气旁通电磁阀，将冷凝器的热气排到蒸发器，降低了压力比，同时提高流量，从而避免了喘振的发生。

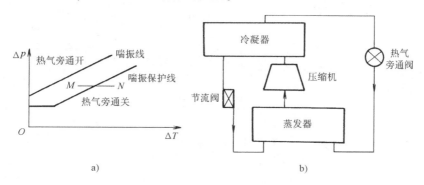

图 7-25　热气旁通喘振保护

a）喘振保护示意图　b）系统循环图

由于经热气旁通阀从冷凝器抽出的制冷剂并没有起到制冷作用所以这种调节方法是不经济的。目前一些机组，采用三级或两级压缩，以减少每级的负荷，或者采用高精度的进口导流叶片调节，以减少喘振的发生。

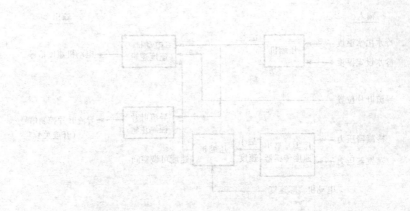

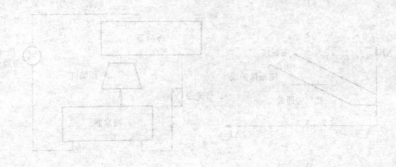

第 **八** 章

其他型式的制冷压缩机

8

第一节 滚动转子式制冷压缩机

滚动转子式压缩机是一种容积型回转式压缩机。20 世纪 70 年代后在国内外有较大的发展，如国内生产的小型全封闭转子式制冷压缩机 GZ2 型、YZ 型、QDW 型、QDZ 型等已被选用于家用空调器、电冰箱和商业制冷装置。GZ2 型的制冷工质为 R22，在 2820r/ min 的空调工况下制冷量为 3kW。国外产品有美国的 K 型，德国的 GL 型，日本的 SG 型、SH 型、X 型、A 型及 CRH 型，还有瑞士的 RI 型。

一、组成与工作原理

滚动转子式制冷压缩机主要由气缸、滚动转子、偏心轴和滑片等组成，如图 8-1 所示。圆筒形气缸 2 的径向开设有不带吸气阀的吸气孔口和带有排气阀的排气孔口，滚动转子 3（亦称滚动活塞）装在偏心轴（曲轴）4 上，转子沿气缸内壁滚动，与气缸间形成一个月牙形的工作腔，滑片 7（亦称滑动档板）靠弹簧的作用力使其端部与转子紧密接触，将月牙形工作腔分隔为两部分，滑片随转子的滚动沿滑片槽道作往复运动，端盖被安置在气缸两端，与气缸内壁、转子外壁、切点、滑片构成封闭的气缸容积，即基元容积，其容积大小随转子转角变化，容积内气体的压力则随基元容积的大小而改变，从而完成压缩机的工作过程。

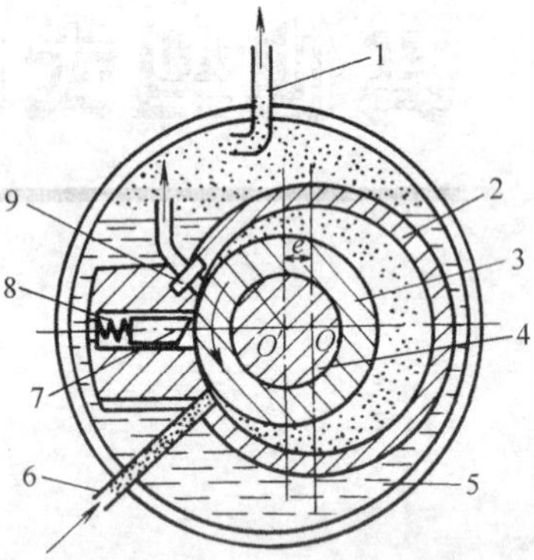

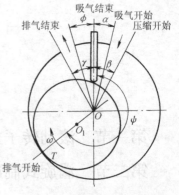

图 8-1 滚动转子式制冷压缩机
主要结构示意图
1—排气管 2—气缸 3—转子
4—曲轴 5—润滑油 6—吸气管
7—滑片 8—弹簧 9—排气阀

二、工作过程

1. 几个特征角度及其对工作过程的影响

用 OO_1 的连线表示转子转角 θ 的位置，转子处于最上端位置时，气缸与转子的切点 T 在气缸内壁顶点，此时 $\theta = 0°$。图 8-2 表示了滚动转子式压缩机的几个特征角。

（1）吸气孔口边缘角 α（顺旋转方向）可构成吸气封闭容积，$\theta = \alpha$ 时吸气开始，α 的大小影响吸气开始前吸气腔中的气体膨胀，造成过度低压或真空。

（2）吸气孔前边缘角 β 它的存在会造成在压缩过程开始前吸入发气体向吸气口回流，导致输气量下降。为了减少 β 造成的不利影响，通常 $\beta = 30° \sim 35°$，$\theta = 2\pi + \beta$ 时，压缩过程开始。

（3）排气孔口后边缘角 γ 它影响余隙容积的大小，$\theta = 4\pi - \gamma$ 时排气过程结束，通常 $\gamma = 30° \sim 35°$。

（4）排气孔口前边缘 φ 构成排气封闭容积，造成气体的再度压缩，$\theta = 4\pi - \varphi$ 时是再度压缩过程。

（5）排气开始角 ψ $\theta = 2\pi + \psi$ 时开始排气。此时基元容积内气体压力略高于排气管中的压力，以克服排气阀阻力顶开排气阀片。

图 8-2 滚动转子式压缩机
工作过程示意图

2. 工作过程

参看图 8-2 工作过程示意图及图 8-3 示出的压力和容积随转子转角变化曲线。滚动转子式压缩机的工作过程如下：

1）转角 θ 从 0°转至 α，基元容积由零扩大且不与任何孔口相通，产生封闭容积，容积内气体膨胀，其压力低于吸气压力 p_{s0}。当 $\theta = \alpha$ 时与吸气孔口连通，容积内压力恢复为 p_{s0}，压力变化线为 1—2—3。

2）转角 θ 从 α 转至 2π 是吸气过程。$\theta = \alpha$ 时吸气开始，$\theta = 2\pi$ 时吸气结束，此时基元容积最大为 V_{max}，容积随转角的变化线为 a—b，若不顾及吸气压力损失，则吸气压力线为水平线 3—4；

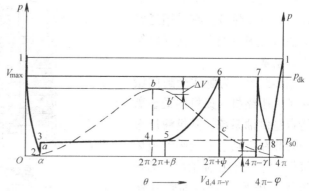

图 8-3　工作容积与气体压力随转角 θ 的变化

3）当转子开始第二转时，原来充满吸入蒸气的吸气腔成为压缩腔，但在 β 这个角度内，压缩腔与吸气口相通，因而在转角 θ 由 2π 转至 $2\pi + \beta$ 时产生吸气回流，吸气状态的气体倒流回吸气孔口，损失的容积为 ΔV，如曲线 b—b' 所示，吸气压力线 4—5 为水平线。

4）转角 θ 由 $2\pi + \beta$ 转至 $2\pi + \psi$ 是压缩过程。此时基元容积逐渐减少，压力随之逐渐上升，直至达到排气压力 p_{dk}，如图 8-3 中的容积变化曲线 b'—c 及压力变化曲线 5—6 所示。

5）转角 θ 由 $2\pi + \psi$ 转至 $4\pi - \gamma$ 是排气过程。排气结束时气缸内还残留有高温高压气体，其容积为 V_c 这是余隙容积，其压力为 p_{dk}（不计排气压力损失），容积变化线为 c—d，压力变化线为 6—7。

6）转角 θ 由 $4\pi - \gamma$ 转至 $4\pi - \varphi$ 是余隙容积中的气体膨胀过程。余隙容积与其后的低压基元容积经排气口连通，余隙容积中高压气体的膨胀至吸气压力 p_{s0}（压力变化线为 7—8），使其后的低压基元容积吸入的气体减少，而高压气体的膨胀功又无法回收。

7）转角 θ 由 $4\pi - \varphi$ 转至 4π 是排气封闭容积的再度压缩过程，图 8-3 中示出压力变化线 8—1，工作腔内的压力急剧上升且超过排气压力 p_{dk}，为消除排气封闭容积的不利影响，往往将转角内气缸内圆切削出 0.5～1mm 的凹陷，使封闭容积与排气口相通。

综上所述可知：气体的吸气、压缩、排气过程是在转子的两转中完成，但因转子切点与滑片两侧的两个腔同时进行吸气、压缩、排气的过程，故可以认为压缩机一个工作循环仍是在一转中完成的。

三、主要结构形式及特点

目前广泛使用的滚动转子式制冷压缩机主要是小型全封闭式，通常有卧式和立式两种，前者多用于冰箱，后者在空调中常见。

一台较典型的立式全封闭滚动转子式压缩机结构如图 8-4 所示压缩机位于电动机的下方，制冷工质经贮液器由机壳 8 下部的吸气管直接吸入气缸 1，以减少吸气的有害过热。气液分离器 12 起气液分离、贮存制冷剂液体和润滑油及缓冲吸气压力脉动的作用。高压气体

经消声器 3 排入机壳 8 内，再经电动机转子 6 和定子 7 间的气隙从机壳上部排出，并起到了

冷却电动机的作用。润滑油在机壳底部，在离心力的作用下沿曲轴 5 的油道上升至各润滑点。气缸与机壳焊接在一起使之结构紧凑，用平衡块 13 消除不平衡的惯性力。滑片弹簧没有采用通常的圆柱形而采用圈形，使气缸结构更加紧凑。

图 8-5 所示为卧式全封闭滚动转子式压缩机，该机器最显著的特点是供油系统，其供液压泵是由安装在主轴承上的吸油流体二极管 11、安装在辅轴承上的排油流体二极管 9 及供油管 6 组成，润滑借助滑片 8 的往复运动经吸油流体二极管 11 被吸入泵室，通过排油流体二极管 9 排入供油管 6 中，再进入曲轴 1 的轴向油道，通过径向分油孔供应到需要润滑的部位。流体二极管之所以能代替吸油（或排油）阀，是因为其反向流动阻力比正向流动阻力大，故在吸油行程大部分油沿吸油路径吸过来，另外，二极管是向机壳的底部张开，当油

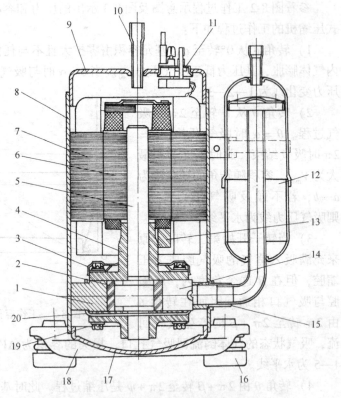

面很低时也能吸得进油，从而保证稳定的油量供应。

图 8-4　立式全封闭滚动转子式压缩机结构剖面图

1—气缸　2—滚动转子　3—消声器　4—上轴承座　5—曲轴
6—转子　7—定子　8—机壳　9—顶盖　10—排气管
11—接线柱　12—气液分离器　13—平衡块　14—滑片
15—吸气管　16—支撑垫　17—底盖
18—支撑架　19—下轴承座　20—滑片弹簧

另外两个特点是：圆环形主轴承与机壳焊接成一体，可以减少气缸的变形；排气消声器由辅轴承和用薄钢板制成的排气罩之间的空间构成，起屏蔽降噪作用。

从滚动转子式压缩机的结构及工作过程来看，它具有一系列的优点：

1）结构简单，零部件几何形状简单，便于加工及流水线生产。

2）体积小，质量轻，与同工况的往复式比较，体积可减少 40% ~50%，重量也减少 40% ~50%。

3）因易损件少，故运转可靠。

4）效率高，因为没有吸气阀故流动阻力小，且吸气过热小，所以在制冷量为 3kW 以下的场合使用时尤为突出。

但是它也有缺点，因为只利用了气缸的月牙形空间，所以气缸容积利用率低；由于单缸的转矩峰值很大，故需要较大的飞轮矩；滑片作往复运动，依然是易损零件；还存在不平衡的旋转质量，需要平衡质量来平衡。

由于小型全封闭滚动转子式压缩机的优点突出，因此应用越来越广泛。

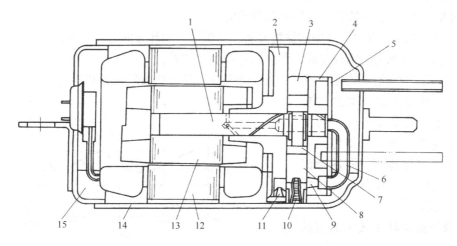

图8-5 卧式全封闭滚动转子式压缩机结构剖面图

1—曲轴 2—主轴承座 3—气缸 4—辅轴承座 5—排气罩 6—供油管 7—滚动转子 8—滑片
9—排油二极管 10—弹簧 11—吸油二极管 12—定子 13—转子 14—机壳 15—润滑油

四、目前发展趋势

1. 变频压缩机的发展

变频压缩机采用变频调速技术进行能量调节，使其制冷量与系统负荷协调变化，并使机组在各种负荷条件下都具有较高的能效比，这是20世纪80年代出现的新技术。这种调节方式具有节能、舒适、启动快速、温控精度高及易于实现自动控制等优点，受到世人瞩目。图8-6为日立公司的交流变频式电动机滚动转子制冷压缩机结构图。它与普通滚动转子式压缩机的区别是，由交流变频式电动机驱动曲轴旋转，依靠电源频率的变化使电动机的转速变化，从而达到连续调节制冷能力的目的。该机的频率变化范围是30～120Hz，转速范围在1600～6200r/min。为了适应转速高低不同的变化，压缩机在结构上给予了合理的改进：

1) 电动机上下端面有平衡孔3和6使得电动机转子上下部分达到最佳平衡状态，在曲轴的最下端配有平衡块14可消减中高转速范围的振动。

2) 对曲轴进行了浸硫氮化表面处理，提高了曲轴的耐高压和耐磨性，以保证高速运转的可靠性。

3) 采用共鸣式排气消声孔8与多重膨胀

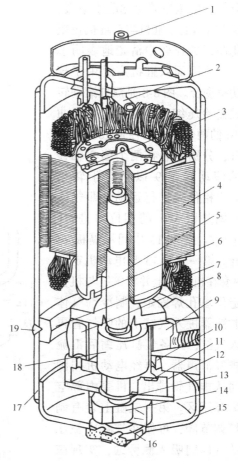

图8-6 变频式全封闭滚动转子式压缩机结构图

1—排气管 2—回油管 3、6—平衡孔 4—变频电动机 5—曲轴 7—气缸 8、10—消声孔 9—滑片 11—排气阀 12—消声器 13—底座 14—平衡块 15—下盖 16—磁铁 17—机壳 18—滚动转子 19—焊接点

室式排气消声器和 12 相结合，达到全频带的消声效果。

4）用磁铁 16 吸取润滑油中的铁类异物，以保护运动部分的可靠运转。

5）机壳用高张力的钢板制成，起到较好的隔音效果。

6）为了减少润滑油的循环量，设有回油管 2，制冷剂蒸气经分离器直接经吸气管进入气缸，被压缩后经排气阀通过排气孔进入消声器和消声孔，再穿过电动机定子和转子的缝隙，有部分润滑油被分离出经回油管流回机壳，高压制冷剂蒸气经排气管进入冷凝器。

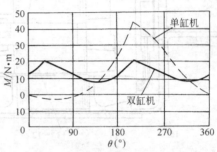

图 8-7　单缸与双缸滚动转子式压缩机扭矩变化曲线

2. 双缸滚动转子式压缩机的发展

双缸滚动转子式制冷压缩机的两个气缸相差 180° 对称布置，可以使负荷扭矩的变化趋于平缓，图 8-7 所示的单缸机与双缸机扭矩变化曲线的比较中清楚地表明了这一点，因而双缸机广泛用于较大功率场合。图 8-8 是双缸滚动转子式制冷压缩机结构示意图。曲轴 16 的两个偏心轴径是 180° 对称配置，分别安装在两个偏心轴径上的滚动转子 9 以相对于转角 180° 的相位差进行运动，即气体的压缩是以 180° 的相位差进行，两个气缸 13 和 15 中间用隔板 14 隔开。第一气缸 13 与电动机定子 3 热套在机壳 2 上并将气缸与机壳用定位填孔焊固定，制冷剂气体从贮液器进入气缸上的吸气管再进入气缸，经各气缸压缩后汇流于排气消声器，再经电动机周围空间从排气管排出，机壳内部空间为高压区。第一气缸上装有制冷量调节阀，可使在气缸中被压缩的气体向吸入侧旁通，实现减负荷运行。润滑油道及径向分油孔送至各个润滑部位，然后流回机壳底部，滚动转子内周的润滑油有一部分流到滚动转子端面和轴承端面之间形成气缸室的

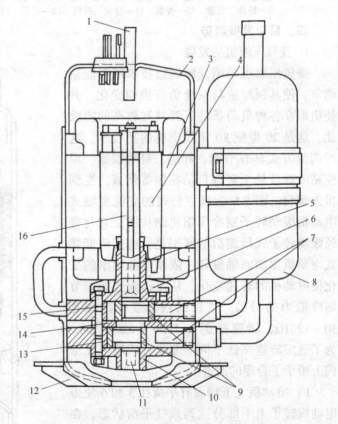

图 8-8　双缸全封闭滚动转子式压缩机结构图

1—排气管　2—机壳　3—定子　4—转子　5—上轴承座
6—排气消声器　7—吸气管　8—储液缓冲器　9—滚动转子
10—下轴承座　11—吸油管　12—支撑架　13—气缸 1
14—中间隔板　15—气缸 2　16—曲轴

密封，而后一部分流入气缸内，形成气缸和滚动转子间的压缩室密封，一部分通过电动机上下空间与气体分离流回机壳底部，还有极少未被分离的油与气体一起排出压缩机。

3. 提高压缩机的经济性及可靠性

借助电子计算机对压缩机工作过程的性能仿真，主要部件结构如轴承、滑片、滚动转子、排气阀等结构的特性分析，以及噪声和振动的仿真，可对压缩机的经济性和可靠性、噪声和振动进行预测，并通过完善这些预测手段，对满足各种要求的滚动转子式压缩机进行优化设计。

4. 对降低噪声提出更高的要求

为了减少由于滚动转子式压缩机与机壳焊接成整体结构带来对噪声的不利影响，首先从振动方面入手减少曲轴及轴承的振动，改进压缩机与机壳的连接系统，开发各种新型消声结构和排气阀等。

第二节　涡旋式制冷压缩机

涡旋式制冷压缩机是 20 世纪 80 年代才发展起来的一种新型容积式压缩机，它以其效率高、体积小、质量轻、噪声低、结构简单且运转平稳等特点，被广泛用于空调和制冷机组中。

涡旋式压缩机最早由法国人 Creux 发明并于 1905 年在美国取得专利，由于涡旋体加工困难、轴向力不能稳定平衡、防自转机构不灵活、轴向和径向密封机构不完善等原因，致使这个发明在长达 70 年中未能实用。直至 20 世纪 70 年代美国才研制出一台氦气涡旋式压缩机用于潜水艇推进实验系统上，后来日本三电公司购买了这个专利，1982 年生产出汽车空调用涡旋式压缩机。当前已成为功率在 1 ~ 15kW 范围内甚受青睐的制冷压缩机机型。

一、工作原理

图 8-9 示出涡旋式制冷压缩机的基本结构。主要由动涡旋体 4、静涡旋体 3、曲轴 8、机座 5 及十字联接环 7 等组成。动、静涡旋体的型线均是螺旋形，动涡旋体相对静涡旋体偏心并相差 180°对置安装，理论上它们轴向会在几条直线上接触（在横截面上则为几个点接触），涡旋体型线的端部与相对的涡旋体底部相接触，于是在动静涡旋体间形成了一系列月牙形空间，即基元容积。在动涡旋体以静涡旋体的中心为旋转中心并以一定的旋转半径作无自转的回转平动时，外圈月牙形空间便会不断向中心移动，使基元容积不

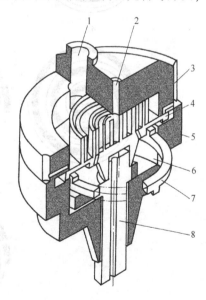

图 8-9　涡旋式制冷压缩机结构简图
1—吸气口　2—排气孔　3—静涡旋体
4—动涡旋体　5—机座　6—背压腔
7—十字联接环　8—曲轴

断缩小。静涡旋体的最外侧开有吸气孔 1，并在顶部端面中心部位开有排气孔 2，压缩机工作时，气体制冷剂从吸气孔进入动静涡旋体间最外圈的月牙形空间，随着动涡旋体的运动，

气体被逐渐推向中心空间，其容积不断缩小而压力不断升高，直至与中心排气孔相通，高压气体被排出压缩机。图8-9 中的十字联接环7 是防止动涡旋体自转的机构，该环上部和下部十字交叉的突肋分别与动涡旋体下端面键槽及机座上的键槽配合并在其间滑动。

图 8-10 示出涡旋式制冷压缩机工作原理。在图 8-10a 所示位置，动涡旋体中心 O_2 位于静涡旋体中心 O_1 的右侧，涡旋密封啮合线在左右两侧，涡旋外圈部分刚好封闭，此时最外

图 8-10　涡旋式压缩机的工作原理

a) $\theta=0°$　b) $\theta=120°$　c) $\theta=240°$　d) $\theta=360°$　e) $\theta=480°$　f) $\theta=600°$　g) $\theta=720°$

h) $\theta=840°$　i) $\theta=960°$　j) $\theta=1080°$

1—动涡旋体　2—静涡旋体　3—压缩腔　4—排气孔

圈两个月牙形空间充满气体，完成了吸气过程（阴影部分）。随着曲轴的旋转，动涡旋体作回转平动，动静涡旋体仍保持良好的啮合，外圈两个月牙形空间中的气体不断向中心推移，容积不断缩小，压力逐渐升高，进行压缩过程，图 8-10b ~ f 示出曲轴转角 θ 每间隔 120° 的压缩过程。当两个月牙形空间汇合成一个中心腔室并与排气孔相通时（如图 8-10g 所示），压缩过程结束，并开始进入图 8-10g ~ j 示出的排气过程，直至中心腔室的空间消失则排气过程结束（如图 8-10j 所示）。图 8-10 中示出的涡旋圈数为三圈，最外圈两个封闭的月牙形工作腔完成一次压缩及排气的过程，曲轴旋转三周（即曲轴转角 θ 为 1080°），涡旋体外圈分别开启和闭合三次，即完成了三次吸气过程，也就是每当最外圈形成了两个封闭的月牙形空间并开始向中心推移成为内工作腔时，另一个新的吸气过程同时开始形成。因此，在涡旋式压缩机中，吸气、压缩、排气等过程是同时和相继在不同的月牙形空间中进行的，外侧空间与吸气口相通，始终进行吸气过程，中心部位间与排气孔相通，始终进行排气过程，中间的月牙形空间一直在进行压缩过程。所以，涡旋式制冷压缩机基本上是连续地吸气和排气，并且从吸气开始至排气结束需经动涡旋体的多次回转平动才能完成。故其转矩较均衡，气流脉动也小，振动小，噪声低。又由于各月牙形空间之间的压差较小，故泄漏少；进排气分别在涡旋的外侧和内侧，减轻了吸气加热；涡旋压缩机余隙容积中的气体没有向吸气腔的膨胀过程，且不需要进气阀等，所以输气系数高，可靠性高。

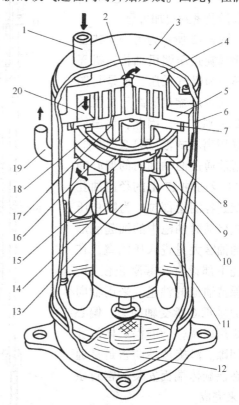

图 8-11　全封闭涡旋式压缩机结构
1—吸气管　2—排气孔　3—机壳　4—排气腔
5—静涡旋体　6—排气通道　7—动涡旋体
8—背压腔　9—电动机腔　10—机座　11—电动机
12—油池　13—曲轴　14、16—轴承　15—动密封
17—背压孔　18—十字联接环　19—排气管　20—吸气腔

二、总体结构

图 8-11 示出功率为 3.75kW 在空调器中使用的全封闭涡旋式压缩机结构。低压气体从机壳顶部吸气管 1 直接进入涡旋体四周，高压气体由静涡旋体 5 的中心排气孔 2 排入排气腔 4，并通过排气通道 6 被导入机壳下部去冷却电动机 11，并将润滑油分离出来，高压气体则由排气管 19 排出压缩机。采用排气冷却电动机的结构减少了吸气过热度，提高了压缩机的效率；又因机壳内是高压排出气体，使得排气压力脉动很小，因此振动和噪声都小。为了轴向力的平衡在动涡旋体下方设有背压腔 8，由动涡旋体上的背压孔 17 引入的气体使背压腔处于吸排气压力之间的中间压力，由背压腔内气体压力形成的轴向力和力矩作用在动涡旋体的底部，以平衡各月牙形空间内气体对动涡旋体所施加的轴向力和力矩，以便在涡旋体端部维持着最小的摩擦力和最小磨损的轴向密封。在曲柄销轴承处和曲轴通过机座处，装有动密封 15，以保持背压腔与机壳间的密封。

该机的润滑系统是利用压差供油方式，封闭机壳下部油池 12 中的润滑油，经过滤器从曲轴中心油道进入中间压力室，又随被压缩气体经中心压缩室排到封闭的机壳中，其间润滑了涡旋型面，同时润滑了轴承 14 和 16 及十字联接环 18 等，也冷却了电动机。润滑油经过油气分离后流加油池，因为润滑油与气体的分离是在机壳中进行，其分离效果好，而压差供油又与压缩机的转速无关，使润滑及密封更加可靠。

图 8-12 所示为另一立式全封闭涡旋式压缩机结构。机壳内压力为吸气低压，这是与图 8-11 所示压缩机的高压机壳的主要区别之一。因此，该压缩机采用离心式液压泵 23 供油，润滑油通过曲轴轴向的偏心油道 22 及曲轴 17 上的径向油孔分配到各润滑部位。为防止压缩机启动时油池中的油起泡形成的油雾大量进入压缩室，在机壳下部设有油雾阻止板 21，以保持油池的油量。采用轴向推力轴承 6 承受轴向力。偏心套 8 用以调整动静涡旋体的径向间隙。涡旋体轴向密封是通过在涡旋体端面安装的密封条 37 来完成。

图 8-13 是一台制冷量为 1.8kW 的卧式全封闭涡旋式压缩机，它适用于压缩机高度受到限制的机组。制冷剂气体直接由吸气管 1 进入涡旋体外部空间，经压缩后由排气孔通过排气阀 15 排入机壳，冷却电动机后经排气管 8 排出。该机的特点是：

1）采用高压机壳以降低吸气过热并控制排气管中润滑油

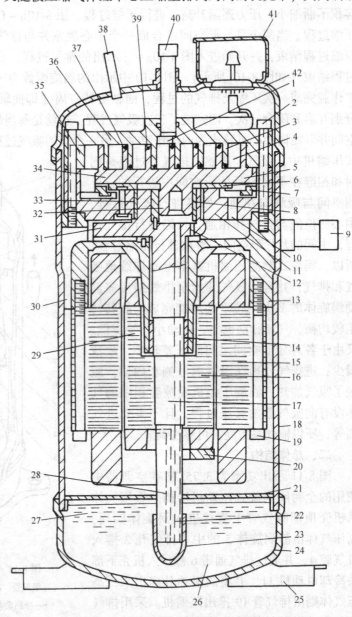

图 8-12 立式全封闭涡旋式压缩机结构

1—排气孔 2—螺栓 3—静涡旋体 4—压缩室 5—动涡旋体
6—推力轴承 7—十字联接环 8—偏心套 9—吸气管 10—排油孔
11—主轴承座 12—油孔 13—副轴承座 14—油孔 15—电动机定子
16—电动机转子 17—曲轴 18—机壳 19—螺栓 20—曲轴的平衡孔
21—油雾阻止板 22—偏心油道 23—液压泵 24—下盖 25—支脚
26—油池 27—润滑油 28—排气孔 29—副轴承 30—排油
31—曲轴的平衡块 32—动涡旋体轴销 33—主轴承 34—底板
35—吸气孔 36—端板 37—密封条 38—工艺管 39—密封槽
40—排气管 41—接线箱 42—上盖

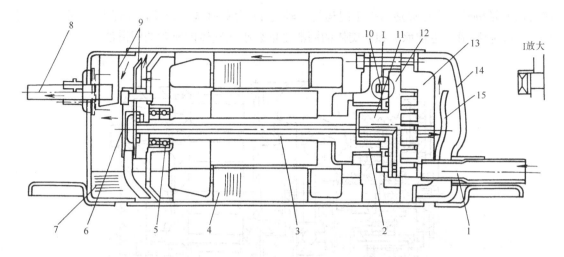

图8-13 卧式全封闭涡旋式压缩机

1—吸气管 2—主轴承 3—曲轴 4—电动机 5—副轴承 6—摆线形转子液压泵
7—油池 8—排气管 9—排油抑制器 10—轴向柔性密封机构 11—径向柔性密封机构
12—动涡旋体 13—静涡旋体 14—机壳 15—排气阀

的排放。

2）防止自转机构采用十字联接环，它安装在动涡旋体与主轴承之间，轴向柔性密封机构10是由止推环和一个波形弹簧构成，波形弹簧置于十字联接环内部。该机构可以防止液击，也可使动涡旋体型线端部采用的尖端沟槽密封更可靠。

3）径向柔性密封机构11采用滑动轴套结构，在曲轴最上端端面开有长方形孔，其内装有偏心轴承（即滑动轴套），并在孔的内部压一个弹簧，弹簧也与曲轴接触，使涡旋体的径向间隙保持在最小值，减少气体周向泄漏。

4）润滑系统采用摆线形转子液压泵6供油，通过曲轴中心上的孔供给各个需要润滑和密封的部位（偏心轴承、主轴承、涡旋体的压缩室等），解决了卧式压缩机润滑油进入各润滑部位的困难，也避免了排出的制冷剂含油过多。

5）装有双重排油抑制器9支撑副轴承（滚珠轴承）5的隔板是带风扇形的板，含油雾的制冷剂气体高速撞击扇叶，油雾被分离；另外，在排气管上装有罩，制冷剂气体与罩相接触，油雾被粘附在罩上而被分离，进一步降低了排出气体的含油量。

6）曲轴由主轴承（滑动轴承）2支撑在动涡旋体的一端，另一端由副轴承5支撑，确保了运行的平稳。

图8-14所示的汽车空调用涡旋式压缩机为开启式压缩机，由汽车的主发动机通过带轮驱动压缩机运转。制冷剂气体从吸气管进入由机壳2、动涡旋体4和轴承座12组成的吸气腔，然后经动、静涡旋体4、1的外圈进入月牙形工作腔，被压缩后经排气阀3排入排气腔，再通过排气管排出压缩机。为了使压缩机的质量轻，两个涡旋体采用铝合金制造，动涡旋体及其内端面经阳极氧化处理，确保其耐磨性；静涡旋体的内端面镶嵌耐磨板，以防止动涡旋体顶端密封将其磨损。采用径向柔性密封机构5调节两个涡旋体间的径向间隙，以确保径向密封，减少周向泄漏。球形联接器13一方面承受作用于动涡旋体上的轴向力，另一方面防止动涡旋体的自转。设置排气阀是为了防止高压气体回流导致效率降低及防止电磁离合器9

脱开时曲轴倒转，也可以适应变工况运行。轴封 11 为双唇式，位于两个轴承之间，副轴承 10 采用油脂润滑，主轴承 7 和涡旋体的润滑是依靠吸入气体内所含的润滑油。

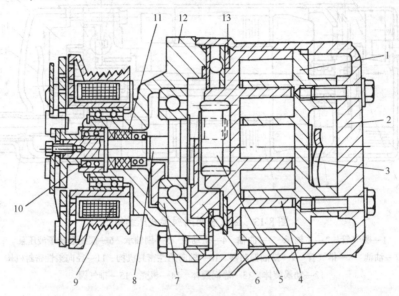

图 8-14　汽车空调用涡旋式压缩机
1—静涡旋体　2—机壳　3—排气阀　4—动涡旋体　5—径向柔性机构　6—平衡块　7—主轴承
8—曲轴　9—电磁离合器　10—副轴承　11—轴封　12—轴承座　13—球形联接器

三、特点

在制冷量相同的条件下，涡旋式压缩机与活塞式压缩机及滚动转子式压缩机相比具有许多优点。

1. 效率高

涡旋式压缩机的吸气、压缩、排气过程是连续单向进行，因而吸入气体的有害过热小。相邻工作腔间的压差小，气体泄漏少。没有余隙容积中气体向吸气腔的膨胀过程，输气系数就高，通常高达 95% 以上。动涡旋体上的所有点均以几毫米的回转半径作同步转动，所以运动速度低，摩擦损失小。没有吸气阀，也可以不设置排气阀，所以气流的流动损失小。涡旋式压缩机的效率比活塞式约高 10%。图 8-15 是涡旋式、活塞式、滚动转子式三种压缩机的容积效率 η_v 与压力比 $\varepsilon(=p_{dk}/p_{so})$ 变化关系的比较，显然涡旋式优越得多。

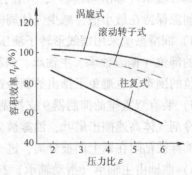

图 8-15　容积效率与压力比的关系
注：（1）按压力比为 3.5 时的涡旋式
　　　压缩机效率为 100%
　（2）工况条件为：频率 60Hz、排气压力 2.06MPa、
　　　过热度 10K、过冷度 5K

2. 力矩变化小，振动小，噪声低

从图 8-16 所示出的压缩室中气体压力比（$\varepsilon=p_{dk}/p_{so}$）变化中看出，涡旋式压缩机的压缩过程较慢。图 8-17 是涡旋式、滚动转子式、活塞式三种瞬时转矩变化曲线，因一对涡旋体中几个月牙形空间可同时进行压缩过程，故使曲轴转矩变化小，涡旋式转矩仅为滚动转子式和活塞式的 1/10，压缩机运转平稳。又因为涡旋式压缩机吸气、压缩、排气是连续进

行的，所以进排气的压力脉动很小，于是振动和噪声都小。

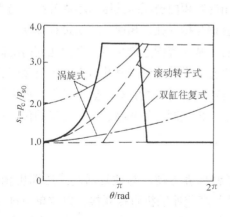

图8-16　压缩室内压力比（$=p_c/p_{so}$）随
转角 θ 的变化关系

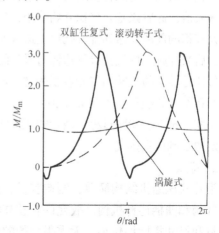

图8-17　转矩比（$=M/M_m$）变化曲线的比较

注：M—压缩机瞬时转矩；

M_m—压缩机一转中的平均转矩

3. 结构简单，体积小，质量轻，可靠性高

涡旋式压缩机构成压缩室的零件数目与滚动转子式及活塞式的零件数目之比为 1:3:7，所以涡旋式的体积比往复式小40%，质量轻15%；又由于没有吸气阀和排气阀，易损零件少，加之有轴向、径向间隙的柔性机构，能避免液击造成的损失及破坏，故涡旋式压缩机的运行可靠性高；因此，涡旋式压缩机即使在高转速下运行也保持高效率和高可靠性，其最高转速可达 13000r/min。

尽管涡旋式压缩机的优点多，但是需要高精度的加工设备和精确的装配技术，限制了它的普遍制造和应用，目前还仅限于功率在 1~15kW 的空调器中应用。

第三节　其他容积型制冷压缩机

一、滑片式制冷压缩机

滑片式制冷压缩机目前主要用于小型空调制冷装置及汽车空调器中。

1. 基本结构和工作原理

滑片式压缩机主要由机体（亦称气缸）、转子及滑片三部分组成，图8-18 是其结构简图。机体 1 上开设有吸气孔口和排气孔口，开有若干纵向凹槽的转子 2 偏心配置在气缸内，凹槽中装有沿径向滑动的滑片 3。转子旋转时，滑片在离心力的作用下从槽中甩出，端部紧贴在气缸内壁面上，气缸内壁在转子外表面构成的月牙形空间被滑片分隔成的若干小室，这就是基元容积。转子旋转一周，其基元容积遵循上述规律周而复始地变化。

基元容积在增大过程中与吸气孔口相通，此时开始

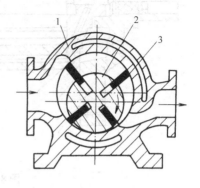

图8-18　滑片压缩机结构简图

1—机体　2—转子　3—滑片

吸气，直至组成该基元容积的后一片滑片越过吸气孔口的上边缘时吸气终止，此时基元容积应达到最大值；此后该基元容积开始缩小，气体在封闭的容积内被压缩其压力不断升高；当组成该基元容积的前滑片达到排气孔口上边缘时，基本容积与排气孔口相通，压缩过程接受，开始排气，后滑片越过排气孔口下边缘时排气结束。之后，基元容积达最小值，余留在其内的高压高温气体随转子的旋转和基元容积的增大而膨胀，直至前滑片达到进气孔口下边缘与吸气孔口相通时重新开始吸气。当有 Z 个滑片时，转子每旋转一周，依次有 Z 个基元容积分别进行吸气、压缩、排气、膨胀过程。滑片式压缩机不设置吸、排气阀，是靠吸、排气孔口的位置和大小决定的强制性吸排气。

2. 特点

滑片式压缩机结构简单，制造容易，操作和维修保养方便。与往复活塞式压缩机相比，没有气阀和曲柄连杆机构，故允许有较高转速，能与高速原动机直接联接，以致单位排气量的重量和尺寸指标均较小，无需很大的贮气器。此外，滑片式压缩机动力几乎完全平衡，所以基础可以较小。

滑片式压缩机的主要缺点是滑片的机械磨损较大。此外，虽然滑片的寿命现在以能超过8000h，但取决与材质、加工精度及运行条件，这些仍是影响滑片式压缩机运转周期的一个重要因素。

二、旋叶式制冷压缩机

旋叶式制冷压缩机是一种比滑片式压缩机效率更高，体积更小的新型回转式压缩机，它广泛用于汽车空调器系统中。

1. 基本结构和工作原理

图 8-19 是用于汽车空调器中的旋叶式压缩机结构图。主要部件有气缸、转子、叶片和

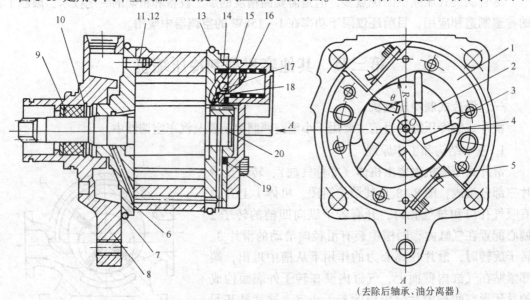

图 8-19　旋叶式汽车空调压缩机

1—气缸　2—转子　3—吸气孔口　4—叶片　5—排气阀　6—前轴承　7—O 型圈　8—前端盖
9—轴封　10—挡圈　11—扁销　12—圆柱销　13—大密封圈　14—后轴承　15—油分离器
16—滤网　17—单向阀钢球　18—单向阀弹簧　19—小密封圈　20—转子轴

前后端盖（或称前后轴承座）。从 A 向视图中看出，气缸 1 内壁近似呈椭圆形，转子 2 与气缸为同心配置（不是偏心转子），转子上装有五片倾斜配置的铝制叶片 4，叶片在转子槽中可以做往复运动。转子与气缸内壁有两个接触点，将气缸容积划分为两个月牙形空间，每个月牙形空间都设有吸气孔口和排气阀，因此气缸是双作用形式。转子旋转后叶片在离心力作用下甩出，使其叶片上端部紧贴气缸内壁，使月牙形式空间又被分隔成若干扇形空间，这就是旋叶式压缩机的基元容积。随着转子的旋转，每个基元容积完成吸气、压缩和排气过程，转子旋转一周，基元容积完成两次吸气、压缩和排气过程，图中转子旋转一周可以实现十次吸气、排气和压缩过程。

旋叶式压缩机与滑片式压缩机的最大区别是转子与气缸是同心配置，转子完全平衡，所以转速可以很高，最高转速可达 9000r/min。提高转速后可以使泄漏减少，也使机器的尺寸和质量减少。由于叶片是斜置，使叶片上端部与气缸内壁间的摩擦力及叶片两侧面与槽间的摩擦力减少，故旋叶式压缩机的效率也提高了。图 8-20 是相同输气量下普通的滑片式与三片旋叶式压缩机性能曲线的比较，在 1800r/min 时，三片旋叶式的输气系数提高 11%，能耗降低 4%，COP 值提高 15%。另外，旋叶式对工质的适应性很好，采用 R134a 后其优点更为突出。

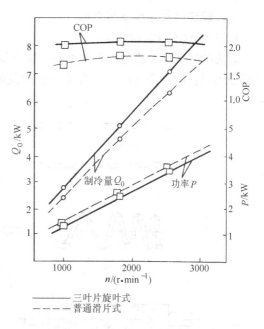

图 8-20　旋叶式与滑片式性能比较

2. 结构要点

旋叶式压缩机的经济性及可靠性对结构设计上的要求主要有：气缸内壁形、孔口位置、润滑及密封等。

（1）气缸内壁型线　为了确保旋叶式压缩机运转中的经济性和可靠性，对气缸内壁型线有几点要求：

1）排气速度应力求均匀。

2）叶片上端部不得脱离气缸内壁面，应永远保持接触。

3）叶片与气缸间及叶片与转子槽间的作用力应尽量小，且不能出现峰值或突变点。

4）应有较大的工作容积。

5）振动小、噪声低。

为了满足上述要求，气缸内壁型线可以是椭圆形，也可以是修正椭圆形。

（2）润滑与密封　旋叶式压缩机中气体的泄漏途径与滑片式压缩机是一样的，即通过叶片端部与气缸内壁间隙的泄漏和叶片槽侧面间隙的泄漏，这两处的密封是动密封。通过气缸端面与气缸端盖间的泄漏是静密封。前者是借助控制间隙及油膜密封保证，后者是采用 O 型密封圈保证。

在前面已经提及，气缸内壁型线应使叶片上端部脱离气缸内壁面，实际运转中由于压缩腔中气体压力较高，作用于叶片上的气体力使叶片上端部脱离气缸内壁，故应设法使在叶片背部（即下端部）的叶片槽中形成背压，推动叶片抵向气缸壁。但背压又不能超过某一规定值，以防叶片与气缸壁面间的摩擦和磨损加剧。叶片槽中的背压通常是依靠向槽中注入的润滑油形成的。

润滑一方面是为了密封，另一方面也是为了减少摩擦和磨损，所以应保证各运动副间的润滑油量供应。对汽车空调用压缩机中的润滑油量应进行严格控制，以防制冷系统中含油过多降低制冷效率，为此，图8-19所示的旋叶式压缩机带有油分离器和单向阀，目的就是控制制冷剂气体的含油量。如何提高汽车空调用旋叶式压缩机轴封的密封性能及耐磨损性能，也是非常值得研究开发的问题。

三、螺旋叶片式制冷压缩机

1. 工作原理与结构概述

螺旋叶片式压缩机是一种效率高、噪声低、振动小的新型回转式制冷压缩机。它主要由三部分组成：圆筒形气缸、带有旋转槽的旋转活塞和变螺距螺旋叶片，具体结构简图示图8-21。

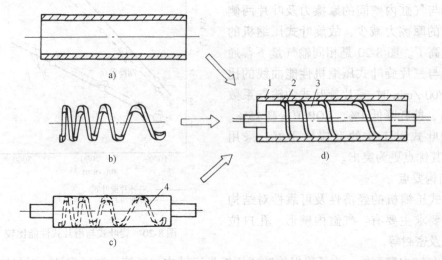

图 8-21　主要零件简图

a）气缸　b）螺旋叶片　c）旋转活塞　d）组装图

1—气缸　2—螺旋叶片　3—旋转活塞　4—螺旋槽

旋转活塞3的外径小于气缸内径、它与气缸1偏心安装，其偏心量应保证旋转活塞外表面与气缸内壁面在底部相切，活塞两端的外伸轴支承在轴承上并绕自身中心线旋转，于是与气缸间形成月牙形空间。由弹性材料制成的变螺距螺旋叶片2的外径等于气缸内径，叶片螺距的变化规律与活塞上螺旋槽螺距的变化规律一致，它装入螺旋槽中以后其外圆面与气缸内壁面相接触，因此将月牙形空间分割成若干个封闭的螺旋形月牙空间，这就是螺旋片压缩机的工作腔，亦称基元容积。图8-22示出一个工作腔的形状。

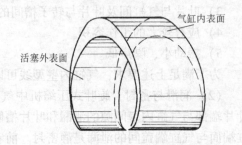

图 8-22　工作腔形状

螺旋叶片的螺距由吸气侧向排气侧逐渐变小，故工作腔的容积也相应地逐渐减小。当旋转活塞旋转时，螺旋片在其带动下绕气缸中心线旋转，并在活塞的螺旋槽内沿径向运动。因此，从吸气侧吸入的气体在螺旋叶片的作用下被推向排气侧，因为工作腔的容积逐渐减小，故腔内的气体被压缩，其压力逐渐升高，在达到一定压力后由排气口排出，完成压缩机的工作过程。图8-23是工作过程示意图。

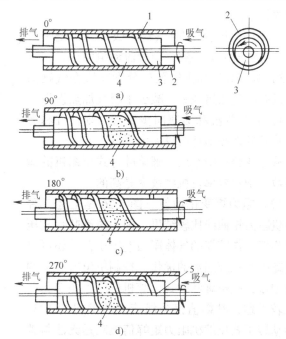

图8-23　工作过程示意图
1—螺旋叶片　2—气缸　3—活塞
4—工作腔　5—螺旋叶片起始点

图8-24示出用于小型空调器系统的全封闭式螺旋叶片式制冷压缩机，压缩机置于电动机7的转子内，气缸3充当电动机的轴，旋转活塞2再装入气缸中，两端轴承座1和9与封闭机壳6紧固，轴承外圈支承在气缸内壁上，轴承座内圈支承活塞的外伸轴，轴承座内外圆偏心距就是活塞与气缸的偏心距。电动机转子旋转带动气缸旋转，再通过十字滑块8带动活塞按一定的偏心与气缸同步旋转，旋转的活塞又带动螺旋叶片4旋转，使制冷剂气体由右侧吸气管通过轴承座上的吸气道，直接进入螺旋月牙形工作腔后，逐渐被压缩，气体达到一定的压力后，经后轴承座上的排气通道排入机壳，高压气体在机壳中经油气分离，由机壳上方向排气管排出。润滑油储存在机壳底部，在高压气体的压力作用下经吸油管和活塞中心的轴向油道送入螺旋槽内，润滑各摩擦副并起到密封作用。

2. 主要特点

螺旋叶片式压缩机与滚动转子式和涡旋式相比较有许多优点。

（1）效率高　螺旋叶片式压缩机效率高的原因是多方面的：

1）从图8-25示出的三种压缩

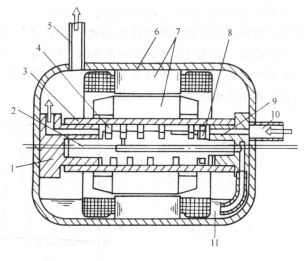

图8-24　卧式全封闭螺旋叶片压缩机
1—后轴承座　2—旋转活塞　3—气缸　4—螺旋叶片
5—排气管　6—机壳　7—电动机　8—十字滑块
9—前轴承座　10—吸气管　11—润滑油

机压力形成过程曲线可以清楚地看出，螺旋叶片式压缩机的压力随转角的变化较缓慢，即工作腔内气体完成一个压缩过程需要活塞旋转数周，这样，相邻工作腔间气体压力差可以很小，使得相邻工作腔间的泄漏量很少。且因不存在端面间隙，就不存在端面间隙的泄漏，故泄漏损失小。

2）没有吸气阀和排气阀，吸排气口是轴向配置且与气流方向一致，因而流动阻力小。

3）吸气孔口和排气孔口分别配置在气缸两侧，没有吸气加热现象，减少了吸气加热损失。

4）若是气缸和活塞同步旋转，则气缸和螺旋叶片间的摩擦功耗可以大大降低。

从上述分析中看出，螺旋叶片式压缩机的输气系数、指示效率及机械效率是高的。

（2）阻力矩变化均匀 图 8-26 是上述三种压缩机阻力矩曲线比较结果。因为螺旋叶片式压缩机相邻工作腔间的气体压力差很小，并还可以通过螺距和螺旋圈数的优化，控制单位转速下的压力增量，故螺旋叶片式压缩机的阻力矩变化曲线比较平坦，其幅值仅为涡旋式压缩机的 1/3，而滚动转子式压缩机阻力矩峰值之高是无法与螺旋叶片式压缩机相比拟的。

（3）振动小，噪声低 因为气缸、旋转活塞及螺旋叶片均是绕自身中心线旋转，故不存在不平衡旋转惯性力，所以动力平衡性能好。又因为阻力矩变化均匀，旋转不均匀度很小，电动机

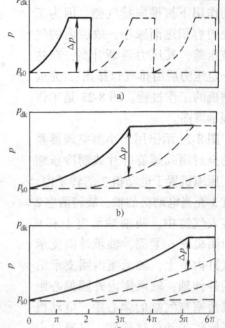

图 8-25 压力形成过程
a) 滚动转子式 b) 涡旋式 c) 螺旋叶片式

可以平稳运转，故压缩机几乎没有振动。由于没有气阀，气流流动方向又好，所以噪声也低。与滚动转子式压缩机相比噪声低 3dB，相对振幅是滚动转子式压缩机的 53%。

螺旋叶片式制冷压缩机目前还属于开发研究阶段，其工作的可靠性、结构的先进、制造的可行性等诸方面还需要深入研究。

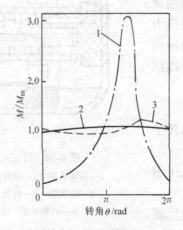

图 8-26 阻力矩变化曲线
1—滚动转子式 2—螺旋叶片式 3—涡旋式

第 **九** 章

冷凝器与蒸发器

9

制冷系统中除了起心脏作用的压缩机外，还有一些为完成制冷循环所必需的设备，冷凝器和蒸发器就是这些设备中的重要组成部分。它们都是热交换设备。在实际的制冷装置中还有其他的换热器，如过冷器、回热器、中间冷却器等。这些设备传热效果的好坏，直接影响制冷机的性能及运行的经济性。

第一节　冷凝器的传热分析

制冷系统中所用的冷凝器，尽管结构型式多样，大多数仍属于间壁式热交换器。根据传热学原理，冷凝器中的传热过程是制冷剂流体将热量通过间壁式热交换器传向冷却介质（水或空气），再通过冷却介质传向环境。在冷凝器中的放热液化过程中，由于制冷过热蒸气放出热量后被冷却、冷凝成液体，因此其放热量应包括气体冷却热、凝结热，这就是冷凝器热负荷。其中，凝结热占总负荷的80%以上。

热交换设备的基本传热公式为：

$$Q = KF\Delta t \tag{9-1}$$

式中　Q——热交换设备的传热量（W）；

　　　K——传热系数 $[W/(m^2 \cdot K)]$；

　　　F——热交换面积（m^2）；

　　　Δt——平均温差（℃）。

对于已选定的冷凝器，其换热面积是一定的，因此在正常使用中要提高冷凝器单位面积的传热量，除了提高冷凝器内冷热流体间的传热温差外，主要是提高冷凝器的传热系数。

传热系数是反映传热过程强弱的重要指标，它是由各项热阻所决定，在冷凝器中取决于冷热流体的物理性质、流动情况、传热表面特性及冷凝器机构特点等因素。分析这些影响因素，有利于在冷凝器的设计、安装、管理、操作维修中采取相应的措施来提高其传热性能。

一、影响制冷剂侧蒸气凝结放热的因素

1. 制冷剂蒸气的流速和流向

当制冷剂蒸气进入冷凝器中与低于饱和温度的壁面接触时便凝成液体，附着在壁面上，其凝结形式有二种：一是珠状，二是膜状。制冷剂蒸气在冷凝器中的凝结一般均是属于膜状凝结。只有在冷却壁面上或蒸气中有油类物质时才会形成珠状凝结。有时两种凝结形式并存，即冷却壁面上一部分是珠状凝结，另一部分是膜状凝结，但这些均是短暂的。

当制冷剂蒸气与低于饱和温度的壁面接触时，便凝结成一层液体薄膜，并在重力的作用下向下流动。制冷剂蒸气凝结时放出的热量必须通过液膜层才能传递到冷却壁面。液膜越厚制冷剂蒸气凝结时所遇到的热阻越大，放热系数也越小。因此设法不使液膜增厚并能很快地脱开冷却壁面，这和制冷剂蒸气的流通与流向有关。当蒸气与凝结的液膜作同向运动时，气流能促使冷凝液膜减薄和较快地与冷却壁面脱开，使放热系数增大。当气流与液膜层流向相反时，放热系数的大小取决于制冷剂蒸气的流速。蒸气流速较小时阻止了液膜流动，使液膜层越积越厚，放热系数降低；可是蒸气流速增大到一定值时，液膜层会随着气流运动与冷却壁面脱开，这种情况下放热系数就增大。

考虑到制冷剂蒸气的流速和流向对传热的影响，立式壳管式冷凝器的蒸气进口一般总是

设在冷凝器高度三分之二处的筒体侧面，以便不使冷凝液膜太厚而影响传热。

2. 传热壁面粗糙度的影响

同一种制冷剂若冷却壁面光滑、清洁，液膜流动阻力小，凝结的液体能较快流去。使液膜层减薄，放热系数相应增大。如果壁面粗糙，液膜的流动阻力增大，使液膜层增厚，放热系数也就降低，严重时放热系数下降20%～30%。所以，对冷凝管表面应保持光滑和清洁，以保证有较大的凝结传热系数。

3. 制冷剂蒸气中含油时对凝结放热的影响

蒸气中含油时对凝结放热系数的影响，与油在制冷剂中的溶解度有关。如氨和润滑油不易相溶，当制冷剂蒸气中混有润滑油时，油将沉积在冷却壁面上形成导热系数很低的油膜，造成附加热阻，使氨侧的放热系数降低。厚度为0.1mm的油膜，其热阻相当于厚度为33mm钢板的热阻。但对于氟利昂系统，由于氟和润滑油容易溶解，因此当含油浓度在一定范围内（小于6%～7%）时，可不考虑对传热的影响，超过此范围时，也会使传热系数降低。

因此，在冷凝器的设计和运行中，设置高效的油分离器，以减少制冷剂蒸气中的含油量，从而降低其对凝结放热的不良影响。

4. 制冷剂蒸气中含有空气或其他不凝性气体的影响

从制冷压缩机排出的制冷剂蒸气在一定的冷凝压力和冷凝温度下会冷凝成液体，而其中有的气体不会凝结为液体，这部分气体主要是空气，习惯上称为"不凝性气体"。它的来源是系统不严密或调试过程中空气没有排除干净，加制冷剂或润滑油时带入，以及制冷剂和润滑油在高温下分解的气体，因此制冷系统中存在空气或其他不凝性气体是难以避免的。这些气体随制冷剂蒸气进入冷凝器，附着在凝结液膜附近，使制冷剂蒸气的分压力减低，不及时排除会使制冷剂放热系数大大下降，影响了制冷剂蒸气的凝结放热。

为了防止冷凝器中不凝性气体积聚过多，恶化传热过程，必须采取措施，既要防止空气渗入制冷系统内，又要及时地将系统中的不凝性气体通过专门设备排出。

5. 冷凝器结构形式的影响

无论何种结构的冷凝器，都应设法使冷凝液体迅速地从冷却壁面离开。如常用的壳管式冷凝器是用管子作热交换壁面的冷凝器，管子有横放和直立两种。单根横管的外表面冷凝时放热系数要高于直立管，因为单根横管的凝结液膜比直立单管容易分离。一定长度的直立单管凝结液膜向下流动时，使下部的液膜层的厚度增加，平均放热系数下降。但多根横管集成管簇时，上部横管壁面上凝结的液体流到下面的管壁面上会形成较厚的液膜层，平均放热系数也就减小，但不高于直立管簇的平均放热系数。所以现在卧式壳管式冷凝器设计向增大长径比的方向发展，相同的传热面积增加每根单管长度，减少垂直方向管子的排数，以提高整体的传热系数。

二、影响冷却介质侧放热的因素

冷凝器的冷却介质通常采用水或空气，由于水的热容量大于空气的热容量，因此用水作冷却介质的冷凝器的传热性能要优于用空气作冷却介质的冷凝器。另外，用水作冷却介质时，制冷系统的冷凝压力明显低于用空气作冷却介质的，这有利于制冷系统的安全工作。

在冷凝器传热壁的冷却介质一侧，流动的冷却水或空气的流速对冷却介质一侧的放热系数有很大的影响。随着冷却介质流速的增加，放热系数也增大。但是流速太大，会使设备中的流动阻力损失增加，使水泵和风机的功率消耗增大。一般冷凝器内最佳水流速度约为 0.8 ~ 1.5m/s，空气流速约为 2 ~ 4m/s。对于不同结构型式的冷凝器，由于冷却介质流动途径不同（如管内、管外、自由空间流动等），流动方式不同（如自然对流、强迫流动等），在各种具体情况中传热系数的大小也是各不相同的。

用水冷却时，不管使用地下水或地表水，水中含有某些矿物质和泥沙之类的杂质，因此，使用一段时间后，在冷凝器的传热壁面上会逐步附着一层水垢，形成附加热阻，使传热系数显著下降。水垢层的厚度，取决于冷却水质的好坏、冷凝使用时间的长短及设备的操作管理情况等因素。

用空气冷却时，传热表面会被灰尘覆盖，杂物以及传热表面的油漆、锈蚀等污垢等会对传热带来不利影响，因此，在制冷设备运转期间，应经常对冷凝器的各种污垢进行清除。

第二节　冷凝器的种类、结构和工作原理

冷凝器是制冷装置中向系统外输出热量的必需设备，它的作用是将压缩机排出的高压制冷剂过热蒸气冷却冷凝成制冷剂液体，并放热于冷却介质（水或空气）中。

冷凝器按其冷却介质和冷却方式的不同，可以分为水冷却式、空气冷却式和蒸发式等三种类型。

一、水冷却式冷凝器

用水作为冷却介质，带走制冷剂蒸气冷却冷凝时放出的热量的冷凝器称为水冷却式（或水冷式）冷凝器。

水冷式冷凝器的冷却水根据各地情况，可用地表水（江、河、湖、海），也可用地下水，可以一次性使用，也可以循环使用。当使用循环水时，必须配有冷却塔或冷水池，使离开冷凝器的水不断得到冷却，重复使用。常用的水冷式冷凝器有卧式壳管式冷凝器、立式壳管式冷凝器、套管式冷凝器等型式。

1. 立式壳管式冷凝器

立式壳管式冷凝器多用于氨制冷系统中，它垂直安放在室外混凝土的水池上，其结构如图 9-1 所示。立式壳管式冷凝器的外壳是由钢板焊接成的圆柱形筒体，筒体两端焊有多孔管板，在两端管板的对应孔中用扩胀法或焊接法将无缝钢管固定严密，成为一个垂直管簇。壳体上有通往其他设备的管接头；下部有出液管和放油管接头。壳体最上端装有配水箱，把冷却水均匀地分配到各个管口。在配水箱中有的装有多孔筛板，筛板下每根管口设置一个扁圆形铸铁分水环；也有的不装筛板，在每根管口上装一个带斜槽的由铸铁或陶瓷制成的导流管头，如图 9-1b 所示。导流管头的作用是使冷却水呈膜状流动，即冷却水经导流管头斜槽沿钢管内壁形成薄膜水层作螺旋状向下流动，从而延长冷却水流的路程和时间，同时空气在管子中心向上流动，从而增强热量交换，提高冷却能力，节约用水。在实际工程中，当斜槽锈蚀或堵死时，冷却水会从导流管头的中孔往下直流，在管壁内表面上不能形成液膜层，从而影响冷凝器的传热，所以要经常检查和更换损坏或堵塞的导流管头。在冷凝器运行时，要注意适宜的冷却水量。水量不宜过小，过小就不能形成连续水膜，从而降低传热性能，并加速管壁的腐蚀和粘污；水量也不可过大，因为冷凝器的传热系数并不按此比例增加，反而造成浪费。

立式壳管冷凝器在工作时，冷却水经配水箱均匀地通过水分配装置，在自身重力作用下

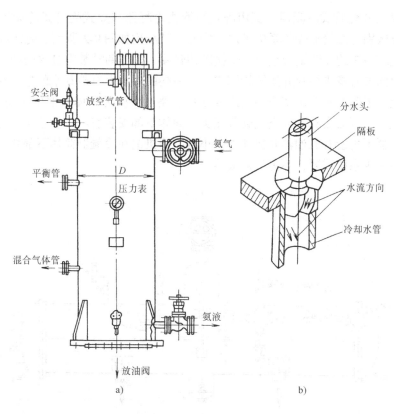

图 9-1 立式壳管式冷凝器

a) 立式壳管式冷凝器结构 b) 导流管冷凝器结构

沿管内壁表面呈膜状覆盖所有传热壁面不断流下。由油分离器来的氨气从冷凝器上部进气管进入筒体的管间空隙，通过管壁与冷却水进行热交换，氨蒸气放出热量，在管外壁表面上呈膜状凝结，沿管壁流下经下部出液管流入贮液器。若冷凝器内混有不凝性气体，需经放空气管（混和气体管）通往空气分离器放出；冷凝器内积聚的润滑油需经放油管通往集油器放出，或随制冷剂液体一起进入贮液器。筒体上的平衡管与贮液器上的平衡管相通，以保持两个密闭容器间的压力均衡，保证凝结的氨液及时流往贮液器。安全管、压力表管分别与安全阀和压力表连接，是压力容器安全所必备的。

立式壳管式冷凝器具有传热系数高、冷却冷凝能力大的特点，可以安装在室外，节省机房面积。若循环水池设置在冷却水塔下面，可简化冷却水系统，节约占地面积。立式壳管式冷凝器对冷却水质要求不高，而且在清洗时不需要停止制冷系统工作。但立式冷凝器的用水量大，一般当冷却水温升高 $2 \sim 3℃$ 时，冷凝器的单位面积冷却水量约为 $1 \sim 1.7 m^3 /$ （$m^2 \cdot h$），水泵耗功率也相应增加；金属消耗量大，比较笨重，搬动安装不方便；制冷剂泄漏不易发现；容易结水垢，需要经常清洗。

立式冷凝器适用于水质差、水温较高而水量充足地区的大、中型氨制冷系统。

2. 卧式壳管式冷凝器

卧式壳管式冷凝器是壳管式冷凝器的一种，较普遍用于大、中、小型的氨和氟利昂制冷系统中。

（1）氨用卧式壳管式冷凝器　氨用卧式壳管式冷凝器与立式壳管式冷凝器有类似的壳管结构，主要区别是圆筒形壳体系横卧水平安放，其结构如图9-2所示。壳体内是用许多根$\phi 25 \times 2.5$ 或 $\phi 38 \times 3$ 的无缝钢管组成一个横卧的管簇，筒体两端装有分水肋的铸铁端盖，端盖和筒体端面间夹有橡皮垫片并用螺栓固定。在一端的端盖上有冷却水的进出水管接头，另一端的端盖上、下各有一个旋塞或闷头组成冷却水路。在横卧筒体上部依次安装有进气管、平衡管、安全管、压力表管和放空气管等接头。筒体下部安装有出液管接头。近年来一些工厂生产的冷凝器不再设有贮油器和放油管。小型制冷机组在冷凝器筒体下部装有几排管子贮存制冷剂液体以供系统需要，不另设贮液器。

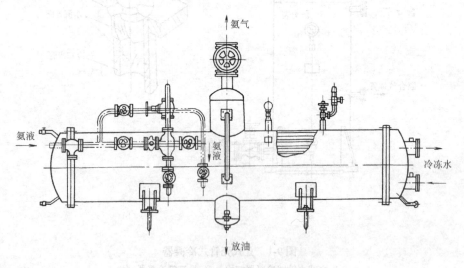

图9-2　氨用卧式壳管式冷凝器

卧式和立式壳管式冷凝器均属于间壁式热交换器，工作原理是相同的，但冷却水的流动过程不相同。卧式冷凝器冷却水从一端的端盖下部的进水管流入，由于两端的端盖内部有相互配合的分水肋，因此冷却水能在管簇内多次往返流动，每向一端流动一次称为一个水程。国内生产的水程数一般为4～10个，制成多流程可以缩小流通断面面积，提高流速增加冷却水侧的放热效果，但流程过多，阻力损失会增大。冷却水往返一个完全流程后从同端端盖的上部出水管流出，冷却水下进上出可充分保证运行过程中的冷凝器管内充满着水，启动时有利于排出管内的空气。另一端端盖上部的旋塞用于开始通水时排除空气，下部旋塞是停止使用时排除器内残留的水，以防管子被冻裂或锈蚀。

制冷剂蒸气从筒体上部的进气管进入，在筒体内管间流动和横管的冷却表面接触后放出热量即在管子外壁面上凝结成液膜，因管径所限，凝结的液膜在重力作用下顺着管壁流下，较快与管壁脱开，上部管壁在制冷剂一侧有较高的凝结放热系数。上部凝液滴到下部管壁表面上增加液膜厚度，降低了放热效果。因此合理地增大长径比，错开排列，减少垂直方向管子的排数，可提高整体的放热系数。

冷凝器传热系数的大小是与冷却水的流速有关，流速不宜过高或过低，实践中一般取淡水流速为0.8～1.2m/s；海水为0.7m/s。当对数平均温度差 $\Delta t_{\mathrm{m}} =4 \sim 6℃$ 时，传热系数可取 $K = 698 \sim 930 \mathrm{W/m^2 \cdot ℃}$；单位热负荷 $q = 1071 \sim 5234 \mathrm{W/m^2}$。

（2）氟用卧式壳管式冷凝器　它的结构见图9-3，基本上与氨卧式壳管式冷凝器相同，但氟利昂性质和氨不同，为了达到良好的冷凝效果，所以结构和材料上有些差别。筒体上部有进气管，下部有出液管，筒体内部的管子一般采用黄铜管、纯铜管或无缝钢管（一般在 $\phi 25$ 以下）。用铜管的优点是：铜的导热系数比钢大，相同的传热面积可提高传热系数 10% 左右；延伸性好，可滚压成外形像螺纹的薄壁低肋片气管（又称螺纹管）。根据不同用途，热交换设备有多种不同肋形断面。图 9-3 所示断面几何尺寸是其中一种，若肋片形状和参数

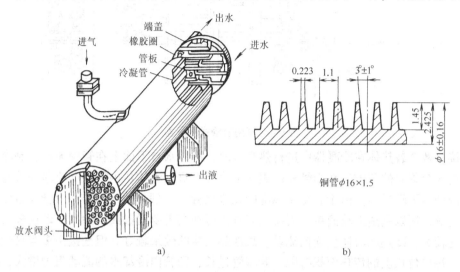

图 9-3　氟用卧式壳管式冷凝器

选择合理时，放热系数要比光滑管提高 $1.5 \sim 2$ 倍；铜管比无缝钢管光滑，液体流动阻力小，污垢不易积聚，在水速、水质相同条件下，铜管比钢管的污垢热阻减少近一半，管内水速可提高到 $2 \sim 2.5 \mathrm{m/s}$ 以上，使传热系数也相应提高。根据试验测定：对 R12，当水速 $\omega = 1.7 \sim 1.9 \mathrm{m/s}$ 时，传热系数 $K = 930 \sim 1337 \mathrm{W/m^2 \cdot ℃}$。对 R22，当水速 $\omega = 6 \sim 2.8 \mathrm{m/s}$ 时，传热系数 $K = 1361 \sim 1593 \mathrm{W/m^2 \cdot ℃}$。所以用薄壁低肋铜管制成的冷凝器在传递相同热量时要比无缝钢管制成的冷凝器体积小，重量轻，耗水量少，制冷剂充注量少，操作管理成本低以及较大地提高了制冷剂侧的凝结放热系数等。据有关资料统计：氨卧式冷凝器每平方米冷凝面积的单位重量为 $40 \sim 60 \mathrm{kg}$，而氟利昂卧式壳管式冷凝器采用薄壁低肋片铜管是 $9 \sim 18 \mathrm{kg}$。可是铜管比无缝钢管的价格高得多，在我国资源又较紧，因此无缝钢管制作的冷凝器仍占一定比例。

卧式壳管式冷凝器有传热系数较高，冷却用水比立式壳管式冷凝器少，单位面积冷却水消耗量为 $0.5 \sim 0.9 \mathrm{m^3/m^2 \cdot h}$；占空间高度小，有利于有限空间的利用；结构紧凑，便于机组化；运行可靠，操作方便等优点。但是泄漏不易发现；对冷却水质要求比立式冷凝器高，水温要低；清洗时要停止工作，卸下端盖才能进行；材料消耗量大，造价较高等缺点。所以它多用于船舶、室内、操作地方狭窄、水源丰富和水质较好的地区。

3. 套管式冷凝器

在氨制冷装置中，套管式冷凝器和套管式过冷器的结构型式和介质流动方式基本相同，见图 9-4。它是用管件将两种直径大小不同的无缝钢管连接成为同心圆的套管，根据冷凝面积需要把多段的这种套管连接而成。每一段套管称为一程，每段的内管与次程的内管顺序用 U 肘形管连接。外管与外管互联程数往往较多，一般都是上、下排列固定于管架上，管子向凝结液体流动方向有一定倾斜以利液体的流动。如所需传热面积较大可数排并列，每排和

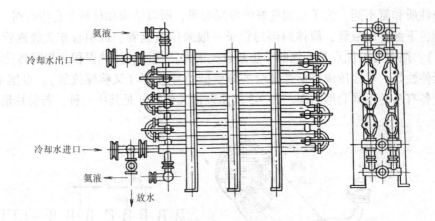

图9-4 氨用套管式冷凝器

总管连接。两个载热体在冷凝器中进行热交换时，冷却水自下而上在管中流动，制冷剂蒸气由上端进入套管间的环隙，在内管外壁表面上冷凝，凝结液体从内管外壁流落外管底部，依次往下流动由下端排出。由于它是用标准的无缝钢管（一般外管用 $\phi57$，内管为 $\phi38$）和管件组合而成，所以制造上较简单，而排数和程数可根据需要增添或拆除，机动性较大。冷流体的流速较大，冷热两流体呈逆向流动。故放热交换的效果较好。但是接头多容易泄漏，占地较大，每单位长度的传热面积有限。若套管过长，则管内冷却水的流动阻力增大，同时积聚于外管底部的凝结液体增多，并增大不凝性气体排出的困难，大大降低传热效能，所以套管式冷凝器仅适合于所需传热面积不大的制冷装置。在氨制冷系统中，20 世纪 50 年代曾使用过，以后逐渐很少采用。

不过，在结构作了一些改进后的套管式冷凝器，较多地用于小型氟利昂机组，如图9-5所示。它是用一根直径较大的无缝钢管内穿一根或几根直径较小的铜管（光管或外肋管），再盘成圆形或椭圆形，管的两端用特制接头将大管与小管内径分隔为互不相通的两个空间。在大管内套有三根纵向外肋片内管，冷却水自下端流进小管内，依次经过各个内管，从上端流出。制冷剂蒸气由上方进入大、小管间的环隙，在大管内小管外流动。被冷却水吸收热量后。在内管外壁表面上冷凝，凝结的液体滴到外管底部，

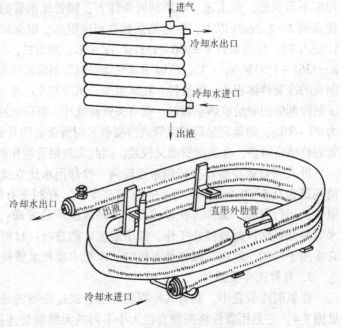

图9-5 氟用套管式冷凝器

依次流往下端出口。机组安装时，通常是将封闭式压缩机放在套管式冷凝器的中间，使整个机组占有较小空间。氟利昂套管式冷凝器具有结构简单紧凑，便于制作和传热性能好等优

点。它的传热系数可达 $11027 \sim 1163 W/m^2 \cdot ℃$，但是金属耗用量较大，冷却水的流动阻力大，使用时要保持足够的冷却水输送水压，否则将会降低流速和流量，引起冷凝压力上升，影响传热效果。为了进一步歪高传热系数，目前试制滚压薄壁肋片的内管。

4. 螺旋板式冷凝器

它是一种高效率的热交换器，我国石油化工、冶金、轻纺等工业部门在 20 世纪 50 年代就开始应用，冷冻厂在 20 世纪 70 年代才开始试用。结构如图 9-6 所示，是由两张厚度为 $4 \sim 5mm$ 的钢板上焊有直径 $3 \sim 10mm$ 圆钢的定距撑，以保持一定的流道和增大螺旋板的刚度，在专用机床上卷成螺旋形，焊在一块分隔板上，构成一对同心的螺旋板流道。流道始于冷凝器的中心而终止于外缘，在中心处用隔板将两个通道隔开，螺旋通道的上、下端用圆钢封条焊牢加上封头和一些有关管接头。图中所示的螺旋板式氨冷凝器冷却水是从中心下部流入，沿螺旋通道流动，吸热后由外围流出。氨蒸气从冷凝器外围进入，经螺旋通道流动，放出热量凝结的液体汇集于底部，由出液管排至贮液器。有的与此相反，冷却水从外围进入，沿螺旋通道流至中心，从顶端排出，而氨蒸气是由中心顶部进入与冷却水进行热交换，凝结的液体汇集于底部排出。

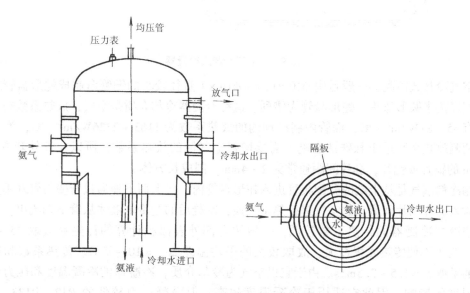

图 9-6　氨用螺旋板式冷凝器

氨螺旋板式冷凝器用板材替代管材，使成本降低，结构紧凑，热量损失少，冷却水在狭道中，流速较高，污垢不易沉积，单位体积的传热面积大，传热系数高。根据对试运转三年的 $36m^2$ 螺旋板式冷凝器的测试：当冷凝压力为 $1.31 \sim 1.42MPa$，吸入压力为 $0.245MPa$，水速 $1 \sim 1.3m/s$ 时，传热系数可达 $954 \sim 1023W/m^2 \cdot ℃$。但制造较复杂，制冷剂侧的每圈板上承受的压力较大，钢板又不宜过厚，承受压力受到一定限制，用于氨制冷系统不应小于 $2.45MPa$。水侧阻力大，压力降大，使用时为了减少隔板上压差，应先通冷却水再通氨气。停用时先断氨气再关闭冷却水，并将剩水放尽，减少锈蚀。

二、空气冷却式冷凝器

以空气为冷却介质的冷凝器称为空气冷却式冷凝器，又称风冷式冷凝器，其结构如图 9-7 所示。

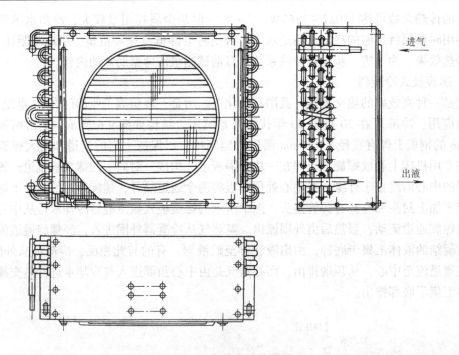

图9-7 空气冷却式冷凝器

空气冷却式冷凝器一般是用 $\phi 10 \times 0.7 \sim \phi 16 \times 1$ 直径较小的铜管弯制成蛇形盘管或在铜管两端焊接半圆形弯头。蛇形盘管为错列。这种冷凝器冷却介质是空气，放热系数较小，一般只有 $35 \sim 81 W/m^2 \cdot °C$，而管内制冷剂侧的放热系数为 $1163 \sim 2326 W/m^2 \cdot °C$，为了减少管壁两侧放热系数过于悬殊的影响，需要增强空气侧的放热系数，所以在管外套有 $0.2 \sim 0.6mm$ 的铜片或铝片，套片间距通常为 $2 \sim 4mm$，制成长方体。

制冷剂蒸气是从上端的分配集管进入蛇形盘管内，自上而下地通过管壁与管外垂直蛇形盘管吹入的在肋片间流动的空气进行热量交换，冷凝后的制冷剂液体从管下端流出。

空冷式冷凝器的传热系数较低，一般按全部外表面积计算的传热系数取 $23 \sim 58 W/m^2 °C$，为了不使传热面积过大，故取较大的平均温差 $\Delta t_m = 10 \sim 15°C$。传热系数和风速有关，通常取 $\omega = 1.5 \sim 2.5 m/s$。由于它以空气为冷却介质，冷凝器的冷凝温度和压力受周围空气温度的影响，因此它适用于冷凝温度较高，但冷凝压力较低的 R12、R133、R144、R142 等制冷剂，以及非常缺水、供水困难或无法供水的地方。近年来多用在中、小型氟利昂空调机组中（窗式空调器、组装式空调器等）及冷藏柜、电冰箱等小型氟利昂制冷装置。

三、蒸发式冷凝器

1. 蒸发式冷凝器

蒸发式冷凝器由箱体、冷却管组、给水设备、挡水板和通风机等构成，如图9-8所示。冷却管是用无缝钢管弯制成蛇形盘管，多根蛇形盘管的上端口与进气集管连接，下端口和出液集管连接，构成冷却管组。给水设备包括循环水泵、喷淋器、水管、浮球阀和水盘。在喷淋器的上方装有挡水板。通风板有装在箱体上部的（吸风式），也有装在下部两端的（吹风式），它们皆装在用型钢和薄钢板焊接制成的箱体中。

制冷剂蒸气从冷却管组上端进入进气集管，再分配到每根蛇形盘管与冷却介质进行热交换后凝结成液体，经管组下部出液管流至贮液器中。冷却水由水泵将水盘中的水送到冷却管组上方的喷淋管中，从喷嘴喷淋到每根盘管，沿着管外表壁面成膜状向下流动，最后流落到箱底水盘中，再由水泵抽走循环使用。有少部分水受热蒸发成水蒸气及细小水滴被风带走，

需要补充的水量由浮球阀控制。它主要是依靠冷却水蒸发吸收热量使制冷剂蒸气液化。通风机加速空气流动，气流流向与水的流向相反，可及时将冷却水蒸发的水蒸气带走，强化管外表壁面的放热效果。为了减少混在水蒸气中的细小水滴被风带走，装有挡水板把夹带的水滴分离下来。

根据通风机在箱体中的安装位置可分为吹风式和吸风式两种：

吹风式：在箱体下部和两端分别装有轴流风机向箱体内冷却管组吹风，从上方排出。

吸风式：通风机装在箱体顶部，空气从箱体下部侧壁上的百叶窗口吸入，经冷却管组、挡水板，由通风机排出。

这两种不同通风形式各有优缺点。吸风式气流通过冷却管组比较均匀，箱体内保持负压，有利于冷却水的蒸发，传热效果较好。但通风机长期处在带水蒸气和细小水滴温湿度较高的空气条件下工作，使通风机易于腐蚀、受潮而发生故障。所以它的电动机要采用封闭型防水电动机。

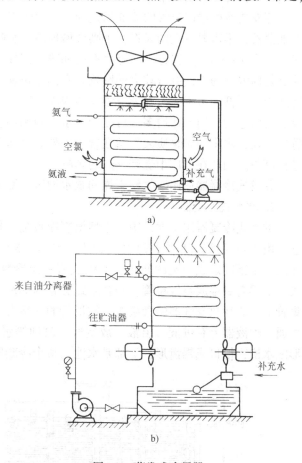

图 9-8　蒸发式冷凝器

a) 吹风式蒸发式冷凝器　b) 吸风式蒸发式冷凝器

蒸发式冷凝器主要是利用冷却水汽化潜热吸收制冷剂的热量，所以它的用水量要比水冷式冷凝器少得多，每公斤水的汽化潜热是 2428kJ。而水冷式冷凝器是利用水的潜热。冷却水的温升在 4~6℃，每公斤冷却水仅吸收 16.75~25.1kJ 热量。理论上耗水量只有水冷式冷凝器的百分之一，实际上由于定期换水、溢流和汽化飞散损失，其耗水量约为水冷式冷凝器的 5%~10%，为了减少冷却水的消耗和提高冷凝器的传热效果，有的蒸发式冷凝器在挡水板的上面增加一组带肋片的蛇形管，如图 9-9 所示。由油分离器来的制冷剂过热蒸气先进入蛇形管，利用排出的湿空气使其冷却降温，再进入挡

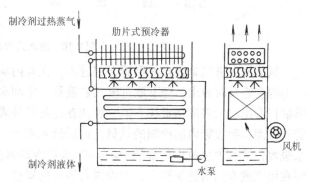

图 9-9　有预冷的蒸发式冷凝器

水板下面的冷却管组冷凝成液体，使冷却水不因吸收制冷剂过热蒸气的热量而温度升高，同时还能减少冷却管上的结垢，传热效果可增加10%左右。

蒸发式冷凝器内空气的流通只是为了及时带走冷却管上蒸发的水蒸气，使水膜能继续不断地蒸发，不需要过大的风量，否则会增加冷却水吹散的损失。因此通过冷却管间的空气流速一般取 $3 \sim 5 \mathrm{m/s}$。它的冷凝能力不仅和蒸发温度、冷凝温度有关，同时和进口空气温度，尤其是球温度的不同有着较大的影响。它的单位面积热负荷一般为 $1396 \sim 1861 \mathrm{W/m^2}$。比水冷式冷凝器低。由于它有用水量少，结构紧凑，可安装在厂房屋顶上，节省占地面积等优点，所以它的应用日益增多。可是冷却水不断循环使用，水温和冷凝压力比较高；冷却水在管外蒸发，水中约矿物质大部留在管子的外表壁面上，水垢层增长快，清洗又较困难；以及造价高等。因此在推广中受到一定的影响。

蒸发式冷凝器适用于气候干燥和缺水地区，要求水质好或者经过软化处理的水。

2. 淋水式冷凝器

淋水式冷凝器用于大、中、小型氨制冷系统。其结构型式有多种，图9-10是其中一种，它是由 $2 \sim 6$ 组蛇形盘管，每组由14根 $\phi 57 \times 3.5$ 的无缝钢管制成，用数根角钢支撑。各组之间有角钢固定成一定的间距，而组成有一定冷凝面积的冷凝器，蛇形管端采用鸭嘴弯焊接。上部有一根放空气集管，与各组蛇彩管顶部及下部的贮液器上的放空气管连通，放空气集管上有通往放空气器的管接头。蛇形管的一端有支管与下液管连接，下液管下端和贮液器相通。贮液器上有进液、出液、放空气、放油等管接头。在冷凝器的顶部装有配水箱和V形配水槽，槽口成锯齿形，下部是水池，整个冷凝器由型钢固定在水池上。

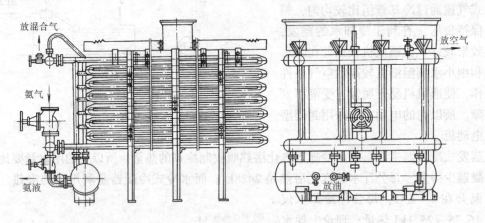

图9-10　淋水式冷凝器

氨蒸气由进气总管自蛇形管下部进入，在管内从下而上流动，凝结的液体分别从蛇形管一端的支管及时导出，经下液管流入贮液器。冷却水由配水箱分别流入各组配水槽后沿锯齿形缺口溢出，沿斜形挡板往下流，淋浇在蛇彩管外表面上，自上往下以水膜的形式流过每根管子壁面，吸收管内制冷剂的热量，最后流入水池。氨蒸气冷凝时放出的热量主要是由冷却水吸收，约有占总放出热量的1%～3%是被冷却水蒸发时吸收。所以这种冷凝器一般是安装在屋顶或专门的建筑物上，并设置有通风的罩栅，四周侧面设有百叶窗，避免阳光照射和减少冷却水飞溅的损失。

这种冷凝器的优点是结构比较简单，制造、运输、安装均较方便，也可就地加工制作；

便于清洗水垢和检修，检修时分组进行不必停产；对水质要求低；用水量比壳管式冷凝器要少，单位面积冷却水用量 $q = 0.8 \sim 1.0 \mathrm{m^3/m^2 \cdot h}$，新鲜水以循环水量的 $10\% \sim 12\%$ 补充；冬季或气候较冷地区可减少冷却水，增大冷却水蒸发吸收热量；有较高的传热系数（$K = 698 \sim 1046 \mathrm{W/m^2 \cdot ℃}$）；容易发现泄漏。但它占地面积较大；易受气候条件影响。当气温和湿度较高时其传热系数明显下降，冷却水需求量增大；金属耗用量较大。所以淋水式冷凝器适用于气温与湿度较低，水源一般，水质较差的地区。

为了减少冷凝器的占地面积、金属材料消耗和加工量及用水量，目前正研究试制一种用多组立式螺旋盘管替代上述的蛇形盘管的淋水式冷凝器。

第三节　蒸发器的传热分析

蒸发器是制冷系统中制冷剂与低温热源（被冷却系统）间进行热交换的设备，和冷凝器一样也属于间壁式换热器的一种。处于气液混合态的制冷剂通过传热间壁吸收另一侧被冷却介质的热量，使其温度降低，而制冷剂在较稳定的低温和低压下沸腾汽化成饱和蒸气或过热蒸气，输出蒸发器后被压缩机吸入。

蒸发器的传热量和热交换面积、传热温差和传热系数有关。对于已选定的蒸发器而言，热交换面积是一定的，因此只能适当改变蒸发器的热物理性质、流动状况、传热面特性以及蒸发器的结构性能等因素。同样，分析这些因素有利于在蒸发器的设计、安装、管理、操作维修中采取相应的措施来提高其传热效果。

1. 制冷剂特性对蒸发器传热的影响

在给定的压力下，蒸发器内的制冷剂液体吸收热量后汽化沸腾。制冷剂在蒸发器内的沸腾主要表现为泡状沸腾和膜状沸腾。在泡状沸腾时，制冷剂的传热系数和热流密度（单位面积热负荷）随温差 Δt 的增大而增大。膜状沸腾时，由于气膜的存在增大了传热热阻，传热系数值会急剧下降。介于泡状沸腾和膜状沸腾之间的状态称为临界状态，制冷剂在蒸发器内的温度差、传热系数和单位面积热负荷的值是远低于临界值的，因此制冷剂液体吸热后在蒸发器内沸腾属于泡状沸腾。

制冷剂的许多物理特性，如导热系数 λ、粘度 μ、密度 ρ、表面张力 α 和汽化潜热 γ 等均会影响制冷剂侧的传热系数。当导热系数 λ 增大、粘度 μ 下降、密度 ρ 增大、汽化潜热 γ 增大时，都能使制冷剂侧的放热系数增大。

氟利昂与氨的物理性质有着显著的差别，一般来说，氟利昂的导热系数比氨的小，密度、粘度和表面张力都比氨的大。

2. 制冷剂液体润湿能力的影响

如果制冷剂液体对传热表面的润湿能力强，则沸腾过程中生成的气泡具有细小的根部，能够迅速地从传热表面脱离，传热系数也就较大。相反，若制冷剂液体不能很好地润湿传热面时，则形成的气泡根部很大，减少了汽化核心的数目，甚至沿传热表面形成气膜，使热阻增大，传热系数显著降低。常用的一些制冷剂液体均具有良好的润湿性能，因此具有良好的放热效能，但氨的润湿能力比氟利昂的强得多。

3. 换热面状况对蒸发器传热的影响

在蒸发器中，当制冷剂侧的制冷剂液体中混入润滑油时，油在低温下粘度很大，容易附着在传热面上形成油膜而不易排除，从而增大热阻，同时还会妨碍制冷剂液体润湿传热表面，降低传热效能，严重时会使制冷剂完全不吸收外界热量，失去换热效果。

4. 蒸发器构造对蒸发器传热的影响

蒸发器的有效面积是与制冷剂液体相接触的部分，因此传热系数的大小，除了与制冷剂的性质等因素有关外，还与蒸发器的构造有关。蒸发器的构造应该保证制冷剂蒸气能很快地脱离传热表面和保持合理的液面高度，充分利用传热表面。制冷剂液体节流时产生的少量蒸气可通过气液分离设备与液体分离，只将制冷剂液体送入蒸发器内吸热，以提高蒸发器的传热效果。

此外，实验结果表明，翅片管上的沸腾传热系数大于光管，而且管束上的大于单管的。有资料表明，在相同的饱和温度下，R12 在翅片管束的沸腾传热系数，比光管管束大 70%，R22 则大 90%。

第四节 蒸发器的种类、结构和工作原理

蒸发器是制冷装置中的一种热交换器。在蒸发器中，制冷剂的液体在较低的温度下沸腾，转变为蒸气，并吸收被冷却物体或介质的热量。所以蒸发器是制冷系统中制取冷量和输出冷量的设备。

蒸发器按冷却介质的不同，可分为冷却液体载冷剂的蒸发器、冷却空气的蒸发器和接触式蒸发器三种类型。

一、冷却液体载冷剂的蒸发器

这种蒸发器冷却的载冷剂液体有水、盐水和其他液体。载冷剂液体用泵作强制循环，根据使用条件，载冷剂液体可采取开式循环或闭式循环。冷却载冷剂液体的蒸发器有壳管式、立管式、螺旋管式及蛇管式等。

1. 壳管式蒸发器

壳管式蒸发器分满液式和非满液式（干式）两种，而且都是卧式，其外观相似但内部结构有很大区别。分别叙述如下：

（1）满液式壳管蒸发器 这种蒸发器在正常工作时筒内要充灌为筒体直径 70% ~ 80% 液面高度的制冷剂液体，因此称为"满液式"。其结构和冷热流体相对流动的方式与卧式壳管式冷凝器相类似，不同的是它们在整个制冷系统中所在位置和作用。在结构上制冷剂的进、出口相反，冷凝器为上进下出，而蒸发器为下进上出。

氨用满液式壳管式蒸发器结构如图 9-11 所示，筒体是用钢板卷焊成圆柱形，两端焊有多孔管板，管板上扩胀或焊接许多 ϕ25 ~ 38 无缝钢管。管板外再装带有分水肋的铸铁端盖，形成多程流动。一端端盖上有进、出水管接头，另一端端盖上有放水、放气旋塞。管板与端盖间夹有橡皮垫圈，端盖用螺栓固定在筒体上。在筒体上部设有回气包和安全阀、压力表、气体均压等管接头，回气包上有回气管接头。筒身中下部侧面上有供液、液体均压等管接头（也有将供液口接到筒体上部，液体均压管接在下部集油包上）。下部设集油包，包上有放油管。在回气包与筒体间还设有钢管液面指示器。

制冷剂液体节流后进入筒体内管簇空间，与自下而上作多程流动的载冷剂（水或盐水）通过管壁交换热量。制冷剂液体吸热后气比上升到回气口中，将蒸气中夹带的液滴分离出来

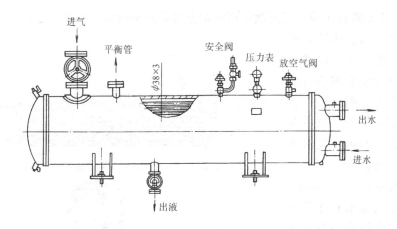

图 9-11　氨用满液式壳管式蒸发器

流回筒体，蒸气通过回气管被压缩机吸走。润滑油沉积在集油包里，由放油管通往集油器放出。

　　氟利昂壳管式蒸发器的结构见图 9-12，壳体内的管子用直径 $\phi 20$ 以下的纯铜管或黄铜管滚压成薄壁低肋片管，以增强传热效果。

　　满液式壳管式蒸发器的液面要保持一定的高度，液面过低会使器内产生过多的过热蒸气，降低蒸发器的传热效果，过高易使湿蒸气进入压缩机而引起液击。所以用浮球阀或液面控制器进行控制。壳体周围要作隔热层，减少冷量损失。选用时载冷剂在管内流速通常淡水取 $\omega = 1.5 \sim 2.5 \mathrm{m/s}$，海水取 $\omega = 1 \sim 2 \mathrm{m/s}$。对氨一般取对数平均温度差 $\Delta t_{\mathrm{m}} = 4 \sim 6 ℃$，则淡水传热系数取 $K = 582 \sim 756 \mathrm{W/m^2 \cdot ℃}$，单位面积热负荷 $q_{\mathrm{F}} = 2908 \sim 4071 \mathrm{W/m^2}$；盐水取传热系数 $K = 465 \sim 582 \mathrm{W/m^2 \cdot ℃}$，单位面积热负荷 $q_{\mathrm{F}} = 2326 \sim 2908 \mathrm{W/m^2}$。当制冷剂是氟利昂时，对盐水一般取 $\Delta t_{\mathrm{m}} = 4 \sim 6 ℃$，则 $K = 465 \sim 523 \mathrm{W/m^2 \cdot ℃}$，$q_{\mathrm{F}} = 2326 \sim 2908 \mathrm{W/m^2}$。

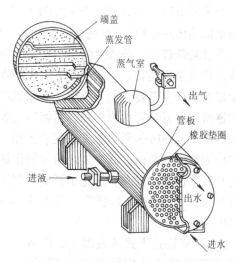

图 9-12　氟利昂壳管式蒸发器

　　满液式蒸发器具有结构紧凑，占地面积小；传热性能好；制造工艺和安装方便等优点。用盐水作载冷剂还可减少腐蚀，因而广泛用于船舶制冷、制冰、冷冻食品等方面。但是满液式蒸发器制冷剂充灌量大，受制冷剂液体静压力影响，蒸发器下部液体蒸发温度升高，减小了蒸发器的传热温差。另外，氟利昂制冷剂中溶解的油在低温下析出后很难排出，有时因操作不当造成结冰而将管子胀裂等，所以满液式蒸发器的应用范围逐渐受到限制。

　　（2）干式壳管式蒸发器

　　干式壳管式蒸发器主要用于氟利昂制冷系统。这种蒸发器的制冷剂液体走管程，因而充灌量较少。干式壳管式蒸发器的换热器的排列有直管式和 U 形管式两种。

　　1）直管式干式蒸发器。其结构如图 9-13 所示，与满液式蒸发器相似，不同点是在多根水平光滑铜管上套有许多块相互颠倒排列的切去弓形面积圆形折流板，更主要是工作过程完全不一样。制冷剂液体经节流后从一端端盖的下方进口进入管内，经 2~4 个流程吸热后由同侧端盖上方出口引出，它有单进单出、双进单出、双进双出等不同形式，图 9-13 是双进单出四流程两端盖分液肋示意图。制冷剂液体是在管内蒸发，而载冷剂（水或盐水）在管外的管间流动，自筒身一端上方（或侧面）进入，在折流板阻挡下经过多次曲折改变途径的流动，增强了传热效果，由筒身的另一端上方（或侧面）流

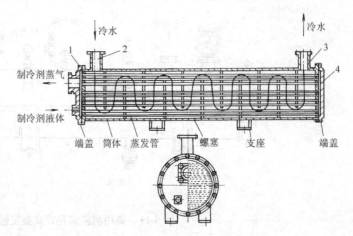

图 9-13　氟用直管式干式蒸发器
1—冷水进口　2—冷水出口　3—前盖　4—后盖

出。当采用 R12 或 R22 时，管内制冷剂传热系数 K_1 较小，约在 1163~326W/m² · ℃，管外冷却水侧的传热系数 K_2 在流速 $\omega = 0.25~1.2$m/s 时为 2908~6978W/m² · ℃，管子两侧的传热系数悬殊较大。若增大制冷剂在管内单位面积流量，则阻力会相应增大，受到限制直接影响传热效果的提高。因此现在采用在铜直管内嵌有铝合金肋片构成铜—铝复合管，内肋片多少根据设计上需要。如上海第一冷冻机厂生产的 FJZ 系列活塞式冷水机组中的直管式干式蒸发器所用的复合管见图 9-13，是将冷轧制成的 8 肋片铝合金芯，作每米螺旋 540° 的扭曲处理后再压入 φ16 铜管内。要求配合紧密，合成后截取 100mm 试样一段，用手锤锤击一端铝芯应无窜动为合格。制冷剂在肋片间作螺旋状流动，增大了流速和传热面积，使制冷剂侧的传热系数值大大提高，强化了管壁两侧流体间的换热，有效地提高了传热系数。据测定，制冷剂 R22 用 8 肋铝芯铜管，当水速 $\omega = 1.1$m/s 时，外表面传热系数 K 值可达 1628~1745W/m² · ℃。

　　2）U 型管式干式蒸发器。U 形管式干式蒸发器的结构如图 9-14 所示，由许多根弯曲半径不等的管子组成，这些 U 形管的开口端胀接在同一块管板上。除了这一点与直管式不同外，其壳体、折流板和制冷剂与载冷剂的流动方式是相同的。制冷剂液体节流后由端盖下部进入，经过两个流程吸热蒸发后从上方出口引出，它适用于小型氟利昂制

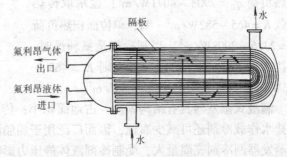

图 9-14　U 型管式干式蒸发器

冷装置。其优点是不会因不同材料的热膨胀系数不同而产生内力以及 U 形管束可以比较方便抽出来清洗。

　　还有一种蛇形管式干式蒸发器，它是将蒸发器的管组弯成蛇形，因其多程流动结构较复杂，性能与直管式相近，因此应用不广。

上述几种干式蒸发器的充液量为管内容积的 40% 左右，与满液式相比充灌量减少 80% ~85%，因此不存在制冷剂液体静压力的影响，以及排油困难、载冷剂结冰胀裂管子和制冷剂液面难控制等问题，同时具有结构紧凑，传热系数高等优点。其缺点是，制冷剂在管组内分配不易均匀；折流板制造与安装比较麻烦；在载冷剂侧折流板的管孔与管子间，折流板外周与壳体间容易产生泄漏旁流，降低了传热效果。干式蒸发器属低温设备，壳体周围要作隔热。

2. 立管式蒸发器

立管式蒸发器如图所示 9-15 所示。目前，这种蒸发器还只用于氨制冷装置中。立管式

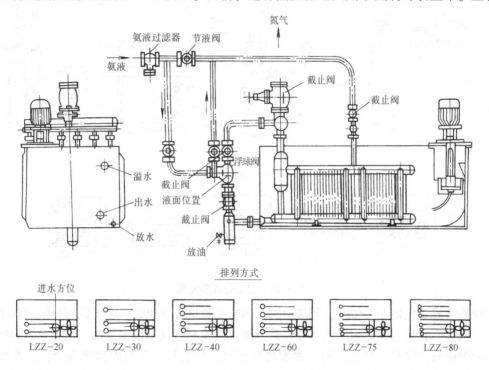

图 9-15　立管式蒸发器

蒸发器全部由无缝钢管焊制而成。蒸发器按照不同的容量要求，由若干组列管组合而成，每一组列管上有两根直径较大的水平集管，上面的称为蒸气集管，下面的称为液体集管。沿集管轴向焊接有四排直径较小的立管，每隔一定的间距焊接一个直径稍大的立管。蒸气集管的一端连接一个气液分离器，从回气中分离出的液体能回到液体集管。液体集管的一端与蒸发器相连，氨液从进液管进入蒸发器，利用氨液流进时的冲力增强蒸发器内氨液的循环。立管式蒸发器在工作过程中，细立管中的制冷剂的汽化强度大，氨液上升，而粗立管中的氨液下降，形成了循环对流。蒸发过程中的氨蒸气沿蒸气集管进入气液分离器中，由于流速的减慢和流动方向的改变，蒸气中携带的液滴分离出来，返回到液体集管中，饱和蒸气上升经回气管由制冷压缩机吸走，润滑油积存在蒸发器最低位置的集油包中，定期放出。立管式蒸发器一般用于盐水或水的开式循环系统中，蒸发器的整体沉浸于水或盐水箱中。盐水或水在电动搅拌器的作用下流动，流速约为 0.5 ~ 0.75m/s。在冷却淡水时，其传热系数 $K = 523 ~698W/m^2 \cdot ℃$;在冷却盐水时，$K = 465 ~582W/m^2 \cdot ℃$。

3. 螺旋管式蒸发器

螺旋管式蒸发器的结构如图 9-16 所示。其基本结构和载冷剂的流动情况与立管式蒸发器相似，不同之处只是以螺旋式换热器代替了立管式换热器。

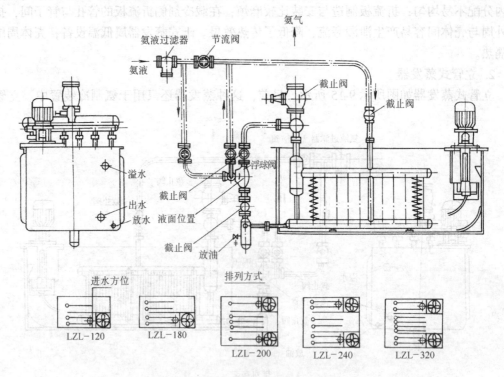

图 9-16　螺旋管式蒸发器

螺旋管式蒸发器在工作时，氨液由端部的粗立管进入下集管，由下集管分配到各个螺旋管中。吸热汽化后的制冷剂经液体分离器分离，由饱和蒸气引出蒸发器，饱和液体再回到蒸发器的螺旋管内吸热。与直立管式蒸发器相比较，螺旋管式具有焊接接头少，节省加工工时，结构紧凑，降低金属材料消耗的特点。蒸发面积相同时，螺旋管式蒸发器体积要比立管式蒸发器小得多。当水或盐水与管内制冷剂的对数平均温差为 5℃时，冷却淡水时的传热系数 $K = 523 \sim 69RW/m^2 \cdot ℃$，冷却盐水时，$K = 465 \sim 528W/m^2 \cdot ℃$。

4. 蛇管式蒸发器

蛇管式蒸发器常用于小型氟利昂制冷装置，其结构见图 9-17 所示。

蛇管式蒸发器按蒸发面积的需要由一组或几组铜管弯成蛇形的盘管组成。为了防止漏泄，所有焊接处都采用铜焊或银焊焊接。蒸发器浸没在盛满载冷剂（水或盐水）的箱体中，箱体一端装有搅拌器。节流后的氟利昂液体采用供液分配器向多组蛇形盘管供液，以保证多组蛇形盘管供液均匀。制冷剂液体从蒸发器上部供入，吸热汽化后的蒸气由下部导出，利用较大的回气流动速度将润滑油带回制冷压缩机。载冷剂在搅拌器作用下循环，与管程内流动的制冷剂进行热交换。由于蛇形管排得紧密，载冷剂在循环时的流动阻力也较大，流速较慢，加之蛇形盘管下部充满制冷剂蒸气，也使这部分盘管传热面积不能充分利用，因此平均传热系数较低。

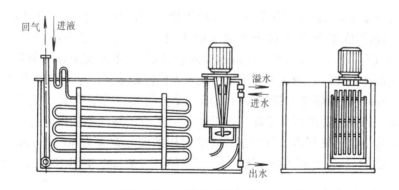

图9-17　蛇管式蒸发器

二、冷却空气的蒸发器

冷却空气的蒸发器广泛用于冷库、空气调节和其他低温装置中。这类蒸发器的制冷剂都在蒸发器的管程内流动，并与在管程外流动的空气进行热交换。管外空气的流动根据管程需要有自然对流和强迫对流等形式。冷却自然对流空气的蒸发器常称为冷却排管，而蒸发器装在箱体内冷却强迫对流空气的常称为冷风机，又称空气冷却器。

（一）冷却排管

冷却排管的结构比较简单，但型式多样。根据排管安装位置不同分为墙排管、顶排管和搁架式排管，结构有直管式与盘管式。

冷却排管可以现场制作，传热系数较小，制冷剂充灌量较大，管材消耗量多且不利于自动化操作。在新建冷库中，有被空气冷却器逐步取代的趋势，但对贮存无包装食品的冷藏库和冰库，目前还多采用冷却排管。

1. 冷却墙排管

（1）立管式墙排管　立管式墙排管结构如图9-18所示，立管用直径为 $\phi 57 \times 3.5$ 或 $\phi 38 \times 2.2$，长度为 2500~3500mm 无缝

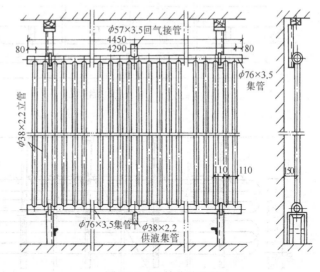

图9-18　立管式墙排管

钢管，以管子中心线间距为 110~130mm 焊接在直径 $\phi 76 \times 3.5$ 或 $\phi 89 \times 3.5$ 的上、下集管上，立管每组一般40根。氨液自下集管的中部供入，也有在靠近下集管两端下部用两个供液口供入。吸热后氨液蒸发，气体由上集管中间的出口排出。灌氨量为排管容积的80%，属于满液式蒸发排管。立管式墙排管的优点是易于排出氨液吸热后产生的蒸气。但存在氨容量大；液柱静压力作用显著；若设计、施工不当，易于积油且难以排出等缺点，过去多用于氨制冷系统的冻结物冷藏间，现已很少采用。

（2）盘管式墙排管　盘管式墙排管有光滑盘管和翅片盘管两种，这两种墙排管用氨制冷

剂时一般由直径 $\phi 38 \times 2.2$ 无缝钢管 $8 \sim 20$ 根组成，如图 9-19 所示。每根管长通常取 $4 \sim 16\text{m}$，用 $\phi 8$ 圆钢做成 U 形管卡固定在竖立的角钢支架上，管子中心间距为 $110 \sim 180\text{mm}$（光滑管间取小值，翅片管按翅片宽度取相应的管间距），角钢支架管间距为 3m，管子根数为偶数，以便制冷剂在同一侧进入和引出。在重力供液制冷系统中，管组中每一供液回路的总长不超过 120m，否则后段盘管被蒸气充满，使传热效果明显降低。氨液是从下部进入，吸热后蒸气由上部引出。用氨泵循环制冷系统每一供液回路的总长度可达 350m，氨液可下进上出也可上进下出。氨制冷系统中翅片盘管采用的翅片宽度为 $40 \sim 46\text{mm}$、厚 $1 \sim 1.2\text{mm}$ 的软质钢带，以 35.8mm 片距缠绕在钢管上，管间距是 150mm。翅片管可节约管材和灌氨量，

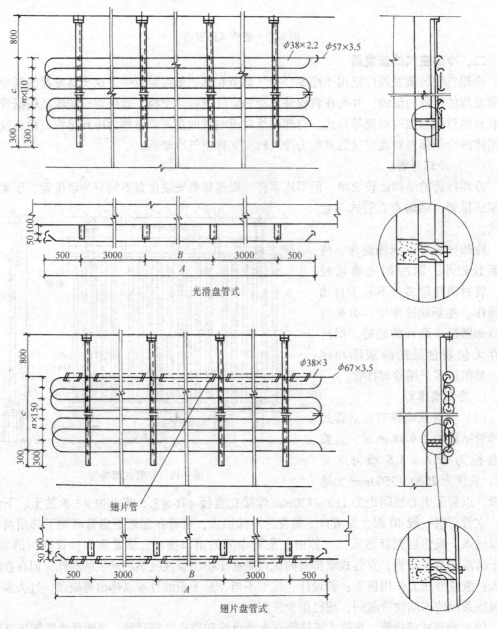

光滑盘管式

翅片盘管式

图 9-19　盘管式墙排管

但存在除霜困难，加工复杂，翅片与钢管表面若接触不良容易生锈和降低传热效果等缺点，所以冷库中多用光滑盘管。

盘管式墙盘管比立式墙盘管结构简单，易于现场加工制作，存氨量少（约为排管容积的50%）和传热效果良好。它的缺点是吸热汽化的蒸气要经过盘管的全部长度后才能排出，影响传热效果。它是各种形式墙盘管中目前使用较广的一种。

氟利昂蒸发盘管一般用直径 $\phi19\sim22$ 铜管或 $\phi22\sim38$ 无缝钢管冷弯制而成，为了少用铜材多用翅片盘管，翅片可制成套片或绕片。氟利昂液体从上部进入排管，吸热后自下部引出。这样溶入制冷剂中的润滑油随着回气可顺利返回压缩机。

2. 冷却顶排管

（1）集管式顶排管　集管式顶排管多用于氨制冷系统的冷库和冰库中，有两层光滑管、两层翅片管、四层光滑管和单根蛇形盘管等不同型式，尤以双层光滑顶排管应用最多。结构如图9-20所示。

1）两层光滑顶排管（光滑U形顶排管）。两层光滑顶排管的管组用直径 $\phi38\times2.5$、长 $4\sim19\mathrm{m}$ 的无缝钢管焊制，钢管一端用180°弯头焊接，另一端上、下管口分别焊接在直径 $\phi76\times3.5$ 回气上集管和 $\phi57\times3.5$ 供液下集管上，根据冷间所需的冷却面积可焊接20、30、40或50根，用 $\phi8$ 圆钢制成的U形管卡固定在角钢支架上。在上集管上部焊有 $\phi57\times3.5$ 回气管接头，下集管底部焊有 $\phi38\times2.2$ 供液管接头。回气管接在上集管上部，有利于蒸气中夹带的液滴返回排管中，供液管接在下集管底部，便于冲霜时排出润滑油。当管组根数多于40时，应焊有两个进液管，以保证多根管子的均匀供液。

2）两层翅片顶排管。两层翅片顶排管与两层光滑顶排管基本相同，只是在光滑管表面上缠绕 $46\mathrm{mm}\times1\mathrm{mm}$ 钢带制成的翅片。翅片顶排管的优缺点和翅片墙盘管一样，用于低温库且同样存在除霜困难。

3）四层光滑顶排管。四层光滑顶排管是在上、下集管间焊接了两组U形管，从结构上看比两层光滑顶排管紧凑，高度增加100mm而传热面积增大一倍。由于传热条件差和传热系数小已很少采用。

（2）盘管式顶排管　氟利昂制冷系统中的顶排管是采用单根蛇形盘管，这是氟利昂的物理性能所决定的。它也有光滑管和翅片管两种，管材用无缝钢管或铜管，以翅片铜管传热效能好。在氨制冷系统中用无缝钢管制作的单根蛇形光滑顶排管用于冷藏船和冰库，应用中还有一种双层光滑蛇形顶排管。

顶排管结构简单，便于现场制作，结霜也较均匀。但传热系数不高。一般布置在库房中间的顶排管要比靠近墙吊装的顶排管传热系数要好，近墙布置的顶排管又比墙排管的传热系数高。据测试，当温度差为 $9\sim18℃$ 时，近墙布置的顶排管传热系数要比墙排管约高10%，在库房中间的顶排管则比墙排管高20%。冰库中应采用光滑顶排管平铺吊装在库房顶板下。

3. 搁架式冷却排管

（1）氨用搁架式冷却排管　氨用搁架式冷却排管的结构如图9-21所示，是由许多组蛇形盘管组合而成，每组盘管为单列式，通常用直径 $\phi38\times2.2$ 的无缝钢管或 $\phi40\times25$ 壁厚3mm矩形无缝钢管冷弯焊成。它的两端上、下管口分别焊接在 $\phi89\times3.5$ 回气上集管和 $\phi57\times3.5$ 供液下集管上，用 $\phi8$ 圆钢制作的管卡将管子固定在角钢上，角钢架子的支柱是8号

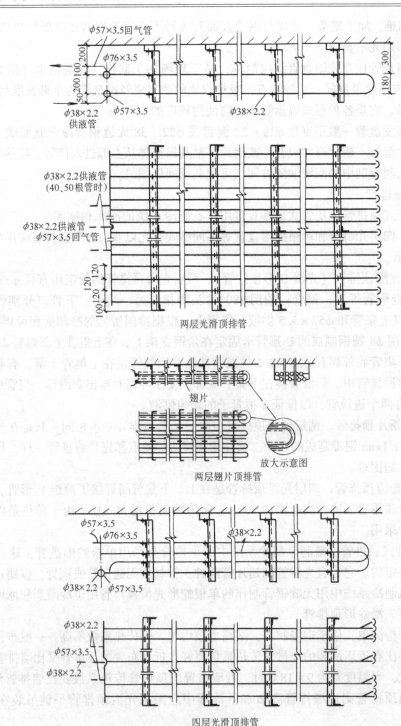

图 9-20 集管式顶排管

槽钢。排管用圆形或矩形无缝钢管制作,其传热效果相差不多,但矩形无缝钢管要贵得多。氨液从下集管进入,氨气由上集管抽走,需要冷冻加工的食品,装在盘内或盒内直接放在搁架上冷冻,是属半接触式热交换器的一种,传热效能较高。当库内空气温度与蒸发温度的温差为10℃时，传热系数可达17.4W/m²·℃，多用于冻结分割肉、禽畜副产品、鱼类和家禽等食品。为了缩短冻结时间，提高传热效能，现多采用配风强制循环，目前每吨食品配风量为10000m³。

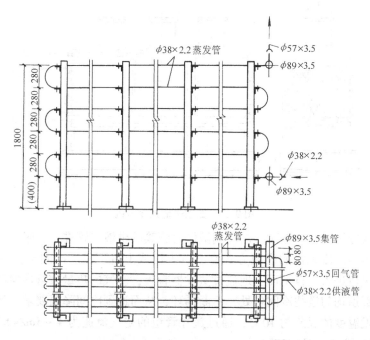

图9-21　氨用搁架式冷却排管

搁架式排管具有结构紧凑，空间利用率高，便于制作和省掉冻结食品框架等优点。但钢材耗用量多、不利于机械化操作且冻结食品进出库劳动强度大。

（2）氟用搁架式冷却排管　氟用搁架式冷却排管结构和氨用搁架式冷却排管基本相同，适用小型氟利昂冷库中。氟用搁架式冷却排管通常用 φ38×2.2 无缝钢管（或 φ25×1.5 纯铜管）制作用 φ8 管卡固定在角钢上。用纯铜管作排管时，固定角钢的间距要比固定无缝钢管的间距小得多。氟用搁架式冷却排管采用液体分配器来保证均匀供液。氟用搁架式冷却排管出液端口焊接在 φ76×3.5 的回气集管，制冷剂为上供下回式，也可根据实际情况采用轴流风机吹风。

（二）冷风机

1. 干式冷风机

干式冷风机主要由箱体、蒸发器和通风机组成。干式冷风机依靠通风机强迫空气流过箱体的蒸发管组进行热交换，达到降低库温或室内温度的目的。干式冷风机主要有落地式和吊顶式两大类。

（1）落地式冷风机　大型干式冷风机一般采用落地式，分氨用和氟用两类。

1）氨用落地式冷风机。氨用落地式冷风机结构如图9-22所示，是由上部的轴流式风机（或离心式风机）、中部淋水—蒸发室和下部的水盘—支架三大部件构成。在中部薄钢板制成的长方形箱体内装有翅片蛇管蒸发器和淋水装置，构成淋水—蒸发室。翅片蛇管的无缝钢管直径为 φ25×2，钢管外表面绕有钢带作翅片，翅片距约为12.5mm，为了提高抗锈蚀性能，常采取镀锌处理。蒸发器上部装有一组淋水融霜装置。箱体下面是水盘—支架，它的作用是支撑箱体和保持足够的回风面积以及承接融霜水并通过下水管及时排往库外。箱体上部装有风道，并安装轴流式风机或离心式风机。

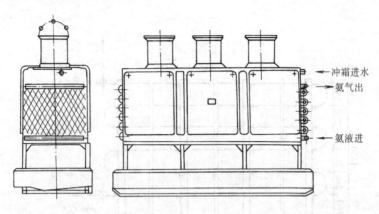

图 9-22 氨用落地式冷风机

氨用落地式冷风机在工作时，制冷剂液体自管簇的供液集管进入，吸热汽化后制冷剂蒸气由回气集管引出。冷风机的供液方式有下进上出或上进下出。冷间空气在轴流风机作用下，从下部进风口进入，自下而上地流过蒸发器管簇，空气的热量被管内氨吸收，降温后的空气经箱体顶部道均匀送往冷间各处，不断循环，从而达到冷间降温要求。当冷间空气温度与制冷剂氨蒸发温度的温差为 10℃、通过翅片管组的空气流速为 4～5m/s 时，其平均传热系数一般可达到 $K = 11.6W/(m^2 \cdot ℃)$。

另外，在鱼类冻结间内使用的氨用落地式冷风机的结构与上述基本相同，不同之处只是通风机设在下部，空气自上而下地通过蒸发器冷却后由下部的通风机吹向冻鱼吊笼。

2）氟用落地式冷风机。氟用落地式冷风机结构与氨用的相近，如图 9-23 所示。它也是由表面式蒸发器（称直接蒸发式空气冷却器）、通风机（离心式或轴流式风机）及水盘—支架组成。表面式蒸发器采用 $\phi10～\phi22$ 的蛇形钢管焊制而成。钢管翅片采用套片或缠片式，翅片厚度约为 0.2～0.4mm。翅片可由铜、铝或钢带加工制作。套片或缠片后的蒸发管进行胀管或浸锌处理，使翅片与钢管表面接触良好。氟用落地式冷风机供液一般采用上进下出式。

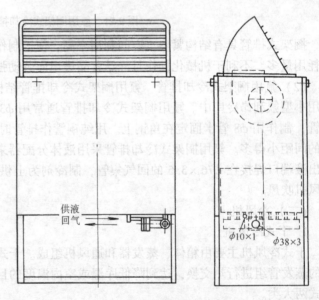

图 9-23 氟用落地式冷风机

氟用落地式冷风机中的表面式蒸发器一般由 4、6 或 8 组翅片管组组成，因此在氟利昂直接供液系统中，为了保证从热力膨胀阀来的制冷剂能均匀地分配到蒸发器的各组翅片管组中，在蒸发器制冷剂进口处需设置分液器和等长分液管（毛细管），以防止供液出现不均的现象，保证传热效果。

分液器的结构型式较多，常用的分液器的结构如图 9-24 所示。在图 9-24a 所示的分液器中，制冷剂流体沿切线方向进入分液器，在腔室内作高速旋转运动。在图 9-24b、c 所示的分液器中，制冷剂流体在分液器室内不断碰撞折流；在图 9-24d、e 所示的分液器中，制冷剂流体先流经分液器室内的狭窄通道，增加流动速度。

不同结构型式的分液器都能使节流后的制冷剂液、气得到充分混合，以保证供液均匀。

制冷剂在流经分液器时的阻力较大，约等于或大于 10 倍蒸发器各组翅片管的阻力，因此制冷剂流体在蒸发器各路翅片管组的阻力损失与分液器中的阻力损失相比甚小。加之连通分液器和各路翅片管的分液管内径较

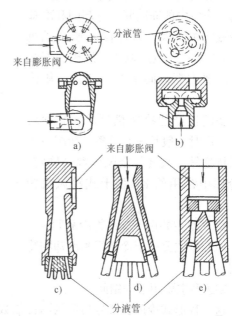

图 9-24　分液器结构

小，流动阻力大，制冷剂通过分液器再经等长的分液器进入各路翅片管后，各路的供液流动阻力就能达到基本相同。分液管尺寸可参考表 9-1 选用。

在氟用落地式冷风机中，氟利昂液体通过分液器经分液管从蒸发器上部供入各路翅片蛇管，吸收自箱体下部回风口进入翅片蛇管间流动的空气热量后汽化，由下集管出气口引出。被冷却的空气自冷风机上部出风口送往冷间。当迎面风速 $c = 2 \sim 3\text{m/s}$ 时，其传热系数 K 值可达 $30 \sim 40\text{W/(m}^2 \cdot {}^\circ\text{C)}$ 左右。

表 9-1　单根分液管负担的制冷量（管长为 1m，压力损失为 0.5MPa）（单位：kW）

蒸发温度 /℃	分液管内径/mm					
	3		4		5	
	R12 R502	R22	R12 R502	R22	R12 R502	R22
+10	1.85	2.45	3.85	5.10	7.20	11.00
+5	1.65	2.20	3.85	4.55	6.40	8.50
0	1.45	1.85	3.00	3.95	5.60	7.40
-5	1.30	1.65	2.55	3.35	4.90	6.40
-10	1.05	1.40	2.20	2.90	4.20	5.50
-15	0.95	1.15	1.85	2.45	3.50	4.60
-20	0.75	1.00	1.55	2.10	3.00	3.95
-25	0.65	0.85	1.35	1.75	2.50	3.30
-30	0.50	0.70	1.10	1.45	2.10	2.80
-35	0.45	0.60	0.95	1.20	1.75	2.30
-40	0.40	0.50	0.80	1.05	1.50	1.95

氟用落地式冷风机与系统的连接如图 9-25 所示。

落地式冷风机具有结构紧凑、安装方便、融霜水容易排除、操作维护简便、降温快而均匀及容易实现自动化等优点，因此广泛地用于冷库中的冻结间、冷却间和冷却物冷藏间中。也可采用微风速冷风机（$c < 0.5 \text{m/s}$），但落地式冷风机在安装使用时要占据冷间中的一部分使用面积。

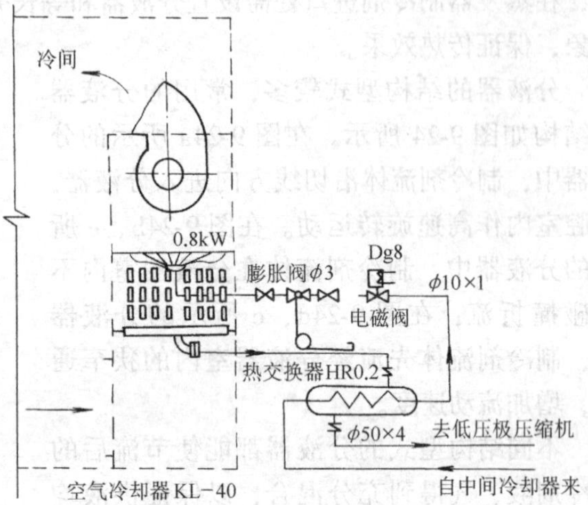

我国生产的冷风机型号、品种较多，出厂时一般是成套设备，所配备的通风机型号、风量与全风压都已确定。以冷库中常用的 KL 型干式冷风机为例：

KLD 型主要用于冻结物冷藏间；

KLL 型主要用于冷却间和冷却物冷藏间；

KLJ 型主要用于冻结间。

图 9-25　氟用落地式冷风机管路连接示意图

这三种形式冷风机代号后面的阿拉伯数字表示了名义冷却表面积。这三种形式冷风机的结构基本一样，所不同的只是配置的通风机的型号和台数不同，即所配置的风机风量与风压不同（见表 9-2）。

表 9-2　KL 系列落地式干式冷风机风量、全风压配用表

型　　式	冷间名称	风量/(m³/h)	全风压/Pa(mmH₂O)
KLD	冻结物冷藏	78~100	196~216（20~22）
KLL	冷却间、冷却物冷藏间	76~84	549（56）
KLJ	冻结间	98~118	196~268（20~27）

（2）吊顶式冷风机　吊顶式冷风机的结构与落地式基本相同。其主体也为蒸发管组，管组上部有淋水管，下部设置承水盘，进风口装有轴流风机，出风口和出风管连接，以保证冷风合理分布。整个冷风机吊装在冷间的平顶下，送风形式有单向送风（图 9-26）和双向送风（图 9-27）。吊顶式冷风机也有氨用与氟用两大类。

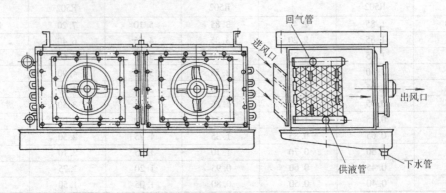

图 9-26　单向送风吊顶式冷风机

　　吊顶式冷风机的优点是结构紧凑，不占库房使用面积。不足之处是当融霜水处理不当时，会溅滴到室内食品和地坪上；当气流组织不好时，会形成室内温度不均匀及死角。它多用于小型冻结间、冷却间、中低温、穿堂及冷藏车、船上。

　　2. 表面式空气冷却器

　　表面式空气冷却器简称表冷器，属于表面式热交换设备。所谓表面式热交换设备，是将冷（热）媒与空气通过间隔面相互换热的设备，它在空调系统的热、湿处理中应用广泛。

　　表面式空气热交换器按其使用目的，分为空气表面加热器和空气表面冷却器（表冷器）。空气加热器以热水或蒸气作热媒，表冷器则以载冷剂或制冷剂做冷媒。用冷水者称水冷式表冷器，用制冷剂者则称为直接蒸发式表冷器。

　　表面式空气冷却器的基本结构由换热管簇和箱体、支架等组成，其中换热管簇是最主要的部件，直接影响了换热性能。在空调工程中，翅片管式空气冷却器由于增强了管内冷媒与空气的换热效果，因而得到了广泛的应用。它的构造如图9-28所示。

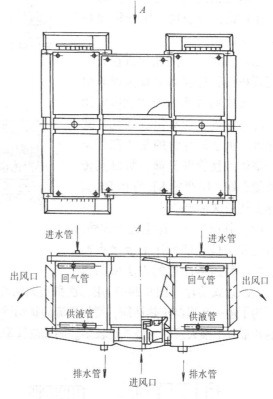

图9-27　双向送风吊顶式冷风机

　　翅片管的加工方法较多，因次相应地构成了不同形式的空气冷却器。

　　（1）皱褶式绕片　将金属带用绕片机紧紧地缠绕在光管上，可以制成皱褶式绕片管（图9-29a），用这种绕片管可以组装成绕片式加热器。皱褶的存在可以防止加工时钢片周边被拉裂，增加肋片的稳定性和肋片与管子间的接触面积，同时又增加了空气流过时的扰动性，破坏了空气在管壁上的附面层，因而提高了传热系数。但是，皱褶的存在也将引起空气阻力和增加，容易积灰，而且不易清理。为了减少肋片与光管的接触间隙，使其紧密贴合和防锈，常对翅片管采用浸、镀、锌或搪锡处理。例如，国产的 SRZ 型（钢管绕钢片）、GL 型（钢管绕钢片）等空气加热器就是采用这种绕片管制成的。

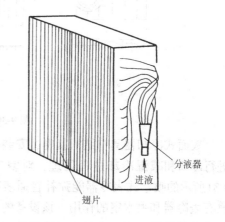

图9-28　翅片管式空气冷却器

有的绕片管不带皱褶，它们是用延展性更好的铝带绕制而成，即光滑绕片式（图9-29b）。光滑式较皱褶式传热性能稍差些，但在片距相同的条件下可降低空气流动阻力，如国产的 SRL 型空气加热器就是这种形式。

（2）套片式　在肋片上先冲好相应的孔，然后再将肋片与管束紧套在一起，加工成套片式肋片管（图9-29c），许多根这样的肋片管用弯头焊接组成套片式加热器。套片法多用于加工铜或铝的肋片管，生产时需采用冲片机，弯管机，胀管机和焊接机等设备。

（3）轧片式　用轧片机在光滑的铜管和铝管外表面上直接滚轧出肋片，做成肋片等（图9-29d）用这种肋片管焊上弯头组装成轧片式加热器。由于轧片管的肋片和管是一个整体，且管壁又薄，所以其传热性能更好。国产的 KL 型和 PB 型换热器就是这种产品。

（4）其他片式　除上述型式外，还有在多工位连续冲床上经多次冲压、拉伸翻边再翻边的方法所制得

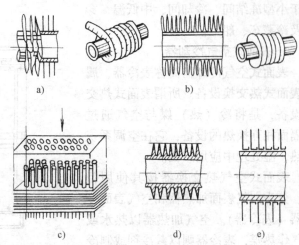

图9-29　各种翅片结构

的二次翻边式肋片（图9-29e）用二次翻边式肋片制成的换热器有更好的传热性能。

为了进一步提高传热性能，增加气流的扰动性，提高换热管外表面换热系数，近年来换热器的片型有了很大发展，型式也较多。例如波纹型片、波形中缝片和针刺型片等（图9-30）。

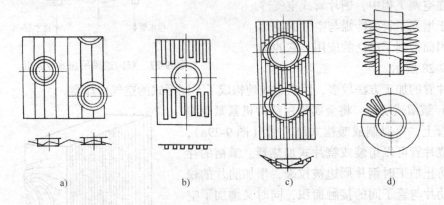

图9-30　换热器的新型肋片

表面式冷却器具有结构紧凑、安装方便、水量漏损少等优点，但表面冷却器只能对空气进行冷却和减湿冷却过程处理，对空气无净化作用。图9-31所示的喷水式表冷器能弥补普通表冷器的不足，使之兼有表冷器和喷水室的作用。该设备的具体结构是在普通表冷器前设置喷嘴，通过向表冷器外表面喷循环水来完成换热过程。由于喷水式表冷器要求喷嘴尽可能靠近表冷器设置，所以流动的空气与喷淋水接触时间很短，更多的时间是与表冷器表面上形成的水膜接触，所以喷水式表冷器热、湿交换现象更为复杂。

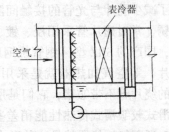

图9-31　喷水式表冷器

三、接触式蒸发器

接触式蒸发器又称接触式平板冻结装置，是将冻结或冷却的食品直接与空心平板外侧传热壁面接触，平板内腔流通制冷剂或低温盐水与食品进行热交换。在接触式蒸发器中，不采用空气或液体作中间传热介质，因此传热性好。平板冻结器的形式很多，按空心平板的设置位置可分为卧式和立式两类，它们的工作原理相似。

1. 卧式平板冻结器

卧式平板冻结器的结构图9-32所示，由制冷系统、液压控制系统、机架、空心平板、连接软管及壳体等构成。空心平板设置在型钢制成的机架内，由液压系统控制平板的松开、压紧及进料。制冷系统的供液、回气管路是用软管与空心平板内腔进、出口连接，要求软管适用于低温且有一定的强度。目前采用特制橡胶管作连接软管，它的内层用丁基橡胶加2～3层编织物，外包金属保护套。也有用不锈钢或聚四氟乙烯衬里的网形软管。制冷剂可采用氨、R12或R22。制冷剂液体从供液管通过耐压网形软管进入平板空心内腔的循环通道中流动，吸收冻结食品的热量而汽化，制冷剂气体由网形软管经回气集管被制冷压缩机吸走。每台卧式平板冻结器一般装有空心平板5～20块。平板上下运动距离应根据所冻食品高度而定，通

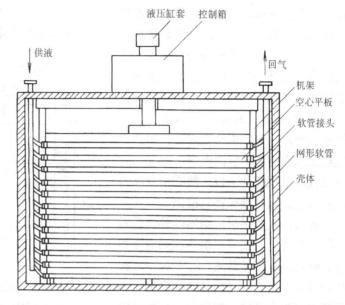

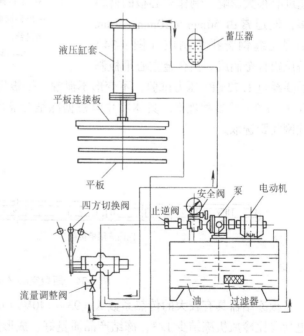

图9-32 卧式平板冻结器

常是比冻结食品的厚度高40～50mm，以便于进、出料。装料时要求紧密，不留有空隙，下压时食品在板间压紧要适度，不能压坏食品，一般要求接触压力为6.8～29.4kPa。冻好后提升平板与冻结食品脱开、出货。

2. 立式平板冻结器

立式平板冻结器的结构和卧式基本相同，如图9-33所示，也是由机架、空心平板、液

压系统、制冷系统和进、出料装置等组成。只是空心平板是直立平行排列，一般每台装有
20 块左右。平板沿着机架两端的两根支托导轨上、下移动，平板内腔流通着制冷剂或低温盐水。冻结前将散装食品由上部直接倒入空心平板间进行冻结，冻结食品的重量和尺寸由空心平板的面积和结构决定，一般采取每块重 25kg，尺寸为 600mm×450mm×110mm，以便搬运和堆垛。食品冻结完成后，用热氨或热盐水在空心平板内流通、融冻，并操纵液压系统提升平板，使冻结食品落入托板上，出料推板将它推出。

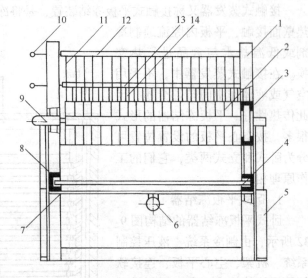

图 9-33 立式平板冻结器
1—机架 2—空心平板 3—平板框架 4—出料推板
5—平板升降液压缸 6—出料液压缸 7—托板
8—出料推板导轨 9—平板松紧液压缸 10—活动
管接头 11—平板回气橡胶管 12—回气总管
13—供液总管 14—空心平板供液橡胶管

卧式、立式平板冻结器的外壳皆需作隔热处理，一般采用聚苯乙烯泡沫塑料作隔热层。冻结器的空心平板是直接接触食品冻结的，它的材料和质量对冻结速度有很大影响。制作空心板的材料较多，但通常由 50mm×20mm×2mm 的矩型无缝钢管拼焊制成（图 9-34）或挤压铝合金制成。铝合金空心平板制成后要经过 1.72MPa 压力试验，不变形不泄漏。平板尺寸一般有长 2～3m，宽 0.7～2.3m，厚 0.2～0.3m 等多种规格。具体尺寸应根据冻结食品的要求，库内运输工具使用条件和冷间柱网间距选取。

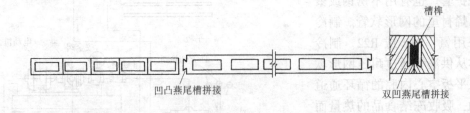

图 9-34 矩型空心平板

平板冻结器具有较大的传热系数 $K = 93 ～ 140W/(m^2 \cdot ℃)$，冻结时间短，劳动强度低，耗电量要比冷风机冻结少 1/3，冻结产品质量好，成形规格易于用铲车搬运和堆码，提高了库存量、结构紧凑、占地面积小，一般车间、船舶在常温环境中皆可使用。卧式平板冻结器多用于冻结鱼类、肉类、畜禽副产品及水果蔬菜和其他小包装食品。立式平板冻结器则适用于冻结不包装和各类散装食品。平板冻结器的冻结速度与食品厚度有关，食品厚度以不超过 120mm 为宜，若食品厚度超过 150mm 时，就失去其优越性。

第五节 蒸发器—冷凝器组和蒸发冷凝器

一、蒸发器—冷凝器组

蒸发器—冷凝器组是离心式冷水机组的重要换热设备，它将原分开设置的冷凝器和蒸发器合并在一个圆筒形的密闭容器内，同时完成制冷循环中的冷凝、节流和蒸发过程。蒸发器—冷凝器组有多种型号，现以 FLZ—1000A 型为例来介绍蒸发器—冷凝器组的基本结构和工作原理。

FLZ—1000A 型蒸发器—冷凝器组的主要性能参数为：冷却进水温度不高于 32℃，水流量 250m³/h，冷媒水出水温度 7℃，冷媒水的流量 200m³/h，制冷量 1163kW。其结构如图 9-35 所示。

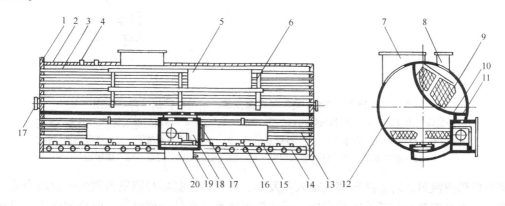

图 9-35　FLZ—1000A 型单筒式蒸发器—冷凝器组
1—管板　2—壳体　3、13—薄壁低肋片铜管　4—管接头　5—均气板　6、16—支撑板　7—回气管
8—进气管　9—冷凝器　10—隔板　11—导液槽　12—蒸发器　14—流体分配器　15—喷嘴
17—视孔　18—浮球室　19—加（放）液管接头　20—供液管

FLZ—1000A 型蒸发器—冷凝器组由钢板卷焊成圆筒形，其内部用钢板分隔成两部分，上部分是冷凝器，下部分是蒸发器。在圆筒两端设有多孔管板，冷却管为滚压薄壁低肋片铜管，用胀管法把管子固定在铜板上，分别构成冷凝器和蒸发器管簇。冷凝器和蒸发器的两端上、下各设有端该构成水室，水室内有分水肋。不同型号的蒸发器—冷凝器组的水程不同，FIZ—1000A 型蒸发器—冷凝器组为两个流程，冷凝器和蒸发器的进、出水管均在筒体的同一端。在水室的最上和最下位置装有铜旋塞，分别作用放气和泄水。冷凝器的进气口设有多孔的均气板，下部设有出液口和浮球阀室的导液槽相接，浮球阀室与筒底部液体分配槽的进口供液槽相通。液体分配槽上有多排扰动喷嘴。蒸发器管簇两侧设有挡液板。筒身上部设有进气、出气、压力表、抽气、回液等管接头，筒身下部有加（放）液管接头。端盖上有进、出液管接头。另外还设有液面示镜爆破盘装置及各种继电器等，其管路如图 9-36 所示。

FLZ—1000A 型蒸发器—冷凝器组的工作原理是：离心式制冷压缩机排出的制冷剂蒸气由进气口进入冷凝器，通过均气板使气体均匀地分布在冷凝器管簇的外壁表面，与管内流动的冷却水交换热量，使制冷剂冷却成冷凝液体。制冷剂液体从出液口流过导液槽、铜丝布过滤网进入浮球室，随着浮球室的液面高低来调节浮球控制阀门的开闭大小。被冷凝的制冷剂

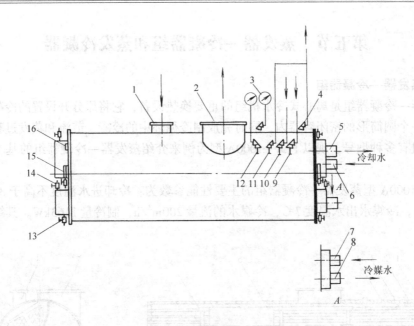

图 9-36　FLZ—1000A 型单筒式蒸发器——冷凝器组管路示意图
1—冷凝器气体进口　2—蒸发器气体出口　3—冷凝器压力表　4—冷凝器抽气管　5—冷却水出口
6—冷却水进口　7—冷媒水进口　8—冷媒水出口　9、10—蒸发器回液管　11—蒸发器抽气管
12—蒸发器压力表　13—泄水旋塞　14—放气旋塞　15—视镜　16—爆破盘

液体在此形成液封，防止高压蒸气窜入蒸发器，以保持冷凝器与蒸发器间的一定压力差。蒸发器—冷凝器组筒身与浮球室共有四个示液镜可观察液面的全部情况。制冷剂液体经浮球阀节流后进入供液槽，再流向液体分配槽喷嘴，喷洒在蒸发器管簇的外表面，吸收管内冷媒水的热量成为饱和蒸气，由出气口流往离心式制冷压缩机吸气管。蒸发器管内被冷却的冷媒水送往空调系统。单筒式蒸发器—冷凝器组的蒸发器部分要做隔热层。

二、蒸发冷凝器

蒸发冷凝器是用于复叠式制冷机中的热交换设备。在蒸发冷凝器中高温部分的制冷剂汽化吸热，使低温部分的制冷剂冷凝，蒸发冷凝器是高温部分制冷剂的蒸发器又是部分制冷剂的冷凝器。其结构形式主要有管壳式、盘管式和套管式等。

1. 立式壳管式蒸发冷凝器

其结构与一般的壳管式冷凝器相似，如图 9-37 所示。工作时，高温部分的制剂在管程内汽化吸热；低温部分的制冷剂在壳程内冷却冷凝放热。这种蒸发冷凝器的结构简单，但高温制冷剂冲灌量较大，制冷剂液体的静液压对蒸发温度的影响也较大。

2. 立式或卧示盘管式冷凝蒸发器

这种蒸发冷凝器是将一组多头盘管装在一个圆筒形壳体中构成的。高温部分的制冷剂液体经分配器后进入盘管内，在管程内汽化后从另一端引出；低温部分的制冷剂在壳程内盘管冷凝。其结构如图 9-38 所示。

3. 套管式蒸发冷凝器

套管式蒸发冷凝器是将两根直径不同的钢管套在一起后弯曲而成。高温部分制冷剂在管间汽化吸热，低温部分的制冷剂在小管内冷却冷凝。这种蒸发冷凝器结构很简单，但横向尺寸较大，一般适宜于小型低温设备。其结构如图 9-39 所示。

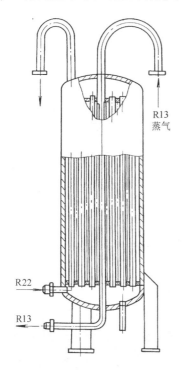

图 9-37　立式壳管式蒸发冷凝器

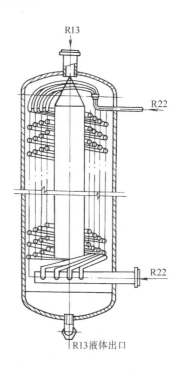

图 9-38　盘管式冷凝蒸发器

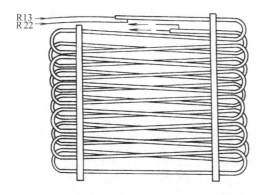

图 9-39　套管式蒸发冷凝器

第 **十** 章

节流机构

10

节流机构是制冷装置中的重要部件之一，在实现制冷剂降压膨胀过程的同时，还具有以下两方面的作用：一是将制冷机的高压部分和低压部分分隔开，防止高压蒸气串流到蒸发器中；二是对蒸发器的供液量进行控制，使其保持适量的液体，换热面积全面发挥作用。因节流机构无外功输出，即无效率的概念而言，因此仅根据以上两方面的功能来判断其性能。

常用的节流机构有手动节流阀、浮球节流阀、热力膨胀阀以及毛细管等。

第一节　手动节流阀和浮球节流阀

一、手动节流阀

手动节流是用手动方式调整阀孔的流通面积来改变向蒸发器的供液量，其外型与普通截止阀相似，多用于氨制冷装置。手动节流阀的结构如图 10-1 所示，它由阀体、阀心、阀杆、填料压盖、上报、手轮和螺栓等零件组成。与截止阀的不同之处在于它的阀心为针型或具有 V 形缺口的锥体，且阀杆采用细牙螺纹。这样，当旋转手轮时，可使阀门的开启度缓慢地增大或减小，以保证良好的调节性能。

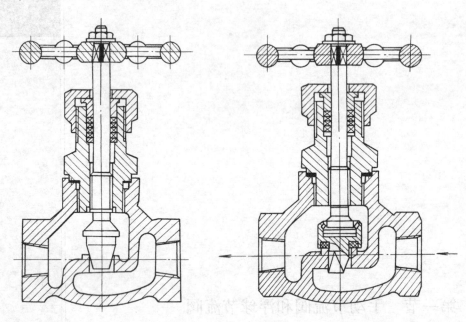

图 10-1　手动节流阀

手动节流阀开启的大小，需要操作人员频繁地调节，以适应负荷的变化。通常开启度为 1/8 ~ 1/4 圈，一般不超过一圈，开启度过大就起不到节流的作用。这种节流阀现在已大部分被自动节流机构取代，只有氨制冷系统或试验装置中还在使用。在氟利昂制冷系统中，手动节流阀作为备用阀安装在旁通管路中，以便自动节流机构维修时使用。

二、浮球节流阀

1. 浮球节流阀的原理及安装要求

制冷系统浮球节流阀（或称浮球调节阀）除了起到节流作用外，还可以用于保持容器内

的液位稳定,因此应用于氨液分离器、中间冷却器、低压循环桶及具有自由液面的蒸发器等
设备上。

浮球节流阀广泛使用于氨制冷装置
中。按照其流通方式的不同,浮球调节阀
可分为直通式(图10-2a)和非直通式(图
10-2b)两种。浮球调节阀有一个铸铁的
外壳,用液体连接管3及气体连接管5,
分别与被控制的蒸发器10的液体和蒸气
两部分相连接,因而浮球调节阀壳体内的
液面,与蒸发器内的液面一致。当蒸发器
内的液面降低时,壳体内的液面也随之降
低,浮子4落下,阀针1使节流孔开大,
供入的制冷剂量增多;反之当液面上升
时,浮子4被浮起,阀针1将节流孔关
小,使供液量减少。而当液面升高到一定
的高度时,节流孔被关死,即停止供液。
在直通式浮球调节阀中,液体经节流后,
先进入浮球阀的壳体内,再经液体连接管
3进入蒸发器10中。在非直通式浮球调节
阀中,节流后的液体不直接由浮球阀的壳
体进入,而是由出液阀7引出,并另用一
根单独的管子送入蒸发器中,如图10-2b、c所示。

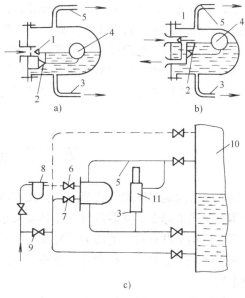

图10-2　浮球调节阀
a)直通式　b)非直通式　c)非直通式管路系统
1—阀针　2—支点　3—液体连接管　4—浮子
5—气体连接管　6—进液阀　7—出液阀
8—过滤器　9—手动节流阀　10—蒸发器
11—远距离液面指示器

直通式浮球调节阀结构比较简单,但壳体内液面波动较大,使调节阀的工作不太稳定,
而且液体从壳体流入蒸发器,是依靠静液柱的高度差,因此液体只能供到容器的液面以下。

非直通式浮球调节阀工作比较稳定,而且
可以供液到蒸发器的任何部位,因此得到
了广泛的应用。但是非直通式浮球调节阀
的构造及安装,都比直通式的复杂一些。
图10-2表示了非直通式浮球调节阀的管路
连接系统,制冷剂液体可由最下面的实线
表示的管子供入蒸发器,也可以由上面虚
线表示的管子供入蒸发器。图10-3是一种
非直通式浮球调节阀。

为了保证浮球调节阀的灵敏性和可靠
性,在浮球阀前都设有过滤器,以防污物
堵塞阀口。设备运转过程中,应对过滤器
进行定期检查和清洗。在浮球调节阀的管
路系统中,一般都装有手动节流阀的旁路

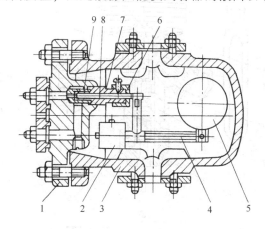

图10-3　非直通式浮球调节阀
1—盖　2—平衡块　3—壳体　4—浮球杆　5—浮球
6—帽盖　7—接管　8—阀杆　9—阀座

系统,一旦浮球调节阀发生故障或清洗过滤器时,可使用手动节流阀来调节供液。浮球调节

阀前还装有截止阀，停机后应立即关闭。因为压缩机停止后，蒸发器中的制冷剂停止蒸发，液体中的气泡消失，液位下降，浮球阀开大，大量制冷剂液体就会进入蒸发器，当液位升高至上限时，浮球阀才能自动关闭。而在下次启动压缩机时，制冷剂蒸发，原已处于上限的液位，因液体中充满气泡而进一步猛涨，甚至会导致压缩机发生液击。

从调节特性来说，浮球节流阀属于比例调节。根据负荷的大小调节供液量，即液面的变化与阀口开启度的变化是成比例的。它存在静态偏差，但这种静态的液面偏差一般都比较小。

第二节 热力膨胀阀

热力膨胀阀是温度调节式节流阀，又称热力调节阀，是应用最广泛的一类节流机构。它是利用感温包来感受蒸发器出口的过热度大小，从而自动调节阀心的开启度来控制制冷剂流量，因此适用于没有自由液面的蒸发器，如干式蒸发器、蛇管式蒸发器和蛇管式中间冷却器等。热力膨胀阀主要用于氟利昂制冷装置中，对于氨制冷机也可使用，但其结构材料不能用有色金属。

根据结构上的不同，热力膨胀阀可分为内平衡式和外平衡式两种。

一、内平衡式热力膨胀阀

内平衡式热力膨胀阀适用于小型蒸发器，它的结构如图 10-4 所示。内平衡式热力膨胀阀由感温包、毛细管、阀座、膜片、顶杆、阀针及调节机构等构成。图 10-5 为内平衡式热力膨胀阀在蒸发器上的安装图，膨胀阀 4 接在蒸发器 3 的进液管上，感温包 2 敷设在蒸发器出口的管外壁上。在感温包中，充注有制冷剂的液体或其他感温剂。通常情况下，感温包中充注的工质与系统中的制冷剂相同。

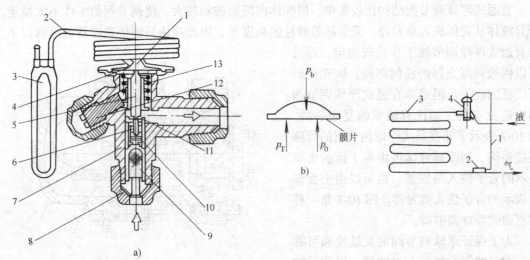

图 10-4 内平衡式热力膨胀阀
1—压力腔 2—毛细管 3—感温包 4—膜片 5—顶杆
6—阀心 7—阀体 8—喇叭口螺母 9—进液过滤网
10—阀座 11—阀孔 12—调节螺杆 13—弹簧

图 10-5 内平衡式热力膨胀
阀安装图
1—毛细管 2—感温包 3—蛇管
式蒸发器 4—热力膨胀阀

热力膨胀阀的工作原理是建立在力平衡的基础上。工作时，弹性金属膜片上侧受感温包内工质的饱和压力 p_S 作用，下侧受制冷剂蒸发压力 p_0 与弹簧力 p_T 的作用，当三者处于平衡时有：

$$p_S = p_0 + p_T \tag{10-1}$$

当蒸发器的供液量小于蒸发器热负荷的需要时，蒸发器出口处蒸气的过热度就增大，则感温包感受到的温度提高，使对应的 p_S 随之增大。此时，$p_S > p_0 + p_T$，即膜片上方的压力大于下方的压力，这样膜片就向下鼓出，通过顶杆压缩弹簧，把阀针顶开，使阀孔通道面积增大，则蒸发器的供液量增大，制冷量也随之增大。反之当供液量大于蒸发器热负荷的需要时，蒸发器出口处蒸气的过热度减小，感温系统中的压力降低，$p_S < p_0 + p_T$，膜片上方的作用力小于下方的作用力，使膜片向上鼓出，弹簧伸长，顶杆上移使阀孔通道面积减小，蒸发器的供液量也就随之减少。由此可见，膜片上下侧的压力平衡是以蒸发器内压力 p_0 作为稳定条件的，因此称为内平衡式热力膨胀阀。由于阀孔的开启度与 p_S 成正比，所以它是一种比例调节器。

由上述可知，当蒸发器出口蒸气的过热度减小时，阀孔的开度也减小。而当过热度减小到某一数值时，阀门便关闭，这时的过热度称为关闭过热度，它在数值上等于阀门刚刚开启时的过热度，所以也称为开启过热度或静装配过热度。

二、外平衡式热力膨胀阀

在许多制冷装置中，蒸发器的管组长度较大，从进口到出口存在着较大的压降 Δp_0，造成蒸发器进出口处的温度各不相同。若采用内平衡式热力膨胀阀，则会因蒸发器出口温度过低而造成 $p_S < p_0 + p_T$，使热力膨胀阀过度关闭，以至丧失对蒸发器实施供液量调节的能力。

下面通过一个实例来说明：若采用 R12 制冷剂，假定系统蒸发温度为 $t_0 = -15℃$，蒸发压力为 $p_0 = 0.186MPa$，内平衡式热力膨胀阀的弹簧顶紧折合压力为 $p_T = 0.022MPa$。若不考虑蒸发器内流动阻力损失，制冷剂流到蒸发器出口时过热度为 $-10℃$，此时制冷剂的压力仍为 0.186MPa。但对感温包内工质（假定感温包内充注物也为 R12），$-10℃$ 的饱和压力 $p_S = 0.223MPa$，内平衡式热力膨胀阀的开启压差：

$$\Delta p = p_S - (p_0 + p_T) = 0.223 - (0.186 + 0.022) = 0.015MPa$$

由于膜片上下有 0.015MPa 的压差，阀心可以开启。假定制冷剂在蒸发器内有流动损失 0.02MPa，制冷剂在蒸发器出口的压力为 0.166MPa（与此压力相应的的制冷剂饱和温度为 $-18℃$），过热度仍为 5℃，则制冷剂 C 点的过热温度应是 $-13℃$，此时感温包中工质相应的饱和压力是 $p_S = 0.2MPa$，其开启压差：

$$\Delta p = p_S - (p_0 + p_T) = 0.2 - (0.186 + 0.022) = -0.008MPa$$

计算结果表明，在 5℃ 的过热度下，阀心是无法开启的。要使阀心开启，就需要增加过热度来提高感温包内充注物的 p_S。但是，过热度太大，会使蒸发器供液不足和降温困难，这一缺点可由外平衡式热力膨胀阀来克服。

外平衡式热力膨胀阀的构造（图 10-6）与内平衡式热力膨胀阀基本相似，但是其膜片下方不与供入的液体接触，而是与阀的进、出口处用一隔板隔开，在膜片与隔板之间引出一根平衡管连接到蒸发器的回气管上。另外，调节杆的形式等也有所不同。外平衡式热力膨胀阀的安装如图 10-7 所示。

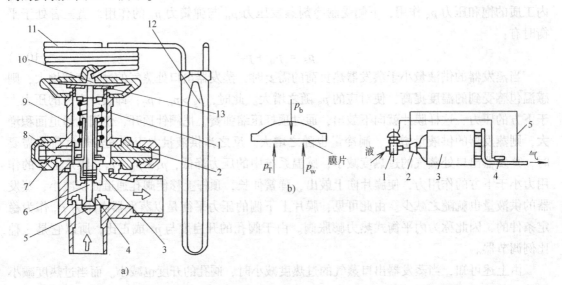

图 10-6 外平衡式热力膨胀阀   图 10-7 外平衡式热力膨胀阀安装图

1—弹簧 2—外平衡管接头 3—密封组合体 4—阀孔 5—阀心   1—热力膨胀阀 2—分液器 3—蒸发器

6—顶杆 7—螺母 8—调整杆 9—阀体 10—压力腔   4—感温包 5—平衡管

11—毛细管 12—感温包 13—膜片

    外平衡式热力膨胀阀的工作原理是将内平衡式热力膨胀阀膜片驱动力系中的蒸发压力 p_0，改为由外平衡接头引入的蒸发器出口压力 p_W 取代，以此来消除蒸发器管组内的压降 Δp_0（见表 10-1）所造成的膜片力系失衡而带来的不利影响。由于 $p_W = p_0 - \Delta p_0$，尽管蒸发器出口过热度偏低，但膜片力系变成

$$p_S = p_T + (p_0 - \Delta p_0)，即 p_S = p_T + p_W \tag{10-2}$$

仍然能保证在允许的装配过热度范围内达到平衡。在这个范围内，当 $p_S > p_T + p_W$ 时，表示蒸发器热负荷偏大，出口过热度偏高，膨胀阀流通面积增大，使制冷剂供液量按比例增大。反之按比例减小。同样以上一个例子来说明：若使用外平衡式热力膨胀阀，膜片下面的作用力是弹簧力 p_T 和蒸发器出口压力 p_W，其中 $p_W = 0.166\text{MPa}$，膨胀阀开启压力为

$$\Delta p = p_S - (p_W + p_T) = 0.2 - (0.166 + 0.022) = 0.012\text{MPa}$$

膜片上、下仍有 0.012MPa 的压差，因此在同样的压差下，阀心可以开启。

    外平衡式热力膨胀阀的调节特性，基本上不受蒸发器中压力损失的影响，但是由于它的结构比较复杂，因此一般只有当膨胀阀出口至蒸发器出口的制冷剂压降相应的蒸发温度降超过 2~3℃ 时，才应用外平衡式热力膨胀阀。目前国内一般中小型的氟利昂制冷系统，除了使用分液器的蒸发器外，蒸发器的压力损失都比较小，所以采用内平衡式热力膨胀阀较多。使用液体分离器的蒸发器压力损失较大，故宜采用外平衡式热力膨胀阀。

表 10-1 使用外平衡式热力膨胀阀（R22）的 Δp_0 值

蒸发温度 t_0/℃	+10	0	-10	-20	-30	-40	-50
Δp_0/10^5Pa	0.42	0.33	0.26	0.19	0.14	0.10	0.07

三、热力膨胀阀的选择与使用

在正常情况下，热力膨胀阀应控制进入蒸发器中的液态制冷剂量刚好等于在蒸发器中吸热蒸发的制冷剂量。使之在工作温度下蒸发器出口过热度适中，蒸发器的传热面积得到了充分利用。同时在工作过程中能随着蒸发器热负荷的变化，迅速地改变向蒸发器的供液量，使之随时保持系统的平衡。实际中的热力膨胀阀感温系统存在着一定的热惰性，形成信号传递滞后，往往使蒸发器产生供液量过大或过小的超调现象。为了削弱这种超调，稳定蒸发器的工作，在确定热力膨胀阀容量时，一般应取蒸发器热负荷的 1.2 ~ 1.3 倍。

为了保证感温包采样信号的准确性，当蒸发器出口管径小于 22mm 时，感温包可水平安装在管的顶部；当管径大于 22mm 时，则应将感温包水平安装在管的下侧方 45° 的位置，然后外包绝热材料，绝对不可随意安装在管的底部。也要注意避免在立管，或多个蒸发器的公共回气管上安装感温包。外平衡式热力膨胀阀的外平衡管应接于感温包后约 100mm 处，接口一般位于水平管顶部，以保证调节动作的可靠性。

为了使热力膨胀阀节流后的制冷剂液体均匀地分配到蒸发器的各个管组，通常是在膨胀阀的出口管之间设置一种分液接头。它仅有一个进液口，却有几个甚至十个出液口，将膨胀阀节流后的制冷剂均匀地分配到各个管组中（或各个蒸发器中）。分液接头的型式很多，以降压型分液接头的使用效果最好。图 10-8 示出了几种压降型分液头的结构型式，它们的特点是通道尺寸较小，制冷剂液体流过时要发生节流，产生约 50kPa 压差。同时在分液管中也约有相等的压差，以致使蒸发器各通路管组总压差大致相等，使制冷剂均匀分配到蒸发器中，各部分传热面积得到充分利用。在安装分液头时各分液管必须具有相同的管径和长度，以保证各路管组压降相等。

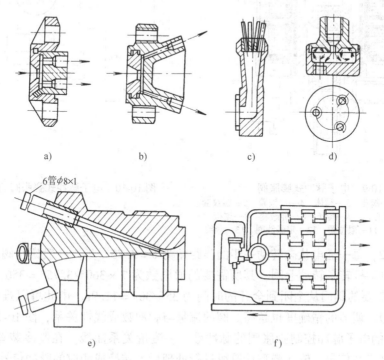

图 10-8 几种压降型分液头的结构型式

第三节 电子脉冲式膨胀阀

电子脉冲式膨胀阀由步进电动机、阀心、阀体、进出液管等主要部件组成。它的结构如图 10-9 所示。由一个屏蔽套将步进电动机的转子和定子隔开。在屏蔽套下部与阀体作周向焊接，形成一个密封的阀内空间。电动机转子通过一个螺纹套与阀心联接，转子转动时通过一个螺纹套与阀心联接，转子转动时可以使阀心下端的锥体部分在阀体中上下移动，以此改变阀孔的流通面积，起到调节制冷剂流量的作用。在屏蔽套上部设有升程限制机构，将阀心的上下移动限制在一个规定的范围内。若有超出此范围的现象发生，步进电动机将发生堵转。通过升程限位机构可以使电脑调节装置方便地找到阀的开启基准，并在运转中获得阀心的位置信息，读出或记忆阀的开闭情况。

电子脉冲控制膨胀阀的步进电动机具有启动频率底、功率小、阀心定位可靠等优点，属于爪极型永磁式步进电动机。它的定子由四个铁心和两副线轴组成，每个铁心内周边常有十二个齿（称做爪极）。定子引出线及开关电路见图 10-10。图中的开关 1 和开关 2 按表 10-2 中的 1-2-3-4-5-6-7-8 顺序通电膨胀阀开启，反之阀门关闭。

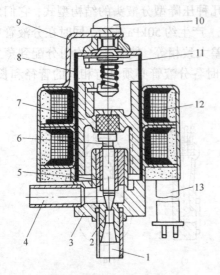
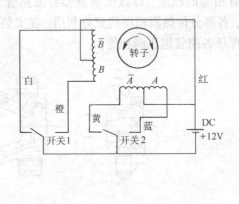

图 10-9 电子脉冲式膨胀阀
1—进液管 2—阀孔 3—阀体 4—出液管 5—螺纹套
6—转轴（阀心） 7—转子 8—屏蔽套 9—尾板
10—定位螺钉 11—限位器 12—定子线圈 13—导线

图 10-10 电子脉冲式膨胀阀的驱动线路

按表 10-2，每一通电状态转动一步的步距角为 $\theta = 3.75°/$步。一般膨胀阀从全闭到全开设计为步进电动机转子转动七圈，其所需要的通电数为 $7 \times 360°/3.75° = 356$ 个。若在频率 30Hz 时，所需要的阀门从全闭到全开的时间为 $356/30s = 11.9s$。由此可以推测频率越高所需的时间越短，调节的精确度也越高。阀的流量与脉冲数成线性关系，图 10-11 示出了通径为 $\phi 2.85mm$ 的电子脉冲控制膨胀阀的脉冲数——流量关系曲线。在制冷装置运行过程中，由传感器取到实时信号，输入微型计算机进行处理后，转换成相应的脉冲信号，驱动步进电动机获得一定的步距角，形成对应的阀心上升或下降的移动距离，得到合适的制冷剂在阀孔的流通面积和与热负荷变化相匹配的供液量，实现了装置的高精度能量调节。由于变流量调节时间以秒计算，可以有效地杜绝超调现象发生。对于一些需要精细流量调节的制冷装置，采用此种膨胀阀，可得到满意可靠且高效的节能效果。

表 10-2　定子通电顺序及动作

顺序 \ 引线	红	蓝（A）	黄（$\overline{A}$）	橙（B）	白（$\overline{B}$）	阀动作
1	DC$_{12V}$	ON				
2		ON		ON		
3				ON		开　关
4			ON	ON		
5			ON			阀　阀
6			ON		ON	
7					ON	↓　↑
8		ON			ON	
1		ON				

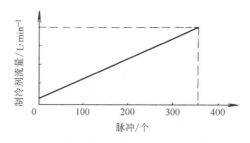

图 10-11　ϕ2.85mm 通径的电子膨胀阀的
脉冲数——流量关系曲线

第四节　毛　细　管

在小型的氟利昂制冷装置中，如电冰箱、窗式空调器、小型降湿机等，由于冷凝温度和蒸发温度变化不大，制冷量小，为了简化结构，一般都用毛细管作为制冷系统中的节流降压机构。

毛细管是一种最简单的节流机构。所谓毛细管，实际上就是一根直径很小的紫铜管。流体流经管道时要克服管道的阻力，就有一定的压力降，而且管径越小，管道越长，压力降也就越大。所以毛细管在制冷系统中可对制冷剂起到节流膨胀作用，而且当毛细管的内径和长度一定，以及两端保持定压力差时，通过毛细管的制冷剂液体流量也是一定的。基于这样的原理，可选择适当直径和长度的毛细管来代替节流阀，实现节流降压和控制制冷剂的流量的目的。

目前使用的毛细管多为内径 0.6～2.5mm 之间的紫铜管，一般长度为 0.5～5.0m 之间。毛细管可以是一根或者是几根并联。使用几根毛细管时，需要用分液器，而且要经过仔细地调整，使几根毛细管的工作状况大致一样（可由结霜情况来判断）。另外，在毛细管前需要设过滤器，以防毛细管被杂物堵塞。

毛细管作为节流机构的优点是，结构简单、制造方便、价格便宜和不易发生故障；而且压缩机停止运行后，冷凝器和蒸发器的压力可以自动达到平衡，减轻了再次起动时电动机的负荷。但是，因为毛细管的孔径和长度是根据一定的工况确定的，因此在两端的压力差保持不变的情况下，不能调节制冷剂流量。当蒸发器的负荷变化时，它也不能很好地适应。所以只有在设计工况下运行时，蒸发器的传热效果才能得到充分发挥。如果蒸发压力下降，容易发生制冷剂液体进入压缩机的现象；如果蒸发压力上升，则会使蒸发器供液不足，影响系统制冷能力的充分发挥。此外，由于毛细管中的流量与进出口压力关系很大，因此在无贮液器时，要求充注制冷剂的量非常准确。如果所充的制冷剂量过多或过少，都不能使制冷装置正常工作。所以毛细管仅适宜用于工况较稳定、负荷变化不大和采用封闭式压缩机的制冷装置中。

第 **十一** 章

制冷系统的辅助设备

11

制冷系统中除压缩机、冷凝器、蒸发器、节流机构等主要设备外，还包括一些辅助设备，如润滑油的分离与收集设备、制冷剂的贮存及分离设备、制冷剂的净化设备、安全设备等。这些辅助设备的作用是保证制冷装置的正常运行，提高运行的经济性，保证操作的安全可靠。由于它们不是完成制冷循环所必需的设备，所以在小型制冷装置中，为了简化设备，往往将某些辅助设备省去。

第一节　润滑油的分离与收集设备

制冷机工作时需要润滑油在机内起润滑、冷却和密封作用。系统在运行过程中润滑油往往随压缩机排气进入冷凝器甚至蒸发器，在传热壁面上凝成一层油膜，由于油膜导热系数小，使冷凝器或蒸发器的传热效果降低，所以要在压缩机和冷凝器之间设置油分离器，把从压缩机排出的过热蒸气中夹带的润滑油在进入冷凝器前分离出来。对于氨制冷装置，还要设集油器。

油分离器是一种气液分离设备，将制冷剂过热蒸气中夹带的润滑油蒸气和微小油粒分离出来。油分离器的基本工作原理，是利用油滴与制冷剂蒸气的密度不同，通过降低混有润滑油的制冷剂蒸气的温度和流速分离出润滑油。目前，常用的油分离器有洗涤式、离心式、填料式及过滤式等。

一、洗涤式油分离器

洗涤式油分离器是氨制冷系统中常用的油分离器，能分离出 80% ~85% 左右的油量，其结构如图 11-1 所示。洗涤式油分离器的壳体是用钢板卷焊成圆筒形，上下两端焊有钢板制成的拱形封头。进气管由上封中心处伸入到器内稳定的工作液面以下，管子下端四周开有四个矩形出气口，底部用钢板焊牢，防止流速高的过热蒸气直接冲击底部，将沉积的润滑油冲起。器内进气管中上部焊有多孔伞形挡板，进气管上有一平衡孔位于伞形挡板下，工作液面之上。筒身上部焊有出气管伸入筒内，并向上开口。筒身下部有进液和放油管接头。

进气管上平衡孔是平衡压缩机排气管路、油分离器和冷凝器间的压力。其作用是当压缩机停车或发生事故时，不致因冷凝器压力高于压缩机排气管路压力时，而将油分离器中的氨液压入压缩机的排气管道中。

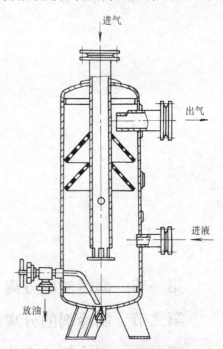

图 11-1　洗涤式油分离器

洗涤式油分离器工作时，筒内氨液必须保持一定的高度。从压缩机来的氨油混合气体进入分离器中，依靠排气的减速、改变流动方向，以及在氨液中进行洗涤、冷却，使部分油蒸气凝结成液滴并分离出来。分离出来的润滑油，因其密度比氨液的大而逐渐沉积于筒底，应定期通过集油器排向油处理系统。同时，筒内部分氨液吸热后汽化并随被冷却的制冷剂排气，经伞形挡板受阻折流后，由排气管送往冷凝器。

在洗涤式油分离器中，氨液的洗涤冷却作用是主要的，因此设计施工和操作中必须使氨液液面高出进气管底部 125～150mm，以保证氨油混合的过热蒸气与氨液有较好接触。安装时冷凝器的出液管应高于分离器进液管 200～300mm，其连接形式应从冷凝器出液管的底部接出。

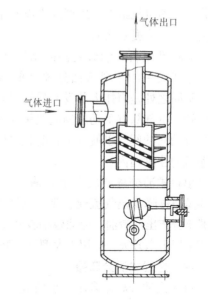

图 11-2　离心式油分离器

二、离心式油分离器

离心式油分离器适用于较大型的制冷装置，它的结构如图 11-2 所示。离心式油分离器是用钢板制成的密闭容器，属于干式油分离器的一种。容器内装有与出气管下端连接直径稍大的中心管，中心管外壁上焊有螺旋形隔板，中心管内焊有三层和水平面成 30°夹角的多孔筛板，上面布满了直径为 φ5 小孔。器内中下部焊有倾角为 3°的挡板，容器上部有进、出气管接头，下部有手动阀和浮球自动控制阀管接头。

离心式油分离器工作时，含有润滑油的压缩机排气由进气管进入容器内，由于流通截面积突然扩大而减速，并沿着螺旋隔板自上而下作旋转运动，使油滴在离心力作用下从排气中分离出来，沿筒体的内壁面流下积聚到容器底部。分油后的的制冷剂蒸气经中心管内多孔挡板，不断受阻折流改向后，从上部出气管导出。离心式油分离器的中下部挡板把容器内空间分为润滑油的分离和贮存两部分，挡板既能使分离出的润滑油流入容器底部，又不会因气体的高速旋转运动将底部积聚的油夹带走。当沉积器底的润滑油达到的一定量后，浮球阀自动开启，将油压回压缩机轴箱中或由手动阀定期排入压缩机的曲轴箱中。有的离心式油分离器外部还焊有冷却水套，用水来冷却，目的是提高分油效果，但是据测试分油效果提高不显著。

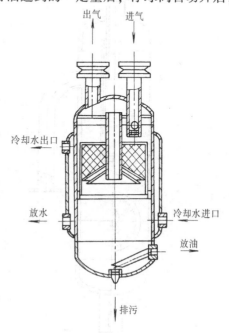

图 11-3　氨用填料式油分离器

三、填料式油分离器

氨用的填料式油分离器结构如图 11-3 所示，它是在钢板焊制的密闭容器内用钢板隔成上、下两部分，隔板中心间焊有钢管连通，钢管四周设有填料层。填料层的上、下方用两块多孔的钢板固定，填料层下面焊有伞形挡板。容器上部有进气口和出气管接头，下部有放油和排污管接头。

工作时，制冷剂过热蒸气从进气管进入填料式油分离器的上部，由于气体流通截面积突然扩大及通过填料层时气流不断受阻改变流向，流速减慢为 $\omega = 0.4～0.5m/s$，润滑油就从制冷剂蒸气中分离出来。向下滴落积存在油分离器底部。分油后的制冷剂蒸气经反复折流、改向，最终由中心管通往出气管流向冷凝器。氨用的填料式油分离器有 A、B 两种不同型式，A 型壳体外焊有水套，一般安装在压缩机机组上，B 型外壳没有水套，安装在制冷机与冷凝器之间。

氟利昂填料式油分离器的结构如图 11-4 所示，它和氨用的填料式油分离器的结构基本相同，不同之处是筒体上部没有隔板隔开进气管和出气管，下部除有手动放油阀接头外还有浮球控制的自动回油阀，以便在工作时直接回油至制冷压缩机的曲轴箱内。

填料式油分离器属于干式油分离器的一种，主要是通过降低蒸气流速、改变流动方向及填料过滤来分离出润滑油，分油效果较好，结构简单，但填料层阻力较大，适用于大型及中型制冷装置。

四、过滤式油分离器

过滤式油分离器多用于小型氟利昂制冷系统中，它也是干式油分离器的一种。过滤式油分离器的结构如图 11-5 所示。在钢板制成的密闭容

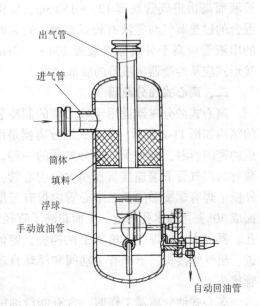

图 11-4　氟用填料式油分离器

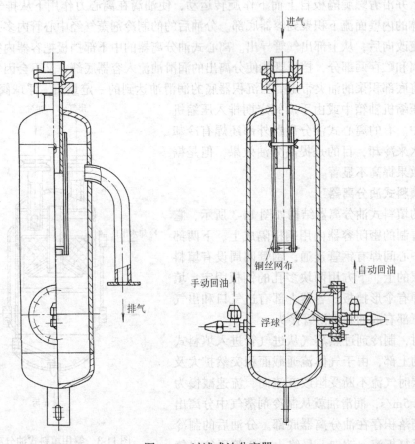

图 11-5　过滤式油分离器

器上部有进、出气管接头，下部有回油手动阀和浮球自动控制回油阀管接头，与压缩机曲轴箱连通，进气管下端设有过滤层。

过滤式油分离器工作时，压缩机排出的过热蒸气从油分离器顶部的进气管进入筒体内，由于流通截面积突然扩大，流速减慢，再经过几层过滤网的过滤，制冷剂蒸气不断受阻反复折流，将蒸气中的润滑油分离出来，积聚在油分离器底部，到达一定高度后由浮球自动控制回油阀或手动回油阀在压缩机吸、排气压力差的作用下送回压缩机曲轴箱中。分油后的制冷剂蒸气由上部出气管排出。

过滤式油分离器虽分油效果不如前三种好，但因结构简单，制作方便，回油及时，在小型制冷装置中应用相当广泛。

五、集油器

集油器是氨制冷系统中收集从油分离器、冷凝器、贮液器、中间冷却器、蒸发器和排液桶等设备放出的润滑油的设备。集油器是用钢板焊制的圆筒形密闭压力容器。容器顶部焊有回气管接头，与系统中氨液分离器或低压循环贮液器的回气管相通，用作回收氨气和降低集油器内的压力。筒体上侧有进油管接头，与油分离器、冷凝器、贮液器、中间冷却器、蒸发器和排液桶等设备的放油管相接，各设备放出的油由各自的放油管单独进入集油器。集油器下侧设有放油管，以便在氨蒸气回收后，将集油器内的油放出。集油器上还装有压力表和玻璃液面指示器，用以观察，便于操作。放油前为了加快润滑油中氨液的汽化回收，通常采取顶部淋水器向集油器淋水加热的方法，即顶部淋水式集油器（如图11-6所示），或者在集油器内装置加热盘管，即加热盘管式集油器（如图11-7所示）。

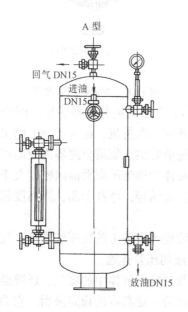
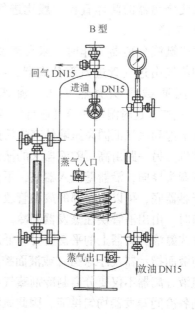

图 11-6　顶部淋水式集油器　　　　　　图 11-7　加热盘管式集油器

集油器在氨制冷系统中的设置应根据润滑油排放安全、方便的原则。高压部分的集油器一般设置于放油频繁的油分离器附近，低压部分的集油器设置在设备间低压循环贮液器或排液桶附近。

第二节　制冷剂的分离与贮存设备

一、气液分离器

为了使制冷系统安全稳定地工作，应防止制冷剂液体进入压缩机。在氟利昂系统中，可利用气液热交换器，让液体和气体进行热交换，使吸气过热，或采用热力膨胀阀控制蒸发器须设置排气过热度，一保证压缩机的安全运行。在氨制冷系统中，由于不允许吸气过热度太大，因此在蒸发器通往压缩机的回气管路上须设置气液分离器，以保证压缩机的干压缩。

（一）氨用气液分离器

氨用气液分离器简称氨液分离器，按其结构形式的不同，有立式和卧式两种类型。

1. 立式氨液分离器

结构如图 11-8 所示，是一个用钢板焊制成的密闭压力容器。筒体上部有出气管伸入器内，为一开口向上的弯管。中部有进气管伸入容器内，开口向下，中下部有供液管伸进容器内，为一向器壁并向下弯曲的弯管。另外筒体上还有平衡管、气液均压管、压力表、安全阀、放油管及液面指示器等接头。立式氨液分离器的筒体直径一般比进气管径约大 4~7 倍。

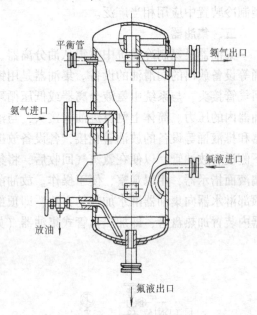

图 11-8　立式氨液分离器

立式氨液分离器工作时，来自蒸发器的湿饱和蒸气由进气管进氨液分离器，经折流向下，流通截面积突然扩大，流速降至 0.5m/s 左右，这时湿饱和蒸气进行气液分离，液体落下流至氨液分离器底部，而分离出液体后的干饱和蒸气汇同高压液体节流后产生的闪发气体再一次折流，经开口向上的出气管送往压缩机。另一路由高压贮液器来的液体经节流后由进液管供入氨液分离器内液面以下，受进液管弯头导向，沿器壁流入器底，不会引起飞溅。液体中挟带的润滑油因密度大于氨液而沉积于容器底，可以从底部的放油管放至集油器。氨液比油轻，浮在上面，当高度超过出液管管口时，由出液管供往蒸发器制冷。

立式氨液分离器上的平衡管可与低压贮液桶或排液桶等设备上的减压管连接。气—液均压管与液面指示器及浮球阀（或液面控制器）的气—液均压管连通。

氨液分离器不仅要分离制冷剂蒸气中混有的液体及制冷剂液体中的蒸气，还要通过分调节站向各冷间蒸发器均匀供液，因此氨液分离器必须保持一定高度的稳定液面。它的正常液面应高于供液冷间最高层排管液面 0.5~2m，以克服管路阻力，保证蒸发器所需供应量。如氨液分离器安装位置过低，会造成蒸发器供液不足，安装位置过高则会增大蒸发器内静压力的影响，使蒸发温度升高，影响冷间的正常降温。为了减少供液管路上的局部阻力，保证氨液能充分供应到蒸发器，氨液分离器的出液管截面积应比进液管截面积增大一倍。

氨液分离器若仅用来分离气体中的液体，它的安装高度只要能使分离器中的氨液自动流入低压贮液桶（或低压排液桶）即可。氨液分离器上的平衡管与低压贮液桶或排液桶上的减压管连接，供液管封闭，气—液均压管仅与液面指示器连接。这种形式的氨液分离器安装在机房内以保证压缩机的正常运行，防止产生湿冲程。

2. 卧式氨液分离器

分离器结构如图 11-9 所示，容器内液面与出气管之间的距离较近，容易把飞溅的液滴带走，所以它仅用于安装高度受限制的冷间和冷藏船。通常情况下皆采用立式氨液分离器。氨液分离器是低温低压设备，外部都要包隔热层。

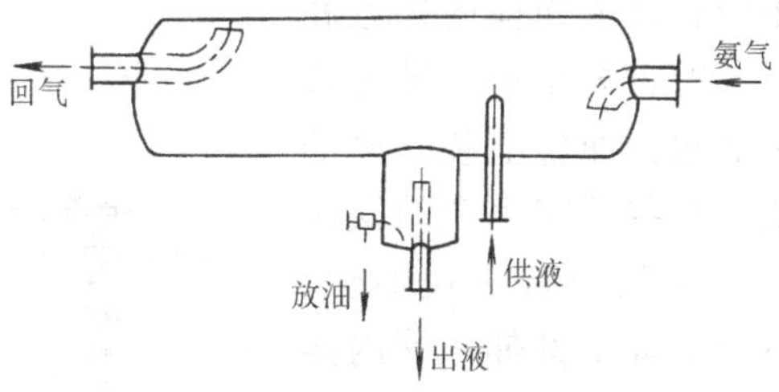

图 11-9　卧式氨液分离器

（二）氟用气液分离器

氟用气液分离器的结构形式有挡液板式和 U 形管式等。

1. 挡液板式氟用气液分离器

它是一个用钢板卷焊成的密闭压力容器，结构如图 11-10 所示。容器上部有出气管接头，中下部有进气管接头，下部有排液口。分离器内上部有一挡液板，自蒸发器来到的湿饱和蒸气由进气管进入，经挡液板进行气—液分离，分离后的干饱和蒸气经出气管送往压缩机，分离的液体经排气口流入排液筒或低压储液筒。

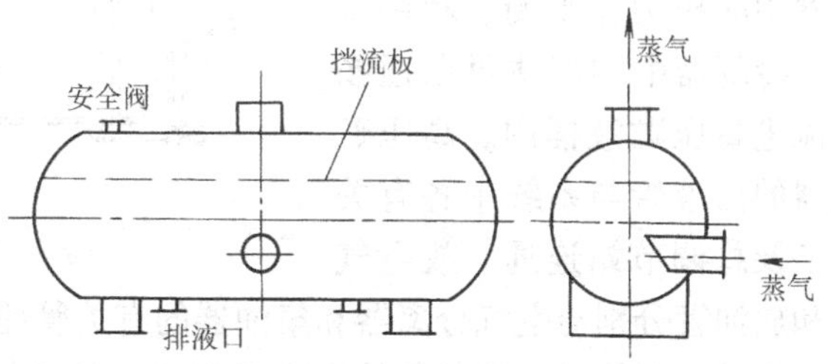

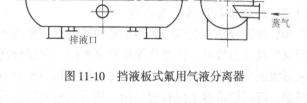

图 11-10　挡液板式氟用气液分离器

2. U 形管式氟用气液分离器

它是利用气流方向的改变来使气液分离的，结构如图 11-11 所示。U 形管式氟用气液分离器中的接管管径与回气管相同，制冷剂蒸气在气液分离器内的流速小于 0.5m/s。在 U 形管上开有小孔，使分离出来的油和液滴能经过小孔流，小孔的孔径取决于回气管的长度和压缩机的制冷量的大小，使进入小孔的液体能在 U 形管式气液分离器内全部汽化，这样可以避免压缩机产生湿冲程，并能将润滑油带回制冷压缩机。

二、贮液器

贮液器是用来贮存和供应制冷系统中的液体制冷剂的设备。根据其作用和工作压力的不同，可分为高压贮液器和低压贮液器两种。

1. 高压贮液器

高压贮液器位于冷凝器之后，用以贮存来自冷凝器的高压液体，不致使液体淹没冷凝器表面。它可使冷凝器的传热面积充分发挥作用，并且为适应工况变动而调节和稳定制冷剂的循环

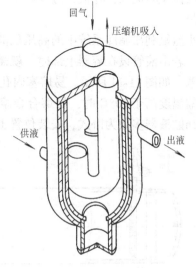

图 11-11　带回热的 U 形管式氟用气液分离器

量。此外，高压贮液器还起液封的作用，防止高压制冷剂汽体窜到低压系统管路中去。

氨用高压贮液器的结构如图11-12所示，它是用钢板焊制成圆筒形、两端焊有拱形盖的密闭压力容器。在筒体上部依次有进液、平衡、压力表、安全阀、出液和放空气等管接头，

其中出液管伸入筒体内接近底部，下部有液相平衡、排污管接头和油包，油包上装有放油管接头。有些厂家生产的氨用高压贮液器管下部不设油包，放油管自筒体上部伸入筒内接近底部。高压贮液器的一端装有液面指示器。

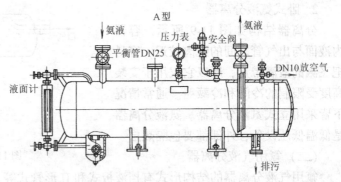

高压贮液器上的进液管、平衡管分别与冷凝器的出液管，平衡管连接。平衡管可使两个容器中的压力相平衡。利用位差，冷凝器中的液体可以通畅地流进高压贮液桶内。高压贮液器的出液管与系统中各有关设备及总调节站连通。放空气

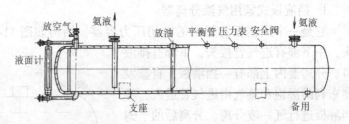

图11-12 氨用高压贮液器

管和放油管分别与空气分离器和集油器的有关管路连接。排污管一般是与紧急泄氨器相连，当发生重大事故时，作紧急处理泄氨液用。在多台高压贮液器并联使用时，要保持各高压贮液器液面平衡，各高压贮液器间都需用气相平衡管与液相平衡管连通。为了设备安全和便于观察，高压贮液器上设有安全阀、压力表和液面指示器。高压贮液器贮存的制冷剂液体最大允许容量为本身容积的80%，最少不低于30%，存液量过多，易发生危险和难以保证冷凝器中液体及时流入；存液量过少则不能满足正常供液需要，甚至破坏液封，高低压窜通，发生事故。

小型氟利昂制冷系统中的高压贮液器结构较简单，如图11-13所示。它只有进、出液管接头，若出液管设在容器上部时，就需伸入器内接近器底。贮液器上装有安全保护装置——易熔塞，如图11-14所示。易熔塞内孔堆焊有易熔合金，即低熔点合金，熔点在70℃左右。当容器温度高于70℃时，易熔合金熔化，高压的氟利昂液体喷向大气，以防止容器爆炸。氟利昂贮液器多数为卧式，安装位置也应比冷凝器低。

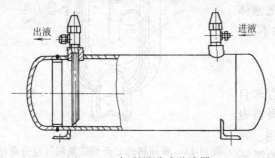

图11-13 氟利昂卧式贮液器

图11-14 易熔塞

对于只有一个蒸发器的小型制冷装置，特别是氟利昂制冷装置，因气密性较好，高压贮液器容量可选择得较小，或者不采用高压贮液器，仅在冷凝器下部贮存少量液体。

2. 低压贮液器

低压贮液器是设置在低压侧的贮液器，仅在大型氨制冷装置中使用。按用途的不同，可分为低压循环贮液器和排液桶等。

（1）低压循环贮液器　低压循环贮液器是用于液泵供液系统的气液分离器，在系统中的位置和氨液分离器一样，设置在蒸发器通往压缩机的回气管路上，起到气、液分离，保证向蒸发器均匀供液的作用。另外，对于小型制冷系统而言，还能起到融霜排液的作用。

低压循环贮液器有氨用、氟用，立式、卧式之分。

立式氨用低压循环贮液器如图11-15所示，它是由钢板壳体及封头焊接而成的圆筒形密闭压力容器。筒体上焊有进气、出气、进液、冲霜回液、氨泵回液、氨泵供液、放油、排污、气—液均压、安全阀和压力表等管接头。容器上部的进气管伸入器内，弯头朝下，出气管四周开有矩形出气口，末端焊有底板，避免气体直冲器底而影响连续供液。出气管伸入器内，弯头向上，使氨气流出时再一次折流，有利于将微小液滴充分分离。容器中部的冲霜排液

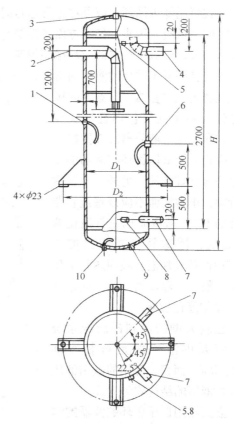

图11-15　氨用立式低压循环贮液器
1—氨泵排液　2—回气管　3—安全阀　4—压缩机吸入管　5、8—液位指示器　6—供液管　7—氨泵供液管　9—排污管　10—放油管

管和进液管是伸入器内的向下弯头。出口朝向器壁，以利于进入的液体沿壁面流向器底而不会引起飞溅，并使夹带的润滑油被分离出来后沉积容器底。氨泵回液管与齿轮氨泵排液管上的旁通管相通，用于齿轮氨泵输出液体过剩时向回液管流回贮液器内，以免损坏氨泵（离心氨泵和屏蔽氨泵不需连通）。氨泵供液管一般有两根且成直角，带有与地面垂直线夹角为15°～60°的倾斜接管，分别通往两台氨泵。氨液从容器下部侧面流出，使产生的闪发气体能流回容器内，防止氨泵发生气蚀现象，影响泵的正常运行。贮液器上的气—液均压管与液位指示器及浮球阀（或液面控制器）的气—液均压管相接，如果容器上设有液位指示器的管接头，应分开连接。贮液器外壳应包隔热层。

低压循环贮液器的工作原理与氨液分离器类似。由蒸发器来的制冷剂湿蒸气由进气管进入低压循环贮液器内，流速降低，流向改变，加上伞形挡板的作用，气液分离后的干饱和蒸气经出气管流往压缩机的吸气总管，液体流落器底，其分离原理与氨液分离器一样。另一路自高压贮液桶来的经中间冷却器冷却盘管的过冷液体，通过浮球阀（或液面控制器）由进液管供入容器内，保持规定的液面高度。若浮球阀（或液面控制器）失灵，可改用手动节流阀供液。器内氨液从出液管供给氨泵送往库房。器底积聚的润滑油，定期由放油管排往集油器

放出。

立式氨用低压循环贮液器在正常运行时对液面要求比较严格。一方面应保证氨泵工作时所必需的最低吸入压头，另一方面还需防止因液面过高而引起压缩机出现湿冲程。低压循环贮液器的液位由液位控制器或浮球阀控制、调节。

卧式氨用低压循环贮液器的结构如图 11-16 所示，它也是用钢板壳体和封头焊接而成的圆筒型密闭压力容器。容器上的接管与立式的类似，所不同的是出气管不是直接伸入容器内而是伸入一个回气包内且弯头朝上，这样能使气液分离效果更好。

卧式氨用低压循环贮液器的工作原理与立式相同。另外，在正常运行中，正常液面不应该超过容器高度的 1/4，若液面比正常液位低 40mm 时，浮球阀（或液面控制器）动作补充加液，液面达到工作范围上限时，浮球阀（或液面控制器）动作停止加液。

在较大型的氟利昂制冷系统中，液泵供液一般是对制冷剂 R22、R502 而言，常用的氟用低压循环贮液器的结构式为立式。

立式氟用低压循环贮液器的结构与立式氨用低压循环贮液器相似，所不同的是氨用低压循环贮液器的放油管位于容器的底部，而立式 R22 低压循环贮液器的放油管则位于制冷剂液面部位，

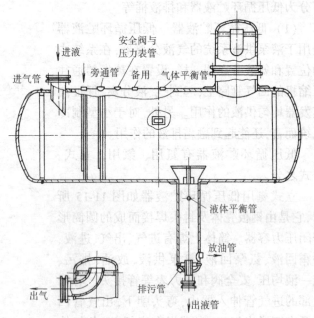

图 11-16　氨用卧式低压循环贮液器

这是润滑油的密度低于 R22 的密度这一路油特性所决定的。R22 用立式低压循环贮液器工作原理如图 11-17 所示。

（2）排液桶　排液桶一般布置在设备间靠近冷库的一侧，主要用于热氨冲霜时，贮存由冷风机或冷却排管内排出的氨液，并分离氨液中的润滑油。另外，也可以用于中冷器、低压循环贮液器、气液分离器等设备液位过高或检修时的排液。

排液桶的结构如图 11-18 所示，它也是用钢板焊制成圆筒形，两端焊有拱形封头密闭压力容器。在桶身上都依次设有进液、安全阀、压力表、平衡管、出液管等接头。其中平衡管接头焊有一

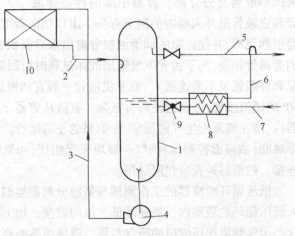

图 11-17　R22 用立式低压循环贮液器工作原理
1—立式低压循环贮液器　2—回气管　3—液泵供液管
4—R22 液泵　5—压缩机吸入管　6—放油管　7—低压循环
贮液器供液管　8—油—液换热器　9—节流阀　10—蒸发器

段直径稍大的横管，横管上再焊接两根接管，这两根接管根据用途称为加压管和减压管（均压管）。出液管伸入桶内接近底部。桶体下部有排污、放油管接头。容器的一端装有液面指示器。

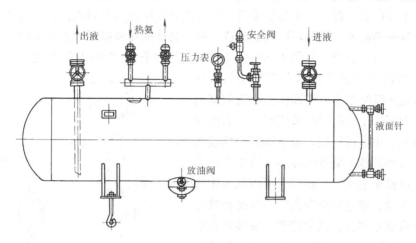

图 11-18 排液桶

排液桶除了贮存融霜排液外，更重要的是对融霜后的排液进行气、液分离和沉淀润滑油。其工作过程是通过相应的管道连接来完成的。在氨制冷系统中，排液桶上的进液管与液体调节站的排液管相连接。出液管与通往氨液分离器的液体管或库房供液调节站相连接。减压管与氨液分离器或低压循环贮液器的回气管相连接，以降低排液桶内压力，使热氨融霜后的氨液能顺利地进入桶内。加压管一般与热氨分配站或油分离器的出气管相连接，当要排出桶内氨液时，关闭进液管和减压管阀门，开启加压管阀门，对容器加压，将氨液送往各冷间蒸发器。在氨液排出前，应先将沉积在排液桶内的润滑油排至集油器。排液桶属低温设备，应包隔热层。

第三节 制冷剂的净化与安全设备

一、空气分离器

空气分离器是一种气—气分离设备，用于清除制冷系统中的空气及其他不凝性气体，起净化制冷剂的作用。

由于高压贮液器液面的液封作用，制冷系统中的空气和其他不凝性汽体通常积聚在冷凝器和高压贮液器的上部，因此空气分离器一般设置在制冷系统的高压设备附近。

常用于氨制冷系统的有卧式套管式空气分离器和立式盘管式空气分离器两类。

1. 卧式空气分离器

卧式套管式空气分离器的结构如图 11-19 所示，它是由四根不同直径的无缝钢管套焊制成，其中内管 1 与内管 3 相通，内管 2 与外管 4 相通，外管 4 通过旁通管与内管 1 相

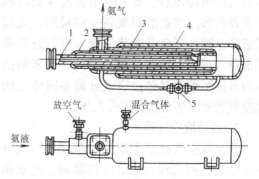

图 11-19 卧式空气分离器
1—供氨液管 2—空气出口 3—氨蒸气出口
4—混合气体进入管 5—节流阀

通。在旁通管上装有节流阀。空气分离器的四根套管皆有管接头与各自有关的设备相通。

　　卧式套管式空气分离器工作时，从高压贮液器来的氨液经供液节流阀节流后进入空气分离器的内管 1 和内管 3 腔中，低温氨液吸收管外混合气体的热量而汽化，经内管 3 上的出气管去系统氨液分离器或低压循环贮液器的进气管。自冷凝器和高压贮液桶来的混合气体，通过进气管进入空气分离器的外管 4 和内管 2 腔中，受内管 1、3 腔中的低温氨液的冷却，混合气体中的氨液凝结成液体而与不凝性气体分离。凝结的氨液积聚在管 4 底部，当氨液积聚到一定量时，关闭管 1 上的供液节流阀，开启旁通管上的节流阀，由旁通管供入管 1 作继续蒸发吸热用。而空气和其他不凝性气体经内管 2 上的出气管阀门缓缓排至盛水的容器中。可以从水中气泡的大小、多少、颜色和声音判断空气是否放尽及空气中的含氨量多少，以便控制。安装卧式套管式空气分离器时，将空气分离器稍向后端倾斜，使凝结的氨液能积聚在外管 4 的后半部，便于从旁通管流出。卧式套管式空气分离器的分离效果较好，操作方便，应用较广。

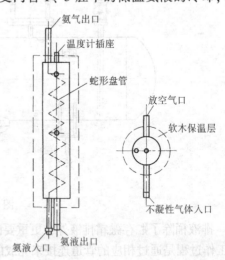

图 11-20　立式盘管式空气分离器

　　2. 立式盘管式空气分离器

　　立式盘管式空气分离器的结构如图 11-20 所示，它是用钢板卷焊成的圆筒形密闭容器。容器内有一组蛇形盘管，容器上部有抽气管和温度计插口，筒体上有混合气体进气管和放空气管，下部有进液管。进液管与筒体下部连有旁通管，旁通管上有节流阀。

　　立式盘管式空气分离器工作时，从高压贮液器来的氨液经供液节流阀节流后自空气分离器下部的进液管进入蛇形盘管内，吸收混合气体的热量而汽化，经抽气管通向低压循环筒的回气管。由空气分离器中部进入的混合气体被冷却后，氨液凝结为液体而沉积于容器底部，当氨液积聚到一定量时，关闭供液节流阀，开启旁通节流阀，由旁通管将氨液供入盘管继续汽化吸热。分离出来的空气与其他不凝性气体由空气分离器筒体上的放空气管通过盛水容器放入大气。

　　3. 自动放空气器

　　自动放空气器是采用立式盘管式空气分离器加装自控元件，像温度控制器、电磁阀等组合而成的空气分离器，其结构及自控原理如图 11-21 所示。

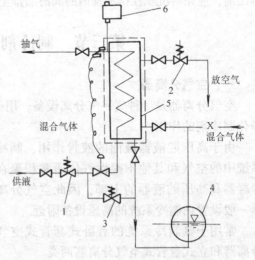

图 11-21　自动放空气器结构及自控原理图
1—供液电磁阀　2—放气电磁阀　3—旁通电磁阀
4—贮液器　5—自动放空气器　6—温度控制器

　　自动放空气器的工作原理如下：高压贮液器中的氨液通过供液电磁阀 1，经热力膨胀阀节流降压后送入空气分离器冷却盘管中吸热汽化。汽化后的氨蒸气由空气分离器的抽气管排出，其供液量由热力膨胀阀控制。混合气体进入空气分离器后放热，其中氨蒸气被冷凝为氨液并靠重力流回贮液器内或经旁通电磁阀 3 进入供液管，不凝性气体聚集与空气分离器中。由于不凝性气体的集聚量逐渐增加，其中的压力也逐渐升高，从而阻碍了后继混合气体的进入。再由于盘管中的氨液不断汽化制冷，使得空气分离器内的不凝性气体温度降低。当温度降至 -12℃ 时，空气分离器上安装的温度控制器 6 动作，使放气电磁阀 2 通电开启，将不凝性气体排出系统。这时空气分离器内部压力降低，冷凝器或高压贮液器内的混合气体就会继续涌入空气分离器，使得空气分离器内的温度升高。当温度升至 -8℃ 时，温度控制器再次动作使放气电磁阀 2 关闭，这样第一次放气过程结束。

自动放空气器的工作和停止，由制冷压缩机控制。只要制冷压缩机运转，供液电磁阀 1 才开启工作。当制冷压缩机停机时，供液电磁阀 1 关闭。自动放空气器是在低温下工作，为了避免冷量的损失，其外壳应包保温层。为确保空气分离器内的冷凝液能顺利进入高压贮液器 4，其安装位置一定要比高压贮液器桶体上表面最高处高出 600mm 以上。

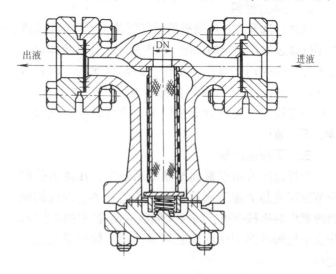

图 11-22　直通式氨用液体过滤器

二、过滤器

过滤器用于清除制冷剂中的机械杂质，如金属屑、焊渣、氧化皮等，按用途可分为液体过滤器和气体过滤器两种。

1. 液体过滤器

液体过滤器一般装在调节阀或自动控制阀前的液体管道上，以防止污物堵塞或损坏阀件。氨用液体过滤器分为直通式和直角式两种。

（1）氨用液体过滤器　直通式氨用液体过滤器结构如图 11-22 所示，其壳体由铸铁制成。壳体内部支座上装有 1~3 层网孔为 0.4mm 的细孔过滤网。过滤网下端有弹簧，下端盖加垫片后用螺钉拧紧。壳体上部有氨液进口、出口。在安装时应确认主要液体流向，按照壳体所示的箭头来连接。

工作时氨液从进口流入，经过滤网清除杂质后由出口流出。使用一段时间后，应将过滤器拆下端盖拆开，取出滤网检查，根据污损情况清洗或更换。

直角式氨用液体过滤器结构如图 11-23 所示，直角式的结构、工作原理与直通式基本相同，不同的只是进出口方向。直角式氨用液体过滤器与管道常采用螺纹联接。

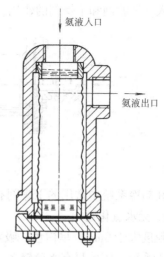

图 11-23　直角式氨用液体过滤器

（2）氟用液体过滤器　氟用液体过滤器的结构如图 11-24 所示，其壳体用无缝钢管制成，两端有拱形盖，拱形盖与壳体用螺纹联接，再加锡焊密封。盖上设有进液、出液管，壳体内设有黄铜、磷铜或不锈钢制成的滤网。滤网装在过滤器的进口端。制冷剂液体经过滤器的进口端过滤网过滤后由出口端流出，滤网应及时拆下来清洗。

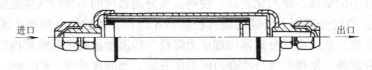

进口　　　　　　　　　　　　　　　　出口

图 11-24　氟用液体过滤器

2. 气体过滤器

气体过滤器装在压缩机的吸气管路上或压缩机的吸气腔，以防止机械杂质进入压缩机。氨用气体过滤器的结构如图 11-25 所示，其与液体过滤器类似，外壳用无缝钢管制作，内部有滤网，网目数与液体的相同。下部有可拆卸的端盖，壳体上有进、出口气管接头。安装时应按气流方向与系统吸气管连接，不可装反。

三、干燥过滤器

干燥过滤器用于氟利昂制冷系统中。在液体管路的节流阀或热力膨胀阀前设置干燥过滤器，既能清除制冷剂中的机械杂质，同时又能吸附制冷剂中的水分，防止节流阀或热力膨胀阀脏堵或冰堵，保护系统正常运行。

干燥过滤器的结构型式有许多种，图 11-26 所示的只是其中一种。这种干燥过滤器用一定管径的无缝钢

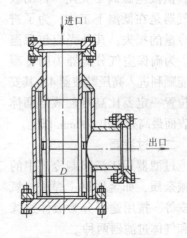

进口

出口

D

图 11-25　氨用气体过滤器

管制成，壳体内部的进、出口端设置有滤网，两滤网间的空隙装有干燥剂，氟利昂液体从进口流入，经滤网和干燥剂的作用，清除机械杂质和水分后由出液口流出。

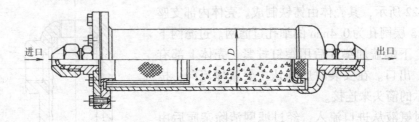

进口　　　　　　　　　　　　　D　　　　　　　　出口

图 11-26　干燥过滤器

在制冷系统中常用的干燥剂有以下几种：

1. 无水氯化钙

粒度大于 8mm，呈白色，吸水性强，吸湿后被溶解成糊状，不能再生，很容易随制冷剂流入系统。因此只有水分较多时，作为临时的定时干燥使用，一般一次使用时间约为 6 ~

8h，最长不超过24h。拆下调换时，以不成糊状为准。当水分减少后即应将其卸下，换上能较长期工作的其他品种干燥剂。无水氯化钙是通常采用的干燥剂。

2. 变色硅胶

变色硅胶呈颗粒透明状，粒径3～5mm，吸水性能好。干燥时为深蓝色，吸水后变成粉红色，所以称为变色硅胶。变色硅胶能较长时间在系统中使用，使用过的变色硅胶加热至100～120℃左右脱水再生。变色硅胶价格便宜，使用方便，但单位质量硅胶的吸水量少。

3. 分子筛

分子筛对水的吸附能力较强，尤其在含水量较低、制冷剂流速较大时，分子筛仍具有较高吸附能力。分子筛的使用寿命较长，再生后仍可使用。分子筛的种类很多，不同品种的分子筛其孔径大小各异。对制冷剂F12、F13、F22，常用Ca5A型分子筛作干燥剂，它呈白色球状或条状，颗粒直径5～6mm。使用前要经过活化，一般A型分子筛在常压下活化温度为550℃±10℃，加热2h后，在干燥条件下冷却到室温。分子筛使用一定时间后会逐渐失效，要通过脱水再生后才能使用。再生条件是减压加热到350℃±10℃，保持5h，然后冷却2h。它的缺点是价格高，使用前要进行活化处理，所以不及变色硅胶使用普遍。

四、紧急泄氨器

紧急泄氨器的作用是当发生重大事故或出现严重自然灾害又无法抢救的情况下，通过紧急泄氨器将制冷系统中的氨液与水混合后迅速排入下水道，以保护人员和设备的安全。

紧急泄氨器设置在氨制冷系统的高压贮液器、蒸发器等贮氨量较大的设备附近，它的结构如图11-27所示。紧急泄氨器是由两根不同管径的无缝钢管套合而成，外管两端焊有拱形端盖制成壳体，内管下部钻有许多小孔，从紧急泄氨器上端盖插入。壳体上侧焊有与其成30℃的进水管，下端盖焊有排泄管，接到下水道。

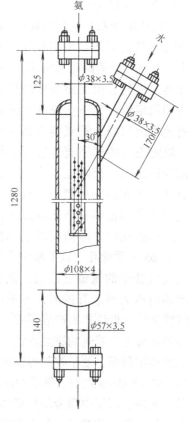

图11-27 紧急泄氨器

紧急泄氨器的内管与高压贮液器、蒸发器等设备的有关管路连通，当需要紧急泄氨时，先开启紧急泄氨器的进水阀，再开启紧急泄氨器内管上的进氨阀门，氨液经过布满小孔的内管流向壳体内腔并溶解于水中，成为氨水溶液，由排泄管安全地排放到下水道中。

第四节 制冷装置的其他辅助设备

一、中间冷却器

中间冷却器简称中冷器，是维持两极或多级压缩制冷循环正常工作的必需设备。它位于制冷压缩机的低、高压之间，主要作用是：冷却低压级压缩机排出的过热蒸气；使进入蒸发器的制冷剂液体在中间冷却器的盘管中得到过冷，同时还能分离低压级压缩机排气中夹带的润滑油。因此，中间冷却器属于制冷剂高温液体与低温液体、过热蒸气与低温液体以及过热蒸气与低温蒸气间的热交换设备。

中冷器一般为圆筒形，主要有氨用和氟用两类。

1. 氨用中间冷却器

氨用中间冷却器的结构如图11-28所示，它的壳体是用钢板卷焊成的上、下有封头的圆筒形密闭容器。中冷器的进气管由上封头中间伸入筒内的稳定液面以下，进气管下端开有矩形出气口，管底端用钢板焊牢，以防进入的氨液直冲底部，将沉淀的油翻起。筒内进气管的外侧设有两个多孔的伞形挡板，以阻挡氨气中夹带的液滴被高压级压缩机吸走。在进气管伞形挡板以上部位有一个 $\phi5$ 的平衡孔，以平衡中冷器内与进气管中的氨蒸气压力，避免因容器内压力高于管内时，氨液从

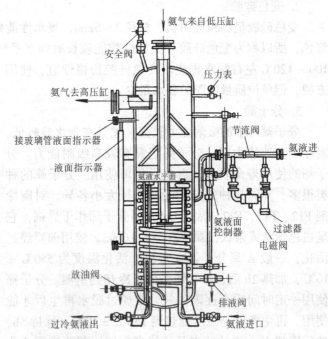

图 11-28　氨用中间冷却器

进气管倒流入低压机而造成事故。中冷器内的氨液是由筒身下侧部的进液管供入或由插焊在中冷器顶部进气管侧的进液管供入。根据中冷器外壁表示正常液面高度的凸脐标记安装浮球阀或液面控制器，便于控制容器内液面的稳定高度。中冷器的正常液面一般高于进气管的出气口 150～200mm 左右。氨用中间冷却器中内有一组蛇形盘管，它的进、出液管均在中冷器下部。此外，氨用中间冷却器筒体上还设有液面指示器和连接液面指示器、出气管、气液平衡管、排液管、放油管、压力表以及安全阀等各种管接头。

氨用中间冷却器工作时，低压级压缩机或低压缸排出的过热蒸气由进气管进入中冷器后，与容器内的氨液混合、洗涤，被冷却成中间压力下的过热蒸气或干饱和蒸气。中冷器内蛇形盘管中的氨液被等压冷却成过冷液体，从出液管供往蒸发器使用。中冷器内的氨液吸热后汽化，随同低压级排出的被冷却的蒸气一起进入高压级压缩机或高压缸。中冷器的液面高度由浮球阀或液面控制器控制。

过热蒸气进入中冷器后，由于流道截面积突然扩大，使流速降低，并且由于流动方向不断改变以及被中间压力下的饱和氨液洗涤、冷却，使低压级过热蒸气中夹带的润滑油被分离，沉积于中冷器底部。中间冷却器是在低温下工作。筒体外应作隔热层。

在氨用中间冷却器的横截面上，氨气流速一般不大于 0.5m/s，主要为了防止高压级出现湿冲程。蛇形盘管内氨液的流速通常取 0.4～0.7m/s，盘管出口处氨液温度一般比中间压力下的饱和温度高 3～5℃，此时氨用中间冷却器盘管的传热系数约为 $K=580～700W/m^2℃$。

2. 氟利昂中间冷却器

对于 R12、R22 为工质的双级压缩制冷装置，大都采用一次节流中间不完全冷却的双级蒸气压缩循环形式，其中间冷却器的结构如 11-29 图所示。氟利昂中间冷却器主要是由壳体和螺旋式换热器组成，在中冷器的圆筒形密闭壳体内有一个用铜管绕制的双进双出的内外两路螺旋盘管，分别与插入中冷器封头的进液管、出液管连接。中冷器壳体上还焊有供液管和出气管接头，在供液管通往中冷器入口处的壳体内壁上焊有挡板，使进入的液体能均匀地分散开与螺旋盘管接触，吸热汽化后由出气管送往高压机吸气管。

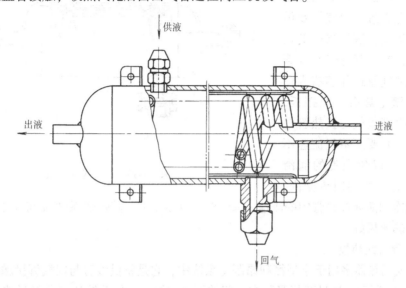

图 11-29　氟用中间冷却器

氟利昂中间冷却器工作时，由冷凝器或高压贮液器来的液态制冷剂经过干燥过滤器分两路流动，一小部分液体经膨胀阀节流后从供液管进入容器内，另外大部分液体流入容器的双头螺旋盘管中。通过管壁交换热量，盘管内液体放出热量成为过冷液体而供往蒸发器，而容器内液体吸热后汽化成为中间压力下的饱和蒸气，经出气管在高压机的吸气管路中与低压机排出的过热蒸气混合降温后进入高压机。冷热流体不是在中间冷却器中交换热量，因此高压机吸入的不是中间压力下的饱和蒸气，而是降温后的过热蒸气，这和氨中间冷器的换热方式不一样，所以氟利昂中间冷却器的结构就比较简单。

二、回热器

回热器是用于氟利昂制冷系统的气液热交换设备，安装在热力膨胀阀前的管道上。它的作用是使被压缩机吸入的制冷剂蒸气能有益过热，并使供入蒸发器的制冷剂液体适当过冷。

回热器在工作时，蒸发器的干饱和蒸气和过热蒸气由回热器的进气管进入容器内，与从进液管供入的制冷剂液体通过管间壁进行换热。蒸气吸热后成为过热蒸气，由出气管排出至压缩机的吸入管。制冷剂液体在回热器内放出热量而获得过冷，自出液口流往热力膨胀阀，节流后供给蒸发器。通过回热器，压缩机吸入的过热蒸气不但减少了有害过热，还防止了湿冲程的产生，同时液体过冷后进入热力膨胀阀可以减少闪发性气体，提高制冷循环的制冷量和制冷系数。

回热器的结构因制冷系统和制冷剂不同而有差异，一般有盘管式、并联管式、穿管式和套管式等几种。

1. 盘管式回热器

盘管式回热器多用于大、中型氟利昂制冷系统中，其结构与中间冷却器相似，如图 11-30 所示。其外壳是用钢板卷焊成圆筒形或用较大直径的无缝钢管，两端加封头焊制的密闭容器，内装有一组铜管绕成的螺旋盘管，壳体上有进、出气管及供液、出液管接头，液体制冷剂在盘管内流动，制冷剂蒸气在盘管外流动。在进气管通往容器入口处的容器内壁上焊有一块挡板，使进入的制冷剂蒸气与换热管壁面均匀接触，并要求蒸气流速不应低于 6m/s，以免夹带的润滑油因流速低而沉积在回热器内。

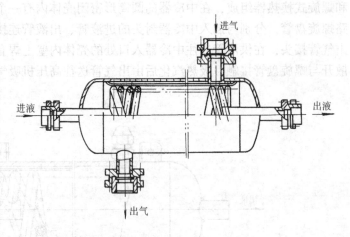

图 11-30 盘管式回热器

当 R12 的制冷剂液体在盘管中的流速 $\omega = 0.8 \sim 1.0$m/s 时，其传热系数 K 可达 233 ~ 291W/$m^2 \cdot ℃$，传热效果好。

2. 并联管式回热器

并联管式回热器多用于小型氟利昂制冷系统中，它是将供液管与回气管接触或焊接在一起，如图 11-31 所示。通过两根紧贴在一起的管壁间换热，使系统达到蒸气过热与液体过冷的目的。这种回热器结构紧凑，制作方便，传热效果较好。

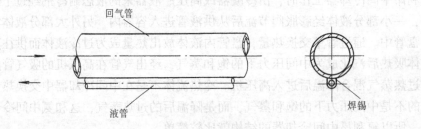

图 11-31 并联管式回热器

3. 穿管式回热器

穿管式回热器常用于电冰箱及小型制冷系统中，它是把供液管穿在回气管中来达到回热的效果，如图 11-32 所示。这种回热器结构紧凑，回热效果好，但制作较并联管式复杂。

4. 套管式回热器

套管式回热器的结构如图 11-33 所示，它是将供液管套在回气管外面，制冷剂蒸气在套管的内管中流动与在内、外管空腔中流动的液体交换热量，以达到回热的目的。这种回热器换热效率低，外型大，因此应用不广。

三、液面指示器

1. 玻璃管和板式液面指示器

玻璃管和板式液面指示器，又称液面计。用以观察容器内制冷剂液体和润滑油液面，便

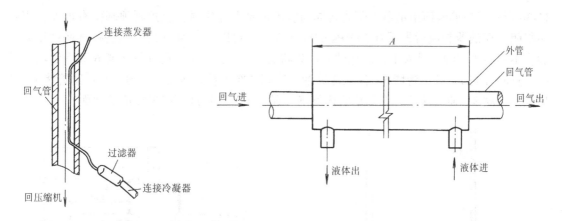

<table>
图 11-32　穿管式回热器　　　　　　　图 11-33　套管式回热器
</table>

于操作。

玻璃管液面指示器的结构如图 11-34 所示，由两只直角阀和玻璃管构成，直角阀（俗称弹子阀）属于截止阀的一种。它的特点是，在阀体进口通道上装有一粒小钢球（弹子），拧上特制螺母以防钢球滚出，阀体出口端与玻璃管接口处用填料密封，以防止制冷剂或冷冻油泄漏。

玻璃管液面指示器工作时，上、下两只直角阀开启，钢球靠自重沉于通道底部，玻璃管内上下畅通，压力均衡，在玻璃管内显示出容器中制冷剂液面。但低压制冷剂容器需加压力才能显示出液面，否则由于制冷剂的蒸气的存在无法看出平稳的液面。

当玻璃管破裂时，两只直角阀出口端为大气压力，容器内制冷剂压力大，要大量外泄，原沉于通道底部的钢球，在容器液体外泄压力作用下冲向阀孔及时堵塞阀孔，从而制止大量制冷剂外泄。

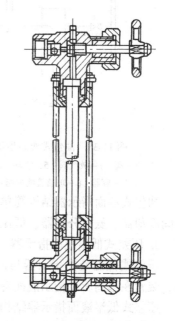

玻璃管液面指示器通常是随设备带来，不需另行制
图 11-34　玻璃管液面指示器
作。现在出厂的集油器和贮氨器的液面指示器为了安全操作，采用钢材制作成扁形长方体，嵌以干面耐压玻璃，替代玻璃管来显示液面，其他结构和工作原理与玻璃管液面指示器一样。

2. 油包式液面指示器

低压容器如果用玻璃管液面指示器不加压是无法直接以玻璃管观察到制冷剂液面的，但有的设备工作时又不允许加压，如中间冷却器、氨液分离器、低压循环贮液器等，改用油包式液面指示器可以以玻璃管中油面高度来较正确反映容器内的液面。油包式液面指示器是低温液面指示器的一种，又称油管式液面指示器。

油包式液面指示器是由存油器和玻璃管液面指示器组成，如图 11-35 所示。存油器用 $\phi 89 \times 3.5$ 无缝钢管制作，上、下有封板，上封板焊有放空气管接头，下封板焊有排污管接头。两侧分别有与容器 7 筒身下部及玻璃管液面指示器 8 下端直角阀连接的管接头，如图

11-36 所示。玻璃液面指示器上部直角阀与容器筒身上部相通，直角阀顶端钻有加油孔用管堵封闭。存油器制成后先用 0.59MPa 的气压排污，再以 1.18MPa 的气压进行气密性压力试验，不漏后再注油，投入工作。加油时应先将阀 1、阀 3 关闭，再开排污阀 6 放净油垢后关闭，这时开阀 4，拧下管堵 5，注入冷冻油，直到从阀 4 看见油面时关闭，并拧紧管堵 5，开启阀 1 和阀 3，使气液压力在玻璃管内均衡，显示出与容器液面高度相应的油面。

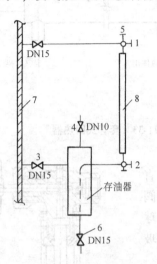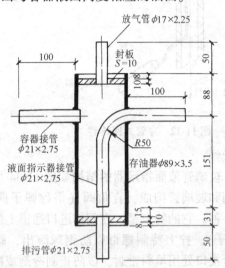

图 11-35 油包式液面指示器   图 11-36 存油器

1～3—阀   4—放气阀   5—管堵   6—排污阀

7—容器   8—玻璃管液面指示器

油包式油面指示器结构简单易于操作，油面稳定，反应灵敏准确，观察方便，所以用在中间冷却器、氨液分离器、低压循环贮液器及排液桶上。

3. 压差式低温液面指示器

压差式低温液面指示器与油包式液面指示器的不同点是用连通管连接玻璃管油面指示器，装置在远离所要指示液面容器的地方，以便于观察，操作和检修。

压差式低温液面指示器结构如图 11-37 所示，由蒸发室和液面指示器两部分组成，分别与液气相均压管连接构成一体。

蒸发室用 $\phi57 \times 3.5$、长 1000mm 的无缝钢管制作，下部管接头与容器相通，顶端管接头与液压室相通，液面指示器包括气压室（$\phi45 \times 3$）、液压室（$\phi38 \times 23$）、油室（$\phi76 \times 3.5$）、加油管（$\phi10 \times 2$）和玻璃管液面指示器等。上部气压室两侧分别有和气相均压管及玻璃管液面指示器直角阀连接的管接头，顶端设加油管堵，通过加油管（$\phi10$）与油相

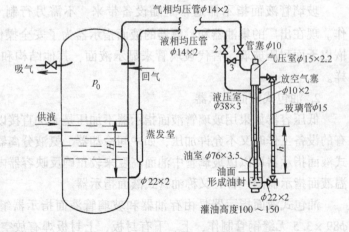

图 11-37 压差式低温液面指示器

室相通。中部液压室与下部油室相通，液压室上部两侧设有液相均压管管接头和放空气管堵。下部油室底部有放油管堵，侧面设有与玻璃管液面指示器直角阀连接的管接头。

使用前拧下气压室顶部加油管堵和液压室的放空气管堵,向内注油,加到油室高度 $100 \sim 150mm$,淹没 $\phi 10$ 的加油管下端,用油封隔开气压室和液压室。分别拧紧加油和放空气管堵,将阀1、阀2、阀3全部开启,把系统抽空,并将玻璃管内显示的油面用标记定下,作为起始油位。

指示器工作时, 如略去管道阻力, 则气压室压力等于容器内气体压力即蒸发压力 p_0, 而液压室压力 p 等于蒸发室压力, 是蒸发压力 p_0 与液面高度 H 产生的静压 p_H 之和。

即：

$$p = p_0 + p_H \tag{11-1}$$

如果关闭阀3, 开启阀1和阀2, 则液压室的压力大于气压室的压力, 两者间的压力差为 p_h, 从而使油室的冷冻油沿 $\phi 10$ 油管和玻璃管上升到一定高度 H, 形成的液柱压力 $p_h = p_H$, 即: $p_h = p_H$, 以达到压力平衡, 所以容器内液面升降引起的压差变化使设置较远的玻璃管中的油面相应随之升降, 间接地显示出液面高度的变化。在氨制冷系统中, 氨比油的密度小, 通常采用的氨与油密度之比为:

$\rho_{\text{氨}} : \rho_{\text{油}} = 0.7 : 1$

$$H = \frac{1}{0.7}h = 1.43h$$

或

$$h = 0.7H$$

式中　h——玻璃管中的油面高度（mm）；

H——容器内液面的高度（mm）；

$\rho_{\text{氨}}$——氨的密度（kg/m^3）；

$\rho_{\text{油}}$——冷冻油的密度（kg/m^3）。

按上式可以从玻璃管内油面高度 h 折算出容器内制冷剂实际液面高度 H。

压差式低温液位指示器与前述两种指示器相比它的最大优点是观察地点不受容器所在位置的限制, 且结构简单, 便于制作, 所以普遍用于低压循环贮液器和氨液分离器。

四、截止阀

截止阀在制冷系统管路中起开断作用，开启的大小可控制制冷剂流量的多少、流动的方向及设备之间的接通。它是制冷系统中设置最多的阀门。各种类型冷库对其需用量少则几十，多则上千。一般也要有几百只。

截止阀具有良好的密封性，密封圈规格化，检修方便，阀瓣开启高度小，开关方便等优点。但存在介质流动阻力较大和阀体较长，有时会增加阀门安装困难或安装的位置不便于操作等缺点。

截止阀种类繁多，结构特点和工作原理各不相同。

1. 氨用直通式截止阀

（1）阀体　氨用直通式截止阀阀体型式有直通式和直角式，如图11-38、11-39所示。直通式阀体的进出口通道在同一轴线上。制冷剂流过阀体流动方向不变。直角式进出口通道的轴线为直角，制冷剂流过阀体流动方向改变90°。

在阀体内加工出阀座，制冷剂流体的通道由阀座与阀瓣的配合来控制，阀体材料有灰铸铁、可锻铸铁或球墨铸铁。通径小的阀体有的采用碳钢、合金钢、不锈钢制作。常用氨阀铸

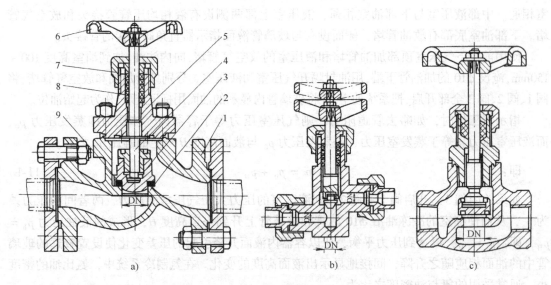

图 11-38　氨用直通式截止阀

a) 法兰联接　b) 外螺纹联接　c) 内螺纹联接

1—阀体　2—阀座　3—阀瓣　4—阀杆　5—阀盖　6—手轮　7—压盖　8—填料　9—密封圈

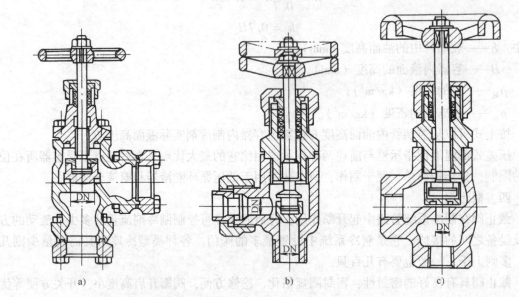

图 11-39　氨用直角式截止阀

a) 法兰联接　b) 外螺纹联接　c) 内螺纹联接

铁牌号 HT200。阀体的两端进出口和管道连接方式有：

1) 螺纹联接：用于通径较小的阀门。有外螺纹联接，用于通径 DN6 ~ 20；内螺纹联接（锥管螺纹），用于通径 DN6 ~ 32。

2) 法兰联接：常用于连接管道通径≥25mm，法兰的形状有方形、圆形和腰形。

(2) 阀瓣　阀瓣是阀门的开关部件，包括阀瓣（又称阀头）、阀杆、手轮等主要零件及紧固件。手轮和阀瓣分别固定在阀杆的上下两端，阀杆上梯形螺纹与阀盖上的相应螺纹配合，旋转干轮阀杆带动阀瓣沿阀座中心线作上、下运动，开启或关闭。当阀杆向下运动，梯形螺纹可使阀瓣的密封圈紧紧压在阀座上严密不漏。反之向上运动阀杆升到最高位置阀门全开时，阀瓣上端面的密封圈与阀盖下端面压紧密封，称为反封，可防止制冷剂从填料处泄漏便于更换填料。

阀瓣、阀杆采用优质碳素钢或不锈钢，常用是 35 钢。在阀瓣上下两端面嵌有密封圈，密封圈采用耐蚀、耐磨、弹性的材料制作，通常用轴承合金（巴氏合金）ZSnSb11Cu6 或聚四氟乙烯，手轮一般用可锻铸铁制造。

（3）阀盖　阀盖由压盖、填料盒、填料盖、填料和紧固件构成，用螺栓和阀体固定在一起，保证阀杆上下移动和制冷剂不外泄。阀盖材料和阀体相同，阀杆穿过阀盖上的填料盒，填料盒内塞满填料，用填料盖压紧，旋转阀杆时制冷剂不会外泄。填料又称盘根，多采用油浸石棉盘根或石墨石棉盘根。

2. 氟用截止阀

氟用截止阀的结构如图 11-40、图 11-41 所示，与氨用截止阀基本相似，但氟用截止阀中可采用铜和铜合金材料。另外，为了防止氟利昂制冷剂泄露，氟用截止阀除填料密封外，还采用阀帽和紧固密封件。调节时，需拧下阀帽和松动紧固密封件。调节结束时，需拧紧紧固密封件及盖上阀帽。

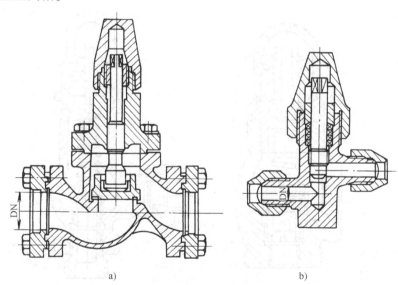

图 11-40　氟用截止阀
a）法兰联接　b）外螺纹联接

五、安全阀、压力表阀及止回阀

1. 安全阀

安全阀是用于受压容器的保护装置，当容器内制冷剂压力超过规定数值时，可自动排除过剩压力，当压力恢复到规定数值时自动关闭，保证设备安全运行。制冷系统中的冷凝器、贮液器、低压循环贮液器、氨液分离器、中间冷却器等均装置安全阀。

安全阀的结构型式采用弹簧微启式，如图 11-42 所示。由阀体、阀座、阀瓣（阀心）、钢球、定位垫圈、弹簧、调节螺栓、阀盖、锁紧螺母、螺母等零件构成。它依靠压缩弹簧

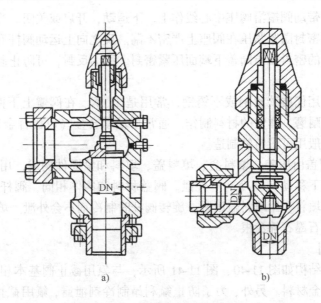

图 11-41　氟用直通式截止阀
a) 法兰联接　b) 外螺纹联接

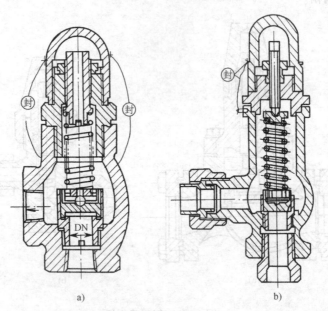

图 11-42　安全阀
a) 内螺纹联接　b) 外螺纹联接

力, 平衡阀瓣脱开阀座所承受的压力, 达到密封和开启的目的。微启式阀瓣开启高度为阀座喉部直径的 1/4 ~ 1/20, 开启高度随压力变化而逐渐变化, 没有突然起跳和突然关闭的动作。安全阀起跳压力根据有关设备的需要, 用调节螺栓调整, 调整后用锁紧螺母固定拧上阀帽并铅封。阀瓣下端面嵌有聚四氟乙烯塑料密圈 (或巴氏合金), 当容器压力大于调整好的弹簧力时, 阀瓣脱开阀座。阀座在密封线上开有小孔, 制冷剂向外泄出, 压力下降到起跳压力以下时, 弹簧力大于容器压力, 又将阀瓣逐渐下压在阀座上密封。有的阀瓣与定位垫圈之间有颗钢球，可使跳开和关闭时能准确复位。

2. 压力表阀

压力表阀是制冷设备、调节站和加氨站上专用控制压力表的阀门，便于压力表安装与检修。

压力表阀和截止阀的结构大体相同，分氨压力表阀（图11-43）和氟利昂压力表阀（图11-44）。由于与截止阀的用途不一样，结构上稍有不同，压力表阀的通径小，通常公称直径DN = 3 ~ 4，阀的出口端有专门与压力表螺纹联接的内螺纹 M20 × 1.5。氟利昂压力表阀和有的氨压力表阀阀体内进出口通道上设有很薄的膜片，由装在阀头上的钢球控制。

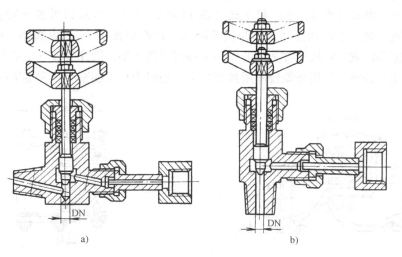

图 11-43 氨用压力表阀
a) 直通式 b) 直角式

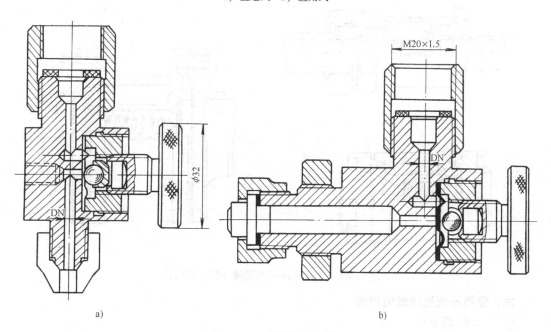

图 11-44 氟用压力表阀
a) 直通式 b) 直角式

3. 止回阀

止回阀又称止逆阀或单向阀，靠制冷剂在阀前后的压力差自动启闭的阀门。制冷系统管路上设置止回阀是防止制冷剂倒流。

止回阀的结构型式有升降式和旋启式两大类，在制冷系统中是采用升降式止回阀，其阀瓣沿着阀体的垂直中心线移动。它又分有弹簧和无弹簧两种。无弹簧升降式止回阀由阀体、阀瓣、导向套和阀盖等组成。阀体上有阀座，阀瓣的下端面有密封圈，用巴氏合金或聚四氟乙烯材料制作。它靠阀瓣自重回复，当制冷剂进口压力大于出口压力并能克服阀瓣重量时，才能开启阀门。

止回阀又有卧式（图11-45）和立式（图11-46）之分。卧式只可水平安装在管路上，立式只能垂直安装，不可相互替代。弹簧升降式止回阀见图11-47，由阀体、阀座、阀瓣、弹簧、支承座等构成。它依靠弹簧力的作用使阀瓣回座关闭，因此安装方位不受限制，但是有气用和液用的分别，气用弹簧较液用弹簧力小，使阻力尽可能减小，在定货时需说明。

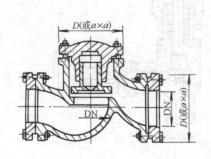

图11-45 氨用卧式止回阀（无弹簧升降式）

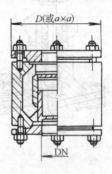

图11-46 氨用立式止回阀（无弹簧升降式）

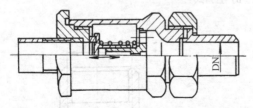

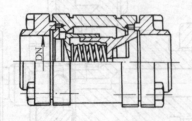

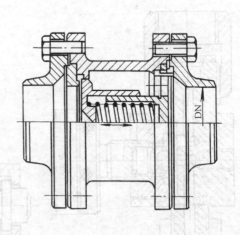

图11-47 弹簧升降式止回阀（氨、氟用）

六、空调系统通风管道用阀

（一）多叶调节阀

在空调系统风道中，多叶调节阀用来调节支管风量和新风与回风风量的阀件。多叶调节阀分手动和电动两种形式，典型的多叶调节阀根据其叶片的形式及结构可分为：平行式多叶调节阀、对开式多叶调节阀、菱形多叶调节阀、复式多叶调节阀，如图11-48所示。

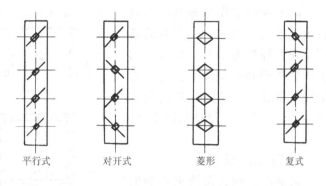

多叶调节阀的基本结构是由叶片、阀体及连杆机构等部件组成。多叶调节阀通过连杆机构调节叶片位置来调节通风截面，即调节通风截面。多叶调节阀结构简单，实用性强，其阀体需做保温设计。

图11-48 多叶调节阀

（二）蝶阀

在空调系统风道中，蝶阀也是用来调节支管风量的阀件。蝶阀方型蝶阀、圆型蝶阀和矩形蝶阀等，如图11-49所示。蝶阀的基本结构主要由短管、阀板和调节装置三部分组成。其调节装置的手柄由3mm厚的钢板制成，其扇形部分开有1/4圆周弧形的月牙槽，圆弧中开有和轴相配的方孔，手柄可按需要开关或调节阀板的位置，手柄通过焊在垫板上的螺钉和异型螺母来固定开关位置，垫板可焊在风管上固定。

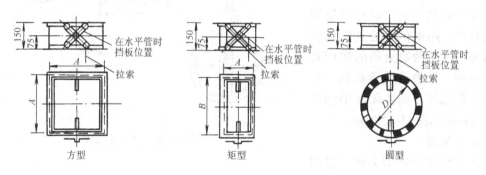

图11-49 蝶阀

（三）风道止回阀

风道止回阀是用于风机停机时防止气体倒流的阀件，在使用时要求风管中的风速不得小于8m/s。风道止回阀由阀体、转轴、上下阀板等组成，有圆形和方形两种，如图11-50所示。风道止回阀的上下两阀板在顺流通风时，在风压的作用下合拢开启；而反向通风时，上下阀板在风压作用下展开，阻断空气通路。在水平管的弯轴上装有可调整的坠锤，用以调节上阀板，使启闭灵活。

（四）风道排烟阀、防火系统阀件

风道排烟阀、防火系统阀件是空调工程中的消防系统用阀，其作用是在防烟、防火时起关闭或接通相应风管之作用，风道排烟阀、防火系统阀件主要有防火阀、防烟防火阀、排烟阀和排烟防火阀。

1. 防火阀

防火阀是用于通风空调系统的防火类阀。通风与空调系统的送回总管，在穿越机房和重要的或火灾危险性较大的房间的隔墙、楼板处，以及垂直风管与每层水平风管交接处的水平支管上，均应设防火阀。

防火阀的工作原理是：当风管内温度高于70℃时，温度熔断器工作并输出电信号，指示自动关闭装置使防火阀闭合，防止火势沿风管蔓延。防火阀通过复位手柄复位。其基本结构如图11-51所示。

2. 防烟防火阀

防烟防火阀也是防火类阀的一种，它除有防火阀的作用外，还具有防烟的作用。

防烟防火阀的工作原理是：当风管内温度高于70℃时，温度熔断器工作并输出电信号，指示自动关闭装置使阀闭合；另外，当系统中有烟气时，通过烟感器控制动作，用电信号通过电磁铁使阀关闭。防烟防火阀的作用就是防止烟、火势沿风管蔓延。防烟防火阀也可手动关闭和手动复位，其结构如图11-52所示。

3. 排烟阀

排烟阀属于防烟类阀，它用

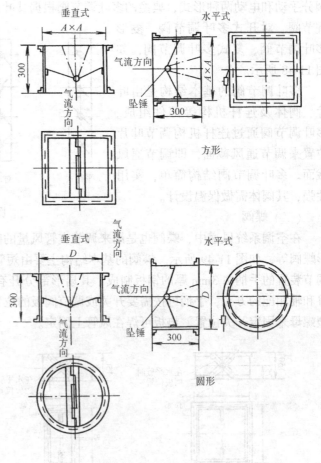

图 11-50 风道止回阀

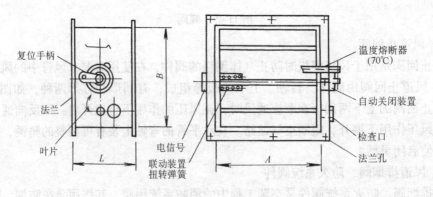

图 11-51 防火阀

在空调排烟系统的风管上。

正常状况下，排烟系统风管不工作，排烟阀处于关闭状态。当房间内出现烟气而需要排除时，依靠烟感器工作，输出开启电信号，联动排烟风机开启排烟阀。排烟阀可远距离开启和远距离手动复位。排烟阀结构如图11-53所示。

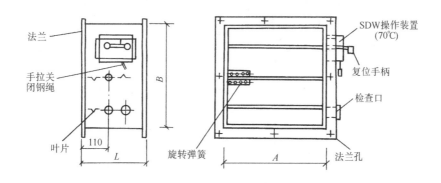

图 11-52 防烟防火阀

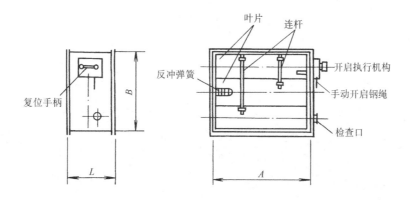

图 11-53 排烟阀

4. 排烟防火阀

排烟防火阀是主要用于排烟风机的吸入口处管道上的排烟类阀。

平时关闭,当有烟感时,输出电信号开启排烟防火阀。但当排烟风道温度达到280℃时,熔断器工作输出动作电信号重新关闭排烟防火阀。排烟防火阀需手动复位,其结构如图11-54所示。

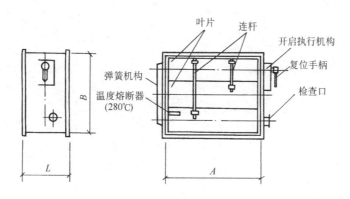

图 11-54 排烟防火阀

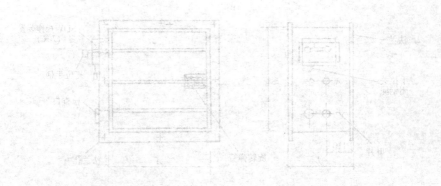

图11-52 防烟防火阀

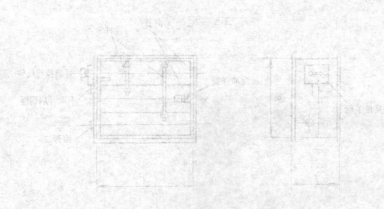

图11-53 排烟阀

4. 防烟防火阀

防烟防火阀一般安装于排烟系统或加压送风口以及防烟防火阀主要阀段关闭阀门关闭，起防烟作用等等阀门关闭时防火阀门关闭，起阻火作用，当排烟管道达到280℃时，有关防排烟系统阀门关闭，阀门关闭，起阻火作用防烟防火阀。

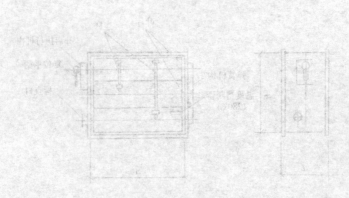

图11-54 防烟防火阀

第 **十二** 章

泵与风机

12

第一节 泵与风机的主要性能参数和分类

泵与风机是用途广泛的流体机械。它的作用是将原动机的机械能转换为流体的能量，从而克服阻力，达到输送流体的目的。其中送水或其他液体的机械称为泵，输送空气或其他气体的机械称为风机。

一、泵与风机的主要性能参数

表示泵与风机工作性能的参数叫做泵与风机的性能参数，主要有流量、能头、功率、效率及转速等。

1. 流量

单位时间内输送流体的数量称为流量，通常用容积单位表示，称为容积流量，用符号 Q 表示，常用的单位是 m^3/s 或 m^3/h。有时也用质量流量 M 表示，其单位为 kg/s 或 kg/h。质量流量和容积流量之间的关系为

$$M = \rho Q \tag{12-1}$$

式中 ρ——输送温度下的流体的密度（kg/m^3）。

2. 能头

单位质量流体从泵或风机的进口至出口能量的增值称为能头，即单位质量流体通过泵或风机以后获得的有效能量，以符号 h 表示，单位为 J/kg。

过去在工程单位制中，是使用扬程 H 来表示单位重量液体通过泵以后获得的有效能量，单位为 $kgf \cdot m/kgf$ 或 m 液柱。能头 h 和扬程 H 之间的关系为

$$h = Hg \tag{12-2}$$

式中 g——重力加速度，其值取 $9.81 m/s^2$。

对于风机，习惯上常用风压 p 表示气体能量的增值，风压又称全压，它实际上是单位容积的气体通过风机后获得的有效能量，单位为 Pa。根据压力和能头的关系，风机全压为能头和气体密度的乘积。即

$$p = h\rho \tag{12-3}$$

3. 功率和效率

泵或风机的功率通常是指输入功率，即原动机传递到转轴上的轴功率，以符号 N_e 表示，单位是 W 或 kW。泵或风机的输出功率，即流体单位时间内获得的能量，称为有效功率 N。

$$N = Mh = \rho g Q H = pQ \tag{12-4}$$

式中，有效功率 N 的单位为 W，质量流量 M 的单位为 kg/s，容积流量 Q 的单位为 m^3/s。

由于泵与风机在工作时，存在各种损失，所以不可能将驱动机输入的功率全转变为流体的有效功率。轴功率和有效功率之差为泵与风机的损失功率，其大小用泵与风机的效率 η 来衡量，其值等于有效功率和轴功率之比，即

$$\eta = \frac{N}{N_e} \tag{12-5}$$

泵与风机的效率就表示了泵与风机输入的轴功率被流体利用的程度。

4. 转速

泵或风机转轴单位时间旋转的转数称为转速，用符号 n 表示，单位为 r/min。在国际标

准单位制（SI）中转速的单位为 1/s，即 Hz。转速发生变化时，会引起流量、能头、功率等的变化。

5. 比转数

各种泵与风机的流量、能头、轴功率都是对应于一定的转速而言的。同一台设备当其转速改变时，则流量、能头、轴功率也都相应变化。这一特性为各泵与风机间的比较带来困难。为使泵与风机在设计、选用与研究时具有可比较性，根据相似原理把它们归类，引出了一个用于判别泵与风机工况的相似准数——比转数 n_s 的概念。比转数是一个和泵与风机的几何尺寸和工作性能相联系的相似判别数（或称特征数），它可以表示泵与风机的结构特点及工作性能。

（1）离心泵的比转数　离心泵比转数的表示式为

$$n_s = \frac{3.65 n \sqrt{Q}}{H^{3/4}} \tag{12-6}$$

式中　Q——泵最高效率点工况下的流量（m^3/s），对于双吸泵，以 $Q/2$ 计算；
　　　H——泵最高效率点工况下的扬程（m），对于多级泵，以单级扬程计算；
　　　n——泵的转速（r/min）。

（2）风机的比转数　我国沿用的风机比转数定义为：当风机保持几何相似，在最高效率点的工况下产生风量为 $Q = 1 m^3/s$、全压 $p = 9.807 Pa$（$1 mmH_2O$）的标准风机的转速，称为该风机的比转数 n_s。其计算式为

$$n_s = 5.54 \frac{n \sqrt{Q}}{p^{3/4}} \tag{12-7}$$

式中　Q——风机最高效率工况下的流量（m^3/s）；
　　　p——风机最高效率工况下的全压（Pa）；
　　　n——风机的转速（r/min）。

泵与风机的其他性能参数将在有关内容中介绍。

二、泵与风机的分类

泵与风机的种类很多，按其工作原理的不同，通常可分为三大类：

（1）叶片式　通过高速旋转的叶轮对流体作功，使流体获得能量。按照流体流过叶轮时的方向不同，又可分为离心式、轴流式、混流式、贯流式等类型。

（2）容积式　通过工作室容积的周期性变化对流体作功，使流体获得能量。根据工作室容积改变的方式不同，又可分为往复式（如活塞泵、柱塞泵、往复式风机等）和旋转式（如齿轮泵、螺杆泵、罗茨风机等）。

（3）其他类型　除叶片式和容积式之外的泵或风机，如射流泵、水锤泵、电磁泵等。

第二节　离　心　泵

离心泵属于叶片式泵的一种。在制冷系统中，离心泵主要用于输送制冷剂、冷媒水、冷却水、盐水、热媒水等液体。

一、离心泵的工作原理和分类

1. 离心泵的工作原理

为了使离心泵正常工作，离心泵必须配备一定的管路和管件，这种配备有一定管路系统的离心泵称为离心泵装置。图 12-1 所示是离心泵的一般装置，主要有吸入管路、底阀、排出管路、排出阀等。离心泵在启动前，泵体和吸入管路内应灌满液体，此过程称为灌泵。启动电动机后，泵的主轴带动叶轮高速旋转，叶轮中的叶片驱使液体一起旋转，在离心力的作用下，叶轮中的液体沿叶片流道被甩向叶轮出口，并提高了压力。液体经压液室流至泵出口，再沿排出管路送到需要的地方。泵壳内的液体排出后，叶轮入口处形成局部真空，此时吸液池内的液体在大气压力作用下，经底阀沿吸入管路进入泵内。这样，叶轮在旋转过程中，一面不断地吸入液体，一面又不断地给予吸入的液体一定的能头，将液体排出。由此可见，离心泵输送液体是依靠高速旋转的叶轮使液体受到离心力作用，故名离心泵。

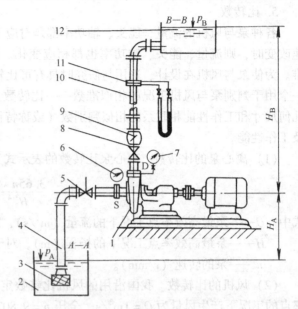

图 12-1　离心泵的一般装置示意图
1—泵　2—吸液池　3—底阀　4—吸入管路
5—吸入调节阀　6—真空表　7—压力表
8—排出调节阀　9—单向阀　10—排出管路
11—流量计　12—排液罐

离心泵吸入管路上的底阀是止逆阀，泵在启动前此阀关闭，保证泵体及吸入管路内能灌满液体。启动后此阀开启，液体便可以连续流入泵内。底阀下部装有滤网，防止杂物进入泵内堵塞流道。泵正常运转时，排出管路上的单向阀是开启的，停止运转时此阀自动关闭，防止液体倒灌入泵造成事故。

离心泵在运转过程中，必须注意防止空气漏入泵内造成"气缚"，使泵不能正常工作。因为空气比液体的密度小得多，在叶轮旋转时产生的离心作用很小，不能将空气抛到压液室中去，使吸液室不能形成足够的真空，离心泵便没有抽吸液体的能力。

对于大功率泵，为了减少阻力损失，常不装底阀不灌泵，而采用真空泵抽吸气体然后启动。

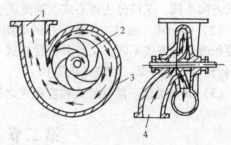

图 12-2　单级单吸离心泵
1—排出口　2—叶轮　3—泵壳　4—吸入口

2. 离心泵的分类

离心泵的分类方法很多，一般可按以下几种方法分类。

（1）按叶轮数目分　可分为单级泵和多级泵。泵内只有一个叶轮的称为单级泵，如图 12-2 所示。单级泵所产生的压力不高，一般不超过 1.5MPa。

液体经过一个叶轮所提高的扬程不能满足要求时，就用几个串联的叶轮，使液体依次进入几个叶轮来连续提高其扬程。这种在同一根泵轴上装有串联的两个以上叶轮的离心泵称为多级泵。图 12-3 所示为一台四个叶轮串联成的多级泵。

（2）按叶轮吸入方式分　可分为单吸泵和双吸泵。在单吸泵中液体从一侧流入叶轮，即泵只有一个吸液口（图 12-2）。这种泵的叶轮制造容易，液体在其间流动情况较好，缺点为叶轮两侧所受到的液体压力不同，使叶轮承受轴向力的作用。

在双吸泵中液体从两侧同时流入叶轮，即泵具有两个吸液口，如图 12-4 所示。这种叶轮及泵壳的制造比较复杂，两股液体在叶轮的出口汇合时稍有冲击，影响泵的效率，但叶轮的两侧液体压力相等，没有轴向力存在，而且泵的流量几乎比单吸泵增加一倍。

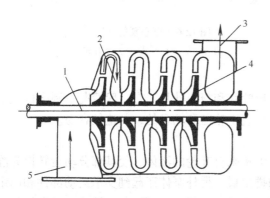

图 12-3　多级离心泵

1—泵轴　2—导轮　3—排出口　4—叶轮　5—吸入口

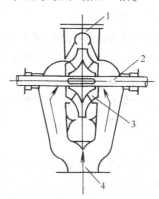

图 12-4　双吸泵

1—排出口　2—泵轴　3—叶轮　4—吸入口

（3）按扬程分　可分为①低压离心泵，扬程 $H<20\text{m}$；②中压离心泵 $H=20\sim100\text{m}$；③高压离心泵 $H>100\text{m}$。

此外，离心泵还可按其转轴的位置分为立式和卧式两种；按泵的用途和输送液体的性质分为水泵、氨泵、氟泵、油泵、耐腐泵和屏蔽泵等。

二、离心泵的基本结构

离心泵品种很多，结构各有差异，但其基本结构相似，主要由叶轮、泵体（又称泵壳）、泵盖、转轴、密封部件和轴承部件等构成，典型的离心泵结构如图 12-5 所示。

1. 叶轮

叶轮是离心泵中传递能量的部件，通过它将原动机传来的机械能转变为液体的静压能和动能，所以叶轮是离心泵中的重要部件。叶轮的尺寸、形状和制造精度对泵的性能有很大影响。叶轮按其结构型式可分为以下几种。

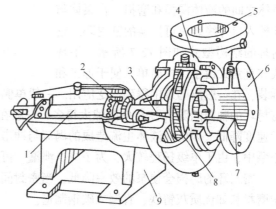

图 12-5　单级单吸离心泵

1—泵轴　2—轴承　3—轴封　4—泵体　5—排出口
6—泵盖　7—吸入口　8—叶轮　9—托架

（1）闭式叶轮　叶轮的两侧分别有前、后盖板，两盖板间有 6～12 片后弯式叶片，叶轮内形成密闭的流道，见图12-6a。这种叶轮效率较高，应用最多，它适用于输送洁净的液体。闭式叶轮有单吸和双吸两种类型，双吸叶轮比单吸叶轮输送液量大。

（2）开式叶轮 叶轮两侧均没有盖板，如图12-6b所示。这种叶轮效率低，适用于输送污水、含泥砂及含纤维的液体。

（3）半开式叶轮 叶轮只有后盖板，吸入口一侧没有盖板，如图12-6c所示。这种叶轮的效率比开式叶轮高，比闭式叶轮低，适用于输送粘稠及含有固体颗粒的液体。

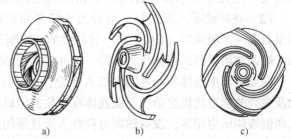

图 12-6 离心泵的叶轮
a）闭式 b）开式 c）半开式

离心泵叶轮的叶片型式有两大类——圆柱形叶片和扭曲叶片，在一般情况下制冷行业中所用的离心泵多数为圆柱形叶片。它的叶片是垂直于轮盖和轮盘的，制造较容易。

2. 泵体

泵体的作用是将叶轮封闭在一定空间中，汇集来自叶轮的液体，使其部分动能转换为静压能，最后将流体均匀地引向次级叶轮或导向排出口。另外泵体还起到支承运动部件和固定泵的作用。单级离心泵的泵体一般均为螺旋型蜗壳式，如图12-2及12-5所示。蜗壳的优点是制造方便，泵性能曲线的高效率区域比较宽，缺点是蜗壳形状不对称，在使用单蜗壳时作用在转子径向的压力不均匀，易使轴弯曲。

3. 密封环

为提高泵的容积效率，减少叶轮与泵体之间的液体漏损和磨损，在泵体与叶轮入口外缘装有可拆换的密封环。密封环的结构型式如图12-7所示，平环式和直角式由于结构简单、便于加工和

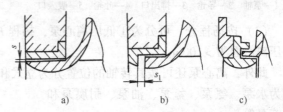

图 12-7 密封环的型式
a）平环式 b）直角式 c）迷宫式

拆装，在一般离心泵中得到广泛应用。一般单侧径向间隙 s 约在 $0.1 \sim 0.2$mm 之间。直角式密封环的轴向间隙 s_1 比径向间隙大得多，一般在 $3 \sim 7$mm 之间，由于漏损的液体在转 90° 之后速度降低，因此对液体主流造成的涡流与冲击损失小，密封效果也较平环式好。在高压离心泵中，由于单级扬程较大，为了减少泄漏，可采用密封效果较好的迷宫式密封环。

密封环的磨损会使泵的效率降低，当密封间隙超过规定值时应及时更换。密封环应选用耐磨材料如优质灰铸铁、青铜或碳钢制造。

4. 轴封装置

在离心泵中，旋转的泵轴与静止的泵体之间的密封装置简称为轴封装置。轴封装置的作用是防止泵内高压液体的泄漏，以及外界空气吸入泵内。常用的轴封装置有填料密封和机械密封。

（1）填料密封装置 填料密封是依靠填料和轴（或轴套）的外圆表面接触来实现密封的。它是由填料函、填料、水封环、填料压盖、底衬套和双头螺栓等组成，如图12-8所示。

填料缠绕在轴或轴套上，用填料压盖和螺栓压紧，底衬套防止填料被挤入泵内，水封环通过水封管与泵的压液室相通，引入压力水形成水封，并冷却润滑填料。为了避免泵工作时填料与泵轴摩擦过于剧烈，填料不应压的过紧，注意松紧要适度，允许液体成滴状漏出，以每分钟 $10 \sim 60$ 滴为宜。填料密封装置结构简单，安装检修方便，但易磨损泵轴且密封性较差。

（2）机械密封装置 机械密封又称端面密封，由于它具有泄漏量小、使用寿命长、功率损耗小、不需要经常维修等优点，而获得了迅速的发展和广泛的应用。但机械密封仍存在制造复杂、精度要求高、摩擦副和其他元件材料不易选配等问题。机械密封种类很多，但工作原理基本相同，都是依靠静环与动环的端面相互贴合，并作相对转动而构成密封的，其典型结构如图 12-9 所示。

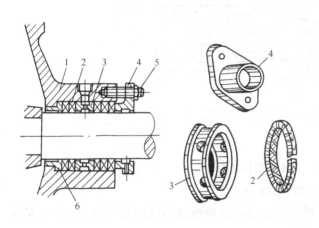

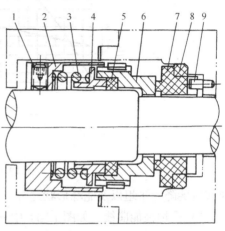

图 12-8 填料密封装置

1—填料函 2—填料 3—水封环
4—填料压盖 5—螺栓 6—底衬套

图 12-9 单端面机械密封

1—传动螺钉 2—传动座 3—弹簧
4—推环 5—动环密封圈 6—动环
7—静环 8—静环密封圈 9—防转销

三、离心泵的性能曲线和管路特性曲线

1. 离心泵的性能曲线

一台离心泵，当工作转速 n 为定值时，其扬程 H、功率 N、效率 η 及必须气蚀余量 $NPSH_r$ 与泵的流量 Q 之间有一定的对应关系。这种表示 $H—Q$、$\eta—Q$、$N—Q$ 和 $NPSH_r—Q$ 的关系曲线称为泵性能曲线，或特性曲线。这些性能曲线不仅与泵的形式尺寸、转速、理论流量和理论扬程有关，而且还与泵的各种损失、泄漏量等有关。这些能量损失、泄漏与泵内的流动有着十分复杂的关系，很难作精确的定量计算。人们仅能定性的知道这些曲线的大体形状。各种类型泵准确的特性曲线只能通过实验测得。图 12-10 举例了一种离心泵的性能曲线。应当注意，由于实验条件的限制等原因，泵制造厂在产品样本上所提供的性能曲线，往往都是用清水在 $20℃$（$\rho = 1000 kg/m^3$）条件下实验测得的。当泵输送液体的密度、粘度等参数与 $20℃$ 清水不同时，还需要进行性能换算。

离心泵的实际性能曲线表明，泵在恒定转速下工作时，对应于泵的每一个流量值 Q，必相应地有一个确定的扬程 H、功率 N、效率 η 等。从实际应用出发，每条性能曲线都有它各自的用途。

（1）$H—Q$ 曲线 离心泵的 $H—Q$ 性能曲线是选择和操作使用泵的主要依据。$H—Q$

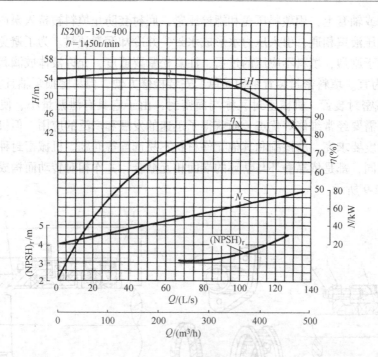

图 12-10 离心泵的性能曲线

曲线有陡降、平坦以及驼峰形状之分，如图 12-11 所示。

1）平坦性能曲线，如图 12-11 中 a 线所示。具有这种性能曲线的离心泵，其特点是扬程随流量的变化缓慢。适用于压头变动不大而流量有较宽变动范围的场合。

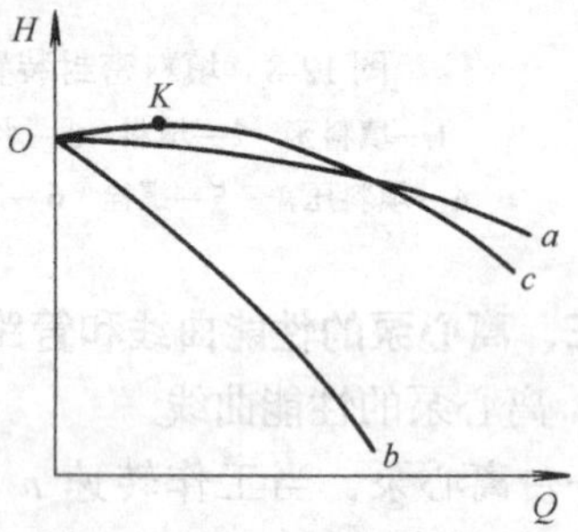

2）陡降性能曲线，如图 12-11 中 b 线所示。具有这种性能曲线的离心泵，其特点是在流量改变时，扬程发生较大的变化。适用于流量变化不大而压头变化较大的系统中，或在压头有波动时，要求流量变化不大的系统中。

3）驼峰性能曲线，如图 12-11 中 c 线所示。性能曲线的上升部分，即 OK 段为不稳定工作段。离心泵应避免在不稳定工况下运行，一般应在下降曲线部分操作。

图 12-11 离心泵 H—Q 曲线的形状

（2）N—Q 曲线 离心泵的 N—Q 特性曲线是合理选择原动机功率和操作启动泵的依据。通常应按所需流量变化范围中的最大功率再加上一定的安全裕量来确定原动机的输出功率。泵启动时，应选在耗功最小的工况下进行，以减小启动电流，保护电动机。一般离心泵在 $Q=0$ 工况下功率最小，故启动时应关闭排出管上的调节阀门，待启动之后再将阀门打开。

（3）η—Q 曲线 这是检查泵工作经济性的依据。泵应尽可能在高效区工作。工程上将泵的最高效率点定为额定点，它一般也就是泵的设计工况点。与该点相对应的参数，称为额定流量、额定扬程和额定功率。通常规定对应于最高效率以下 7% 的工况范围为高效工作区。有的泵在样本上只给出高效区段的性能曲线。

（4）$NPSH_r$—Q 曲线　是检查泵是否发生气蚀的依据。泵的安装位置与使用，应留有足够的有效气蚀余量，以尽量防止泵发生气蚀。

2. 管路特性曲线

离心泵在一定的管路中运转，其工作流量及工作扬程不仅取决于泵本身的 H—Q 性能曲线，而且还与管路特性曲线有关。所谓管路特性曲线，是指在管路情况一定，即管路进、出口液体压力、输液高度、管路长度及管径、管件数目及尺寸，以及阀门开启度等都已定的情况下，单位重量液体流过该管路时所必需的外加扬程 H_e 与单位时间流经该管路的液体量 Q 之间的关系曲线。它可根据具体的管路装置情况，按流体力学方法算出。

在图 12-1 的装置中，若管路中的流量为 Q，由吸液池送往高处，现列 A 和 B 两截面的能量平衡方程式

$$H_e = H_{AB} + \frac{p_B - p_A}{\rho g} + \frac{c_B^2 - c_A^2}{2g} + \sum h_{AB} \qquad (12\text{-}8)$$

式中　H_{AB}——液体垂直升扬高度（m）；

　　p_A、p_B——分别为 A、B 两截面上的压力（Pa）；

　　　　ρ——被输送液体的密度（kg/m³）；

　　c_A、c_B——液体在 A、B 两截面处之流速（m/s）；

　　$\sum h_{AB}$——管路系统的流体阻力损失（m）。

上式说明，外加扬程为各项能头增量和阻力损失能头之和，其中动能头一项可略去不计，除管路阻力损失能头 $\sum h_{AB}$ 外，其余各项皆与管路中的流量无关。管路阻力与流量的关系可由阻力计算公式求得。

$$\sum h_{AB} = \sum \zeta \frac{c^2}{2g} = KQ^2 \qquad (12\text{-}9)$$

式中　　$\sum \zeta$——总阻力系数；

　　　　c——管路中液体速度，$c = \dfrac{Q}{F}$（m/s）；

　　　　F——管路的截面积（m²）；

　　　　K——管路特性系数，$K = \sum \zeta \dfrac{1}{2gF^2}$。

式（12-9）表明管路系统的流动阻力与流量的平方成正比。代入 H_e 的计算式（12-8）中，并略去动能头增量，则

$$H_e = H_{AB} + \frac{p_B - p_A}{\rho g} + KQ^2 \qquad (12\text{-}10)$$

上式即为管路特性方程式。按此式可以在扬程和流量坐标图上绘出管路特性曲线 H_e—Q，如图 12-12 中曲线 I 所示。上式中的 $\left(H_{AB} + \dfrac{p_B - p_A}{\rho g}\right)$ 称为管路静能头，它与输液高度及进、出管路的压力有关；管路特性系数 K 与管路尺寸及阻力等有关。对一定的管路，如其中液体流动是湍流，则 K 几乎是一个常数。

调节管路系统中的阀门，由于阻力系数的改变，

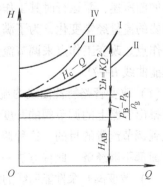

图 12-12　管路特性曲线

将使式（12-10）中的 K 发生变化，故 H_e—Q 曲线的斜率会起变化。图 12-12 中曲线 Ⅱ 及 Ⅲ 分别为阀门开大和关小时的管路特性曲线。如果管路系统中 A、B 面之间距离及压力改变，即管路静能头发生变化，H_e—Q 曲线将平行地上下移动。图 12-12 中曲线 Ⅳ 表示当管路静能头增加后的管路特性曲线。

四、离心泵的工作点和流量调节

1. 泵的工作点

若将泵的 H—Q 曲线和管路的 H_e—Q 曲线画在一个图上，如图 12-13 所示。两曲线有一个交点 M，这个 M 点所对应的 Q 和 H 值就是泵运转的流量和扬程，故 M 点就是工作点。因为在这一点的流量下，泵所产生的扬程 H 与管路上所必须的外加能头 H_e 正好相等。如果设想泵不是在 M 点而是在 B 点工作，那么在 B 点的流量下，泵所产生的扬程 H 就将大于管路需要的扬程

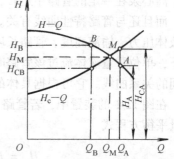

图 12-13　泵在管路上的工作点

H_{CB}，于是富余的扬程就必然使管路中的流量加大，泵的工作点就要右移；如果是在较 M 点还大的 A 点工作，这时泵的扬程 H_A 又小于管路所需要的扬程 H_{CA}，则管路中流量就将减少，又使泵的工作点左移。由此可见从扬程（即能头）应该平衡的角度看，离心泵的工作点只能是泵的 H—Q 线和管路的 H_e—Q 线的交点。

2. 泵工作点的稳定性

离心泵的性能曲线为驼峰形时，如图 12-14 所示。这种泵性能曲线有可能和管路特性曲线相交于 N 和 M 两点。M 点如前所述，为稳定工况点，而 N 则为不稳定工况点。当泵的工况因为振动、转速不稳定等原因而离开 N 点时，若向大流量方向偏离，则泵扬程大于管路扬程，管路中流速加大，流量增加，工况点沿泵性能曲线继续向大流量方向移动，直到 M 点。当工况

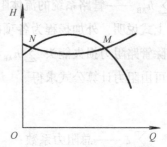

图 12-14　泵的不稳定工况

点向小流量方向移动，直至流量等于零为止，若管路上无底阀或止回阀，液体将倒流。由此可见，工况点在 N 点是暂时平衡，一旦离开 N 点后便不再回 N 点，故称 N 点为不稳定平衡点。

3. 离心泵的流量调节

如前所述，泵运行时其工作参数是由泵的性能曲线与管路的特性曲线所决定的。但是用户需要的流量经常变化，为了满足这种要求，必须进行调节。而要改变泵的流量，必须改变其工作点。改变工作点来调节流量的方法有两种，即改变管路特性曲线 H_e—Q；改变离心泵的性能曲线 H—Q。

（1）改变管路特性曲线的流量调节　改变管路特性最常用的方法是节流法。它是利用改变排出管路上的调节阀的开度，来改变管路管路特性系数 K，而使 H_e—Q 曲线的位置改变以达到调节流量的目的。这种调节方法十分简单，但调节时会增大管路阻力损失，在能量利用方面都不够经济。此种方法一般只用在小型离心泵的调节上。

（2）改变离心泵性能曲线的流量调节　通过改变泵的转速或叶轮外径尺寸等可改变泵的性能曲线，这种调节方法没有节流损失，经济性较好。但调节时需要增加设备（如调速器

等）或改变叶轮结构，所以在使用中受到一定的限制。

五、气蚀现象和安装高度

1. 泵的气蚀现象

离心泵通过旋转的叶轮对液体作功，使液体能量增加。在相互作用的过程中，液体的速度和压力是变化的。根据研究，液体流过叶轮时，在叶片进口附近的非工作面上存在着某些局部低压区 k，如果此低压区的液体压力 p_k 等于或低于在该处温度下液体的饱和蒸气压力 p_t 时，就会有汽化过程发生，蒸气及溶解在液体中的气体从液体

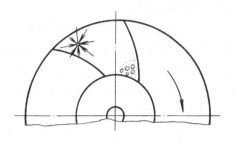

图 12-15 气蚀现象

中大量逸出，而形成许多小气泡，如图 12-15 所示。当气泡随液体流到叶道内压力较高处时，气泡受压破裂，重新凝结为液体。在气泡凝结的瞬间，气泡周围的液体迅速冲入气泡凝结形成的空穴，液体质点相互撞击形成剧烈的局部水击。这种液体汽化又凝结，并因而产生水击的过程称为气蚀现象。

水击是气蚀现象的特征，国外学者试验曾测得气蚀时水击频率可达 25000Hz，局部压力高达 30MPa（测压面积为 $1.5mm^2$），局部瞬时温度可达 $200 \sim 300℃$。由此可见，气蚀时，水击的压力、频率很高，必然对泵产生较大的危害，其危害性主要表现在以下几个方面：

（1）气蚀使过流部件的材料破坏 有些气泡在金属表面附近凝结，则由于水击作连续反复的敲击，致使金属表面逐渐受疲劳而破坏，这种破坏称为机械剥蚀。如果液体汽化时，产生的气泡中夹带有活性气体（如氧气等），则借助水击时产生的热量，会对金属起化学腐蚀作用，更加快了金属的破坏速度。通常受气蚀破坏的部位多在叶轮出口附近和排液室的进口附近。起初是金属表面出现麻点，继而产生凹坑与剥落，严重时会使表面呈现蜂窝状或海绵状，甚至使叶片和盖板被穿透。

（2）气蚀使泵的性能下降 泵发生气蚀时，叶轮与液体之间的能量传递受到干扰，流道不但受到气泡的堵塞，而且流动损失增大。当气蚀发展到一定程度时 $H—Q$、$N—Q$、$\eta—Q$ 等性能曲线都突然下降；严重时，泵中液流中断，泵不能工作。

（3）气蚀使泵产生振动和噪声 气蚀是一种反复冲击、凝结的过程，同时产生激烈的振动和噪声。当某一振动频率与机组固有频率相一致时，机组就会产生强烈的振动，直接影响泵的正常运转。

产生气蚀的原因很多，主要有：泵的安装位置高出吸液面的高度太大，即泵的几何安装高度过大；泵的安装地点的大气压较低，例如安装在高海拔地区；泵所输送的液体温度过高等。因而在泵的安装、使用时要采取相应的措施以防止泵内气蚀现象的产生，达到延长泵的使用寿命、提高效率的目的。

2. 离心泵的气蚀余量和安装高度

一台泵在运行中发生气蚀，但在相同条件下，换上另一台泵就不发生气蚀；又同一台泵在某一吸入装置下发生气蚀，但改变吸入装置及位置，则泵不发生气蚀。由此可见，泵是否发生气蚀是由泵本身和吸入装置两方面决定的。研究泵的气蚀条件，防止泵发生气蚀，应从这两方面同时加以考虑。

泵和吸入装置以泵吸入口法兰截面 S—S 为分界，如图 12-16 所示。如前所述，泵内最

低压力点通常位于叶轮叶片进口稍后的 k 点附近，当 $p_k \leq p_t$ 时，则泵发生气蚀，故 $p_k = p_t$ 是泵发生气蚀的界限。

（1）**有效气蚀余量** 有效气蚀余量是指泵吸入口处单位重量液体所具有高出饱和蒸气压力的富余能量，我国以前常用 Δh_a 表示，国际上大多以 $\mathrm{NPSH_a}$（又称为有效净正吸入压头 Net Positive Suction Head）表示。若以液柱高度 m 为单位，则

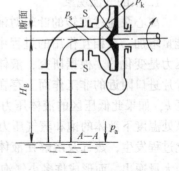

图 12-16 泵的吸入装置

$$\mathrm{NPSH_a} = \frac{p_s}{\rho g} + \frac{c_s^2}{2g} - \frac{p_t}{\rho g} \qquad (12\text{-}11)$$

式中 p_s——泵入口处的液体压力（Pa）；

c_s——泵入口处液体的流速（m/s）；

ρ——液体密度（kg/m³）。

显然，这个富余能量 $\mathrm{NPSH_a}$ 越大，泵越不会发生气蚀。

如图 12-16 所示，以吸液池液面为基准，从吸入液面到泵入口两截面间列伯努利方程式，可得

$$\frac{p_A}{\rho g} + \frac{c_A^2}{2g} = \frac{p_s}{\rho g} + \frac{c_s^2}{2g} + H_g + \sum h_s \qquad (12\text{-}12)$$

式中 p_A——吸入液面上的压力（Pa）；

c_A——吸入液面上的液体流速（m/s），当吸入液面的面积足够大时，$c_A \approx 0$；

H_g——泵的几何安装高度（m）；

$\sum h_s$——吸入管路的阻力损失能头（m）。

将式（12-12）代入式（12-11）中，得

$$\mathrm{NPSH_a} = \frac{p_A}{\rho g} - \frac{p_t}{\rho g} - H_g - \sum h_s \qquad (12\text{-}13)$$

由式（12-13）可知，有效气蚀余量数值的大小与吸入装置的条件，如吸液池表面的压力、吸入管路的几何安装高度、阻力损失、液体的性质和温度有关，而与泵本身的结构尺寸等无关，故又称为泵吸入装置的有效气蚀余量。

（2）**泵的必须气蚀余量和安装高度** 由图 12-16 可知，泵吸入口 S 处的压力并不是泵内压力最低处，因为液体自泵吸入口流到叶轮的过程中还有能量损失。我们将液流从泵入口到叶轮内最低压力点 k 处的全部能量损失，称为泵的必须气蚀余量，我国以前常用 Δh_r 表示，国际上大多以 $\mathrm{NPSH_r}$ 表示。显然，必须气蚀余量越小，p_k 降低越少，泵越不易发生气蚀，故要求泵入口处的富余能量 $\mathrm{NPSH_a}$ 也可小些。因为泵入口处的富余能量 $\mathrm{NPSH_a}$ 若能克服这个能量损失 $\mathrm{NPSH_r}$ 还有剩余，即 $\mathrm{NPSH_a} > \mathrm{NPSH_r}$，则表示液体流到叶轮最低压力点 k 处时，其压力还可高于液体的饱和蒸气压力而不致汽化，所以就不会发生气蚀。反之，当 $\mathrm{NPSH_a} < \mathrm{NPSH_r}$，则表示泵吸入口的液体多余能量不足以克服这个能量损失，所以液体流到叶轮最低压力点 k 处时，其压力已经降到比液体的饱和蒸气压力还低，则液体就汽化，泵就已经发生气蚀了。影响 $\mathrm{NPSH_r}$ 大小的因素是泵的结构，如吸入室与叶轮进口的几何形状，以及泵的转速和流量等，而与管路系统无关。所以 $\mathrm{NPSH_r}$ 的大小在一定程度上表示一台泵本身抗气蚀性能的标志，也是离心泵的一个重要性能参数，$\mathrm{NPSH_r}$ 越小表示该泵的耐气蚀性能

越好。$NPSH_r$ 由离心泵试验测得，随流量的增加，$NPSH_r$ 也增加。在实际应用中为安全起见，通常采用的是许用气蚀余量 $[NPSH]$，一般取许用气蚀余量的值为

$$[NPSH] = NPSH_r + K \tag{12-14}$$

式中　K——安全裕量，一般情况下取 $K = (0.3 \sim 0.5) \mathrm{m}$。

因此，防止离心泵发生气蚀的条件就是：有效气蚀余量应大于或等于泵的许用气蚀余量，即

$$NPSH_a \geqslant [NPSH] \tag{12-15}$$

要达到上式的要求，必须合理设计吸入管路，主要是正确选取泵的安装高度。由式 (12-13)，可求得泵的允许几何安装高度 $[H_g]$ 为

$$[H_g] = \frac{p_A}{\rho g} - \frac{p_t}{\rho g} - \sum h_s - [NPSH] \tag{12-16}$$

从上式可以看出，当泵的许用气蚀余量越大，或者吸入管路阻力损失越大时，吸液管的允许安装高度（也就是吸上高度）越小。为了安全起见，一般情况下，计算出允许几何安装高度 $[H_g]$ 后，再减去 $0.5 \sim 1 \mathrm{m}$ 的安全量作为泵的实际安装高度。

3. 吸上真空高度

我国过去大多采用吸上真空高度这一参数作为离心泵的气蚀特性参数，现在也还在采用。如果吸液池液面上的压力为大气压力 p_a。令

$$H_s = \frac{p_a}{\rho g} - \frac{p_s}{\rho g} \tag{12-17}$$

H_s 就称为吸上真空高度，单位为 m，它是泵入口处以液柱高度表示的真空度。它可用装在泵入口法兰处的真空表测量监控。由式 (12-17) 和式 (12-11) 可得

$$NPSH_a = \frac{p_a}{\rho g} - \frac{p_t}{\rho g} + \frac{c_s^2}{2g} - H_s \tag{12-18}$$

由上式可知，吸上真空高度 H_s 值越大，泵入口处压力 p_s 就越小，$NPSH_a$ 也越小，说明泵越容易发生气蚀。

将式 (12-18) 代入式 (12-13) 可得

$$H_g = \frac{p_A}{\rho g} - \frac{p_a}{\rho g} + H_s - \sum h_s - \frac{c_s^2}{2g} \tag{12-19}$$

当吸液池液面压力是大气压，即 $p_A = p_a$ 时，吸上真空高度即为

$$H_s = H_g + \sum h_s + \frac{c_s^2}{2g} \tag{12-20}$$

由式 (12-20) 可以看出，流量一定时，吸上真空高度 H_s 随着泵的几何安装高度 H_g 的增大而逐渐增大。当 H_g 增大至某一数值时，泵就发生气蚀，测得此时的吸上真空高度，便是泵可能达到的最大值，称为最大吸上真空高度，以 H_{smax} 表示。泵的耐气蚀性越好 H_{smax} 便越高。各种泵的 H_{smax} 值都是由试验得到的，且与必须气蚀余量 $NPSH_r$ 随着流量的增大而增大相对应，最大吸上真空高度 H_{smax} 则随着流量的增大而减小。为了确保泵在运行时不发生气蚀，且又能获得最合理的吸上真空高度，我国机械工业部的标准规定留有 $0.5 \mathrm{m}$ 的安全裕量，即从试验得出的 H_{smax} 减去 $0.5 \mathrm{m}$，作为允许吸上真空高度 $[H_s]$，即

$$[H_s] = H_{smax} - 0.5 \tag{12-21}$$

当吸液池液面压为当地大气压时，由式（12-20）可求得泵的允许最大几何安装高度为

$$[H_g] = [H_s] - \frac{c_s^2}{2g} - \sum h_s \qquad (12\text{-}22)$$

通常在泵样本或随泵附带的说明书上所规定的 $[H_s]$ 值是在一标准大气压（$p_a = 101.3\text{kPa}$）下，抽送20℃清水时所测得的。如果泵的运行条件与上述条件不同，则不能直接采用样本或说明书提供的 $[H_s]$ 值，而应对其进行修正

$$[H_s]' = [H_s] + \frac{p_a - p_t}{\rho g} - 10.33 + 0.24 \qquad (12\text{-}23)$$

式中　　$[H_s]'$——修正后的允许吸上真空高度（m）；

　　　　p_a——泵使用地点的大气压（Pa）；

　　　　p_t——泵使地点温度下液体的饱和蒸气压（Pa）；

　　10.33——一个标准大气压值（mH_2O）；

　　0.24——0℃清水的饱和蒸气压（mH_2O）。

六、常用离心泵

1. 单级单吸式离心泵

（1）IS 型离心泵　IS 型泵是单级单吸悬臂式离心泵。适用于输送清水或物理及化学性质类似清水的其他液体之用，温度不高于80℃。IS 型泵是根据国际标准 ISO2858 所规定的性能和尺寸设计的。该系列泵共有 29 个品种。这种泵的特点是扬程高、流量小，结构简单，经久耐用、维修方便，适用工厂、矿山、城市给水等。IS 型泵在制冷与空调工程中常用来输送冷却水和冷热媒用水。它的性能范围较大，流量范围 $6.3 \sim 400\text{m}^3/\text{h}$，扬程 $5 \sim 125\text{m}$，转速为 1450r/min 和 2900r/min。

如图 12-17 所示，IS 型泵是由泵体 1、泵盖 6、叶轮 5、泵轴 12 和托架 11 等组成。泵壳内腔制成截面逐渐扩大的蜗壳形流道，吸水室与壳体铸成一体；排出管与泵的轴线成 90°。

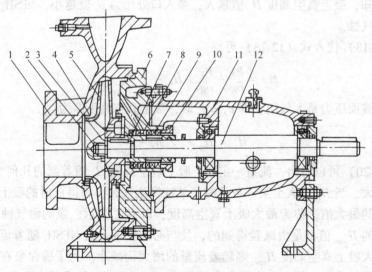

图 12-17　IS 型离心泵结构图

1—泵体　2—叶轮螺母　3—制动垫圈　4—密封环　5—叶轮　6—泵盖
7—轴套　8—水封环　9—填料　10—填料压盖　11—托架　12—泵轴

泵轴左端装有叶轮，右端通过联轴器与电动机相连。叶轮前后盖和泵壳之间采用平环式密封环4，并开有平衡孔，以平衡轴向力。

IS 型泵的泵体和泵盖为后开门结构形式，其优点是检修方便，即不用拆卸泵体、管路和电动机，只需拆下加长联轴器的中间连接件，就可退出转子部件进行检修。叶轮、轴和滚动轴承等为泵的转子，托架支承着泵的转子部件。滚动轴承承受泵的径向力和未平衡的轴向力。

泵的轴向密封由填料压盖10、水封环8和填料9等组成，以防止进气或大量漏水。为避免轴磨损，在轴通过填料腔的部位装有轴套保护。轴套与轴之间装有 O 形密封圈，以防沿着配合表面进气或漏水。

IS 型泵型号示例：IS80-65-160（A）。IS——单级单吸悬臂式离心清水泵；80——泵吸入口直径（mm）；65——泵排出口直径（mm）；160——叶轮名义直径（mm）；A——叶轮外径经第一次切割。

（2）SG 型管道泵 SG 型管道泵是单级单吸立式离心泵。供输送低于80℃的清水。这种泵的特点是结构简单、重量尺寸小、价格低能直接装在管路系统中。这种泵的流量为 $1.5 \sim 140 m^3/h$；扬程为 $6 \sim 50m$，适用于高层建筑管道加压送水，以及冷却塔、制冷设备、采暖系统、锅炉给水等。如图12-18所示，该泵是由泵体7、叶轮5、机械密封4等零件组成。叶轮直接装在电动机1的主轴端。泵与电动机之间用机械密封以防止漏水，确保电动机安全。SG 型管道泵型号表示方法与 IS 型泵相同。

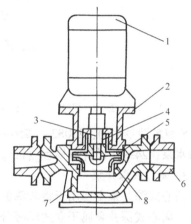

图 12-18 SG 型管道泵

1—电动机 2—连接座 3—泵轴
4—机械密封 5—叶轮 6—进口接管
7—泵体 8—密封环

2. 单级双吸式离心泵

图 12-19 所示的 S 型泵是典型的单级双吸式离心泵，适用于输送温度不超过80℃的清水或类似于水的液体。这种泵的流量为 $140 \sim 12500 m^3/h$；扬程为 $10 \sim 140m$。它的特点是流量大、扬程高、结构简单、装拆方便。S 型泵的叶轮为双吸叶轮，相当于两个单吸叶轮并联工作。水从叶轮的左、右两侧流入叶轮，经过叶轮后汇集到同一泵壳中。转轴为两端支承，泵壳为水平剖分的蜗壳形。泵吸入口和排出口均在泵体的下部，水平地布置在两侧，而与轴线成垂直方向的同一直线上，泵盖用双头螺栓及圆锥定位销固定在泵体上，以便不需要拆卸进水、出水管路的情况下就能打开泵盖，检查内部零件，给检修带来极大方便。泵体与泵盖共同构成螺旋形吸水室和压出室。泵体最低处有放水螺孔，泵体两端有轴承支架。泵盖上安装有放气管的螺孔，和供拆卸泵盖用的两个起吊钩。轴封装置多采用填料密封，填料函由泵体和泵盖共同拼合而成，由填料压盖压紧软填料起密封作用。因为双吸泵的轴封是在泵内液体的低压区（叶轮进口位置），所以在一般情况（即入口压力有真空度时）它的轴封作用不在于阻挡泵内液体外漏，而在于防止外界空气漏入，这与单级单吸型泵是不同的，不能误认为没有漏出而过分放松填料压盖，从而使空气大量吸入影响泵的性能。双吸泵轴向力自身平衡，不必设置轴向力平衡装置。在相同流量下双吸泵比单吸泵的抗气蚀性能要好。

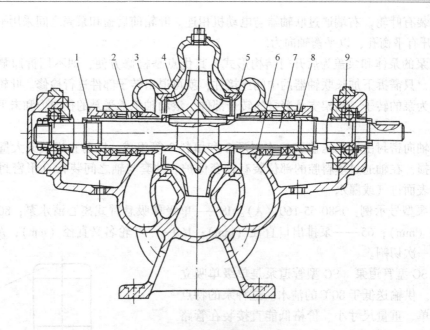

图 12-19 S 型离心泵

1—填料压盖 2—填料 3—泵盖 4—叶轮 5—密封环 6—泵体 7—泵轴 8—轴套 9—轴承

S 型泵型号示例：250S24。250——泵吸入口直径（mm）；S——单级双吸水平中开式离心清水泵；24——设计点扬程（m）。

3. 离心式深井泵

离心式深井泵主要用于将较深的地下水从井中抽取到地面，作为空气调节装置的冷源或热源。离心式深井泵属于立式单吸分段式多级离心泵。图 12-20 所示为 JC 型离心式深井泵。该泵是由多个离心式叶轮、泵壳、扬水管和泵座等部件组成。泵座和原动机位于井口上部。原动机的动力通过与扬水管同心的传动轴传递给泵轴。扬水管有螺纹联接和法兰联接两种型式。支撑传动轴和泵轴的轴承用泵抽送的清水润滑，轴封为填料密封。原动机一般多用YLB 型专用立式空心轴电动机，也可用普通立式或卧式电动机或内燃机。

离心式深井泵的泵体和叶轮直径都较小，扬程高。泵的第一级叶轮通常浸入动水位下1m 处，所以启动前不用灌泵，离心式深井泵具有结构紧凑、性能稳定、效率较高、使用方便等优点，但结构较复杂，安装维修较麻烦，价格较高。

JC 型泵型号示例：100JC10-3.8×13。100——适用于最小井筒内径（mm）；JC——离心式长轴深井泵；10——泵设计点流量值（m³/h）；3.8——泵设计点单级扬程（m）；13——泵的级数。

也有的深井水泵将电动机与泵轴直联，并一起放置在动水位之下工作，称为深井潜水泵。深井潜水泵具有体积小，重量轻，结构简单；无传动长轴，故障少，工作稳定，安装使用维护方便；电动机用水润滑，无污染，噪声低以及对深井垂直度的要求比普通深井水泵低等优点。

4. 离心式氨泵

在大、中型氨制冷装置中常采用氨泵来将低压循环桶中的低压低温下的饱和氨液强制送入蒸发器，以增加制冷剂在蒸发器内的流动速度、提高传热效率、缩短降温时间。在制冷与空调工程中常用的氨泵有齿轮泵和离心泵。离心式氨泵常用的有单级和双级两种，结构基本相同，主要有泵体、叶轮、轴封装置和油包等四大部件组成。图 12-21 所示为 D40 型双级离心式氨泵。两个叶轮各装在隔板组的中间串联成双级，用半圆键和泵轴连接。轴封为双端面机械密封，两个静环的背面都装有耐油橡胶圈；两端动环的环槽里也设有耐油橡胶圈，橡胶圈的内侧各有一个垫圈。油包1是用于泵润滑的部件，油包的壳体侧面装有视镜，用以观察泵体内油面的高度。壳体下部用管子连接轴封室。连接管中装有弹簧、钢球和阀杆，三者组成加油阀。当阀杆向下拧时，压迫钢球向下移动，形成通路加油。加油完毕后，把阀杆向上拧时，弹簧使钢球向上移动，通路隔断。

　　离心式氨泵的结构简单，平均使用寿命长，密封性能好。流量和扬程的选择范围较大，能满足多种场合的需要，由于离心式氨泵流量随扬程而变化，设计时要正确地计算管道损失，才能使氨泵的流量达到设计要求。同时，离心式氨泵易受气蚀破坏，在管路设计时，应注意保证氨泵的吸入静压头。

　　5. 离心式屏蔽泵

　　屏蔽泵的结构特点是泵与电动机直联、叶轮直接固定在电动机轴上，并装在同一个密闭的壳体内，不需要轴封装置，从根本上解决了被输送液体的外漏问题。这种泵适于输送易燃、易爆、有毒、有放射性和贵重液体。在压缩式制冷机组中屏蔽泵可用于氨及氟利昂的强制供液泵，在溴化锂吸收式制冷机组中屏蔽泵可用于溴化锂的发生吸收泵。

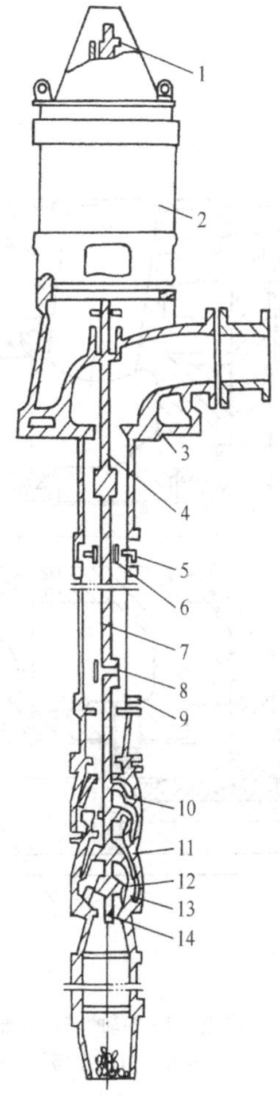

　　离心式屏蔽泵一般为单级，有立式和卧式两种。立式和卧式的构造基本相同。图 12-22 为一单级卧式离心式屏蔽泵，该泵的主要零件有：泵体、叶轮、滑动轴承、电动机转子和定子以及屏蔽套等。泵的吸入、排出口与泵体铸成一体，排出口与轴线垂直。电动机

图 12-20　JC 型离心式深井泵
1—轴调节螺母　2—电动机　3—泵座
4—电动机轴　5—轴承体　6—轴承体衬套
7—传动轴　8—联轴器　9—扬水管
10—壳体轴承衬套　11—泵壳　12—叶轮
13—锥形套　14—泵轴

定子的内腔与电动机转子外表面上各包一层用耐腐蚀、非磁性材料做成的圆筒形屏蔽套，使电动机的绕线与所输送的液体分开，以避免液体对转子和定子的腐蚀。泵有前后两个滑动轴承。

　　该泵采用外循环冷却系统，即在排出管端引出一股液体由后轴承进入，经过屏蔽套间隙和前轴承返回叶轮，形成一封闭循环系统，起到了对电动机和轴承的冷却和润滑的作用。

　　离心式屏蔽泵具有运转平稳，噪声低，全封闭结构，无渗漏，构造简单，外形小，质量轻，占地面积小和安装方便等优点。但其电动机效率比普通电动机低约为 50% 左右，原因是由于采用了屏蔽套使得电动机的转子和定子间距增大，以及转子在液体中转动时，它的外

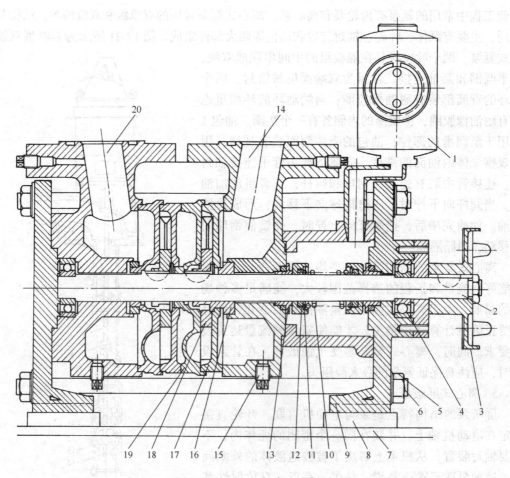

图 12-21 D40 双级离心式氨泵

1—油包 2—泵轴 3—联轴器 4—单列向心球轴承 5—六角螺母 6—长螺栓 7—机座 8—垫铁
9—托架 10—弹簧 11—垫圈 12—动环 13—静环 14—泵进口 15—管塞 16—定位圈
17、19—隔板 18—叶轮 20—泵出口

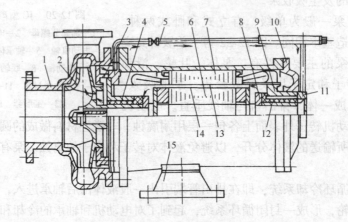

图 12-22 离心式屏蔽泵

1—泵体 2—叶轮 3—后封环 4—前滑动轴承 5—循环过滤器 6—转子 7—定子 8—推力板
9—后轴承座 10—后盖 11—后端盖 12—轴套 13—定子屏蔽套 14—转子屏蔽套 15—底座

表面和两个端面的摩擦损失较大。为减少这些损失，一方面屏蔽套应采用非磁性、高电阻的材料制成，并且其厚度应尽可能薄，一般控制在 0.3~0.8mm 之间；另一方面应将电动机的转子做成细长型，其长径比通常取为 1~4.6。

第三节　风　机

根据产生风压的大小，风机可分为通风机和鼓风机两大类。产生的风压在 14700Pa 以下或压力比小于 1.1 的风机，称为通风机。产生风压为 $1.47 \times 10^4 ~ 34.3 \times 10^4 Pa$（1500~35000mmH$_2$O）或压力比为 1.1~4 的风机，称为鼓风机。风机按其工作原理不同又可分为离心式、轴流式和贯流式。

在制冷与空调工程中，常用风机来使室内空气按一定流速、流向强制流动；使制冷与空调设备达到更好的换热效能。特别是中、低压离心通风机和低压轴流通风机使用较多。本节将重点介绍离心通风机及轴流通风机。

一、离心通风机

气流送出的方向与风机旋转轴呈直角的通风机称为离心通风机。它的特点是风压较高，风量可大可小，相对讲噪声低。一般空调系统常用离心通风机。由于离心通风机风压较大，可以将空气输送到较远的地方去。

图 12-23　离心通风机结构示意图
1—进风口　2—叶轮前盘　3—叶片　4—叶轮后盘
5—支架　6—机壳　7—蜗舌　8—出风口

1. 基本结构

离心通风机的结构简单、制造方便，叶轮和机壳一般都用钢板制成。图 12-23 是常见的离心通风机结构示意图。离心通风机一般由叶轮、机壳和传动部件等组成。

（1）叶轮　叶轮是风机的心脏部分，它的尺寸和几何形状对风机的性能有着重大的影响。离心通风机的叶轮由前盘、后（中）盘、叶片和轮毂组成，一般采用焊接和铆接加工。叶轮前盘的形式有如图 12-24 所示的平前盘、圆锥前盘和圆弧前盘等几种。双吸离心通风机的叶轮是两侧各有一个相同的前盘，中间有一个铆接在轮毂上的中盘。

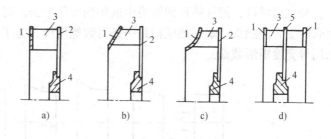

图 12-24　叶轮的结构型式
a）平前盘叶轮　b）圆锥前盘叶轮　c）圆弧前盘叶轮
d）具有中盘的叶轮
1—前盘　2—后盘　3—叶片　4—轮毂　5—中盘

叶片是叶轮的主要零件。离心通风机叶轮的叶片一般有 6~80 多片。根据叶片出口安装角的不同，可分为前弯叶片、后弯叶片和径向叶片三种形式，如图 12-25 所示。因为后弯叶轮的全压中静压能头比例较大，阻力损失小，效率较高，故绝大多数风机都采用后弯型叶轮。

离心通风机的叶片形状种类很多，大至可分为平板形，圆弧形和中空机翼形等几种，如

图 12-26 所示。平板形叶片制造简单，但流动损失较大，风机效率较低。中空机翼形叶片具

有优良的空气动力性能，叶片强
度高，风机的气动效率一般较
高。如果将中空机翼叶片的内部
加上加强筋，可以提高叶片强度
和刚度，但工艺复杂。中空机翼
形叶片磨漏后，杂质易进入叶片
内部，使叶轮失去平衡而产生振
动。后弯叶轮中，对于大型通风
机多采用机翼形叶片。前弯叶轮
一般采用圆弧形叶片，特别是采
用圆弧形多叶片前弯叶轮的风机

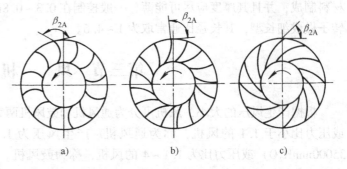

图 12-25　前弯、径向和后弯叶轮示意图
a) 前弯叶轮　b) 径向叶轮　c) 后弯叶轮

在同样性能参数下尺寸最小，且噪声低，很适宜于空调通风，或用于风量大而风压低的场
合。

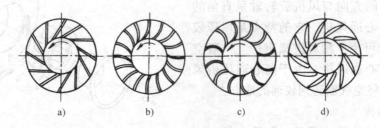

图 12-26　叶片形状
a) 平板形叶片　b) 圆弧形窄叶片　c) 圆弧形叶片　d) 机翼形叶片

（2）机壳　离心通风机的机壳由蜗壳、进风口和蜗舌等零部件组成。蜗壳是由蜗板和
左右两块侧板焊接成咬口而成。蜗壳的作用是收集从叶轮出来的气体，并引导到蜗壳的出
口，经过出风口，把气体送到管道中或排到大气中去。有的风机将气体的一部分动能头通过
蜗壳转变为静能头。蜗壳的蜗板是一条对数螺旋线，为了制造方便，离心通风机的蜗壳普遍
采用等宽度矩形截面。

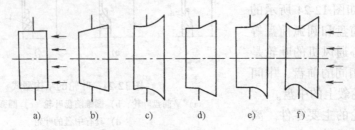

图 12-27　不同形式的进风口
a) 圆筒形　b) 圆锥形　c) 弧形　d) 锥筒形　e) 弧筒形　f) 弧锥形

进风口又称集流器，它的作用是保证气流均匀地充满叶轮进口，减小流动损失和降低进
口涡流噪声。离心通风机的进风口有圆筒形、圆锥形、弧形、锥筒形和弧锥形等多种，如图

12-27 所示。从流动方面比较，可以认为锥形比筒形好，弧形比锥形好，组合型比非组合型好。采用弧形进风口的涡流区最小。目前在大型离心通风机上多采用弧形或弧锥形进风口，中小型离心通风机多采用弧形进风口，以提高风机效率和降低噪声。

离心通风机蜗壳出风口的安装位置，按叶轮旋转方向，并根据安装角度的不同各规定了八种基本位置（从原动机方向看），如图 12-28 所示。当不能满足使用要求时，则允许采用以下补充角度：15°、30°、60°、75°、105°、120°、150°、165°、195°、210°。

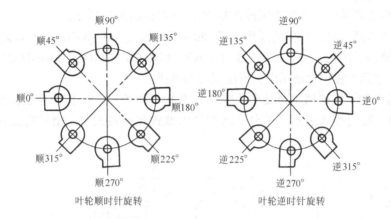

图 12-28　出风口位置角度示意图

为了减小气流在机壳内的涡流损失，可在进风口上附装一扩压环，起稳压作用。离心通风机蜗壳出口附近设有蜗舌，其作用是防止部分气体在蜗壳内循环流动。

（3）传动方式与旋转方向　根据使用情况不同，离心通风机的传动方式也有多种。如果风机的转速与电动机转速相同，对于机体较大的风机可以采用联轴器，将风机和电动机直联，这样可以使结构简化紧凑，减小机组尺寸；对于机体较小，转子较轻的风机可将叶轮直接装在电动机轴上，使结构更加紧凑。如果离心通风机的转速与电动机的转速不同，则可以采用带轮传动方式。目前，离心通风机的传动方式有六种，其型式及代号如图 12-29 所示。A 型为通风机叶轮直接装在电动机轴上；B 型为叶轮悬臂安装，带轮在两轴承中间；C 型为带轮悬臂安装在轴的一端，叶轮悬臂安装在轴的另一端；D 型为叶轮悬臂安装，联轴器直联传动；E 型为带轮悬臂安装，叶轮安装在两轴承之间；F 型为叶轮安装在两轴承之间，联轴器直联传动。

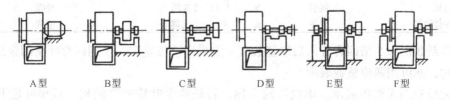

图 12-29　离心通风机的传动方式

离心通风机旋转方向是从电动机位置或主轴槽轮一端看叶轮旋转方向，分为顺时针旋转和逆时针旋转。但必须注意叶轮只能顺蜗壳螺旋线的展开方向旋转。

2. 工作原理

离心通风机的工作原理与离心泵相同，当电动机带动转轴上叶轮旋转时，叶片间的气流在离心力的作用下，由叶轮中心甩向边缘并获得动能和压力能。同时，叶轮中心所产生的负压区促使后续气流连续不断地进入风机。气流从叶轮流出后进入机壳，在机壳排出管的扩压作用下，将部分动能转变为压力能，最后送入排气管路或房间。

3. 分类和型号编制

（1）分类 离心通风机按所产生风压的高低不同可分为低、中、高压三种：

1）低压离心通风机，产生的风压在 980Pa（100mmH$_2$O）以下。

2）中压离心通风机，产生的风压介于 980～2940Pa（100～300mmH$_2$O）之间。

3）高压离心通风机，产生的风压介于 2940～14700Pa（300～1500mmH$_2$O）之间。

在制冷与空调工程中常使用中、低压离心通风机。

（2）型号编制 按通风机产品型号编制方法 JB/T8940—1999 标准规定，离心通风机系列产品的型号一般用型式表示，单台产品型号用型式和规格表示。型号组成的顺序关系如下：

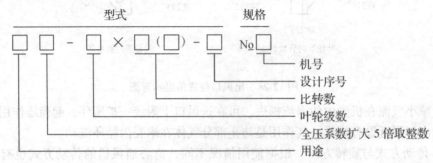

风机的用途以汉语拼音字头缩写来表示。一般用途的可以省略不写。常用风机用途汉语拼音代号见表 12-1 所示。

表 12-1 常用风机用途汉语拼音代号

用　途	代　号		用　途	代　号	
	汉　字	拼音简写		汉　字	拼音简写
1. 一般通用通风换气	通用	T（省略）	7. 纺织工业通风换气	纺织	FZ
2. 防爆气体通风换气	防爆	B	8. 船舶用通风换气	船通	CT
3. 排尘通风	排尘	C	9. 工业冷却水通风	冷却	L
4. 锅炉通风	锅通	G	10. 降温凉风用	凉风	LF
5. 锅炉引风	锅引	Y	11. 冷冻用	冷冻	LD
6. 矿井主体通风	矿井	K	12. 空气调节用	空调	KT

全压系数扩大 5 倍四舍五入后取整数，一般采用一位整数。个别前弯叶轮的全压系数大于 1.0 时，亦可用两位整数表示。

叶轮级数用正整数表示。单级叶轮不标，若是两个叶轮并联结构，或单叶轮双吸入结构，则用 2 表示。

比转数采用两位整数表示，若产品的型式中产生有重复代号或派生型时，则在比转数后加注序号，采用罗马数字 Ⅰ、Ⅱ 等表示。

设计序号用阿拉伯数字"1"、"2"等表示。供对该型产品有重大修改时用。若性能参数、外形尺寸、地基尺寸、易损件没有改动时，不应使用设计序号。

机号用风机叶轮外径的分米数表示，尾数四舍五入，数字前冠以"No"。

例1：4-72No20 表示意义为：该风机是一般通用通风换气离心通风机，全压系数为0.8，比转数为72，机号为20即叶轮直径约为2000mm。

例2：4-2×72No20 表示意义为：叶轮是双吸入型式，比转数为单吸叶轮的2倍，其他参数同例1。

在老标准中型号表示方法与上述方法有所不同，如4-72-11No10C顺90°，表示意义为：该风机是一般通用通风换气离心通风机；压力系数为0.4，比转数为72，风机进口吸入型式为单吸，第一次设计；风机机号为10号，即叶轮直径约为1000mm；风机用电动机带传动，且叶轮及带轮均悬臂支承；风机叶轮旋转方向从电动机一端看为顺时针；出风口位置为90°。

4. 常用离心通风机

离心通风机品种繁多，在制冷与空调行业中常用的有4-68型、4-72型、4-79型和11-62型等（均为老型号）。

4-72型风机系后弯式中低压离心通风机，它适用于舱室通风和空调系统。该风机风量 $Q = 1710 \sim 204000 \mathrm{m^3/h}$，风压 $p = 290 \sim 2550 \mathrm{Pa}$。它的主要特点是效率高、耗功小、运转平稳、噪声低。4-72型风机从 $2.8^{\#} \sim 20^{\#}$ 共有十一种机号。机号 $2.8^{\#} \sim 6^{\#}$ 号风机是由叶轮、机壳、进风口和电动机等组成，如图12-30所示。叶轮是由10片后弯式机翼型叶片、圆弧型前盘3和平板后盘5组成，需要经过静、动平衡，并与电动机轴7直接相连。$2.8^{\#} \sim 6^{\#}$ 机壳做成整体，不能拆开。弧形进风口1制成整体，装在风机的一侧，轴面投影截面

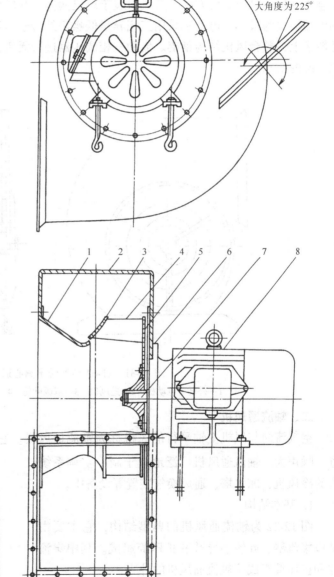

出风口可转动最大角度为225°

图12-30 4-72型 $2.8^{\#} \sim 6^{\#}$ 离心通风机

1—进风口 2—外壳 3—叶轮前盘 4—叶轮 5—叶轮后盘
6—电动机凸缘 7—电动机轴 8—电动机

呈曲线形状，能使气流平稳地进入叶轮。

11-62 型离心通风机是一种高效、低噪声变转速风机。适用于工业、民用公共建筑的一般通风换气，也可以为空调系统和空气净化设备配套使用。它的主要特点是效率高、噪声低、振动小、运转平稳、结构紧凑，采用可调的外转子电动机后，风量调节甚为方便。11-62 型风机从 $2.5^{\#} \sim 5^{\#}$ 共有 7 种机号，风量 $Q = 1600 \sim 12000\text{m}^3/\text{h}$，风压 $p = 200 \sim 740\text{Pa}$。其结构如图 12-31 所示，主要有双吸叶轮 3、机壳 4、进风口 2、和外转子电动机 1 等部件组成。双吸叶轮由 72 个前弯叶片与轮盘、轮盖铆接而成，并经动平衡校正。机壳采用钢板焊接整体结构、机组安装方便。进风口装于风机两侧，与轴向平行的截面，能使气体进入叶轮的流动损失为最小。电动机采用三相异步低噪声外转子电动机，叶轮中盘直接安装在电动机外转子上，整台风机结构紧凑。借助三相调压器进行无级调速，可满足空调系统和其他场合变工况的要求。

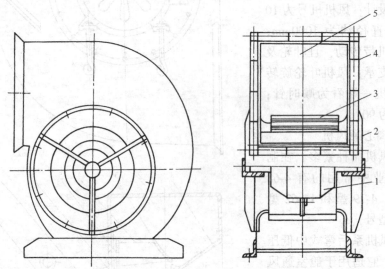

图 12-31 11-62 型外转子离心通风机

1—外转子电动机 2—进风口 3—双吸叶轮 4—机壳 5—出风口

二、轴流通风机

空气流向与风机主轴平行的风机称为轴流通风机。它的特点是风量大、风压小、耗电省、噪声大。轴流通风机广泛地应于制冷空调系统内的冷风机、凉水塔、通风换气装置等设备中。

1. 基本结构

图 12-32 为轴流通风机的典型结构，它主要由进口集流器、叶轮、导叶和扩压筒组成。其中集流器和扩压筒组成了轴流通风机的外壳。

轴流通风机较大的叶轮由叶片和轮毂组装在一起，较小的叶轮将叶片和轮毂铸成或焊接成一体。叶片可用等厚度钢板制成圆弧形，也可由钢板制成中空机翼形或铸成机翼形，通常多采用机翼形。大

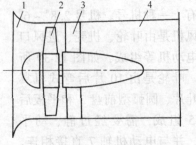

图 12-32 轴流通风机的典型结构

1—集流器 2—叶轮
3—导叶 4—扩压筒

型轴流通风机叶片的安装角是可以调整的，由此来改变风机的风量和风压。

　　轴流通风机的集流器与离心通风机集流器的作用相同。轴流通风机集流器外廓呈圆弧形，圆弧半径应大于叶轮外径的0.2倍。为了减少气流对叶轮轮毂的冲击损失，改善进气条件，减少噪声，最好在使用集流器的同时，再在叶轮前面设置一个流线型整流罩，并把电动机用流线罩罩起来。

　　轴流通风机的导叶分进口导叶和出口导叶两种。进口导叶主要作用是使气流进入叶轮前产生负预旋，从而使叶轮出口气流方向为轴向。出口导叶的作用是将叶轮出口气流动能的一部分转变为静压能。出口导叶出口气流方向为轴向或略带剩余的旋绕值。导叶可制成等厚度圆弧叶片，并沿高度不扭曲，以便制造。

　　为了使流出口导叶（或叶轮）的气流的部分动能转化为静压能，在轴流通风机尾部常装有出口扩压筒。扩压筒按芯筒形式分，有等直径、锥形、流线型等。扩压筒扩张角以6°~12°为宜。

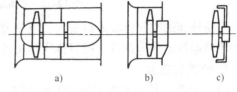

图12-33　轴流通风机按结构形式分类

a) 筒式　b) 简易筒式　c) 风扇式

　　轴流通风机按结构型式可分为筒式、简易筒式和风扇式三种。如图12-33所示。

　　由于气流在轴流通风机内近似沿轴向流动的，因此，轴流通风机在通风系统中往往成为通风管道的一部分，它既可以水平放置，也可垂直或倾斜地放置。

　　轴流通风机目前规定的传动方式有六种，如图12-34所示。A式为直联传动，叶轮装在电动机轴上；B式、C式为引出式带传动；D式为叶轮悬臂，联轴传动（有风筒）；E式为叶轮悬臂，联轴器传动（无风筒）；F式为叶轮悬臂，齿轮传动。

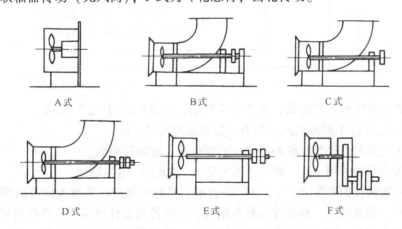

图12-34　轴流通风机传动方式简图

　　气流方向是用以区别吸气和排气方向，分别以"入"和"出"表示（一般也可不表示）。"入"——表示正对风口气流顺向流动；"出"——表示正对风口气流迎面流出。

　　风口位置分进风口和出风口两种，用"入"、"出"若干角度表示，如图12-35所示。

2. 工作原理

　　由于轴流通风机的叶片与转轴中心线有一定的螺旋角，当电动机带动叶轮在机壳内转动时，空气一边随叶轮转动，一边沿轴向推进。当空气被推出后，原来占有的位置形成局部低

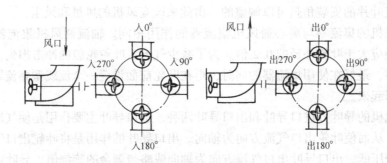

图 12-35　轴流通风机风口位置表示法

压，促使外面的空气由吸入口进入。空气通过叶轮压力增高后，从出口排出。由于气体在机壳中流动始终沿轴向进行，所以称为轴流通风机。

3. 分类和命名

（1）分类　按所产生风压的大小不同轴流通风机又分为低压和高压两种。

1）低压轴流通风机，产生的风压在 490Pa（50mmH$_2$O）以下；

2）高压轴流通风机，产生的风压介于 490～4900Pa（50～500mmH$_2$O）之间。

（2）型号编制　与离心通风机相似，轴流通风机系列产品的型号一般用型式表示，单台产品的型号用型式和规格表示。型号组成的顺序关系如下：

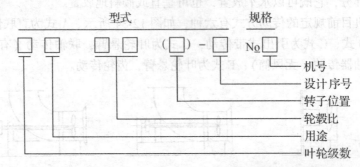

叶轮级数是指叶轮串联级数，单级可不表示，双级叶轮用"2"表示。

用途代号按表 12-1 规定表示，作为一般用途的可以省略。

轮毂比为轮毂的外径与叶轮外径之比的百分比，取两位整数。

转子位置代号卧式用"A"表示（可省略），立式用"B"表示。

设计序号用阿拉伯数字"1"、"2"等表示。供对该型产品有重大修改时用。若性能参数、外形尺寸、地基尺寸、易损件没有改动时，不应使用设计序号。若产品的型式中产生有重复代号或派生型时，则在设计序号前加注序号，采用罗马数字Ⅰ、Ⅱ等表示。

机号以叶轮直径的分米数表示，前面冠以"No"符号。

例3：K70No18　表示意义为：该风机是矿井用的轴流通风机，其轮毂比为 0.7，机号为 18 即叶轮直径为 1800mm。

例4：2K70No18　表示意义为：两级叶轮结构，其他参数同例 1。

4. 常用轴流通风机　在制冷与空调工程中常用的轴流通风机有 T40-11、FZ35-11 型等。

T40-11 型为一般轴流通风机。该风机风量为 546～48200m^3/h，风压为 32～474Pa，最高效率为 84%。T40-11 型风机按叶轮直径不同共分十种机号，每一种机号又可安装成 15°、

20°、25°、30°、35°等五种角度。风机均采用叶轮与电动机轴直联结构。有 2900、1450、960r/min 三种转速。叶轮以逆时针方向转动。图 12-36 为 T40 型轴流通风机的基本结构图。

FZ35-11 型为高效节能型轴流通风机，常用于纺织厂空调系统等。FZ35-11 型风机主要由叶轮、机壳、可调进口导叶、扩压筒等组成。其中可调进口导叶由 23 个叶片、气泵连杆及球心体等组成，轴向安装在主体风筒前，其调节范围为 0～40°。运转时可通过改变叶片角度，达到调节风压和风量的目的。图 12-37 为 FZ35-11 型轴流通风机的基本结构图。

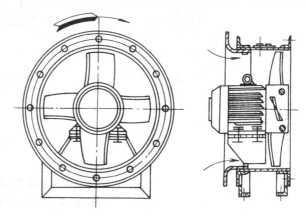

图 12-36　T40 型轴流通风机

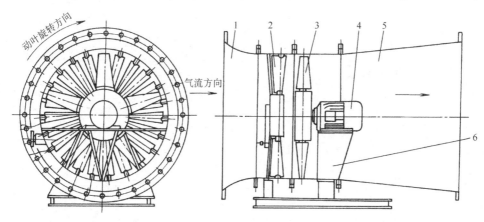

图 12-37　FZ35-11 型轴流通风机
1—吸入口　2—静叶可调机构　3—叶轮　4—电动机　5—扩压筒　6—机座

三、贯流通风机

1. 基本结构

贯流通风机与轴流式或离心通风机不同，是按另一种方式工作的风机。它由叶轮和机壳等组成，如图 12-38 所示。叶轮一般是多叶式前弯叶型，两个端面是封闭的，叶轮的宽度没有限制，根据需要确定，风量随叶轮的宽度加大而增加。叶轮的轴与电动机直接联接。叶片可用钢板、塑料、尼龙等材料制作。为了便于和建筑物装配，进风口和出风口常制成矩形。

2. 工作原理

贯流通风机是将机壳部分地敞开，使气流直接径向进入风机，气流横穿叶片两次。某些贯流通风机在叶轮边缘加设不动的导流叶片，以改善气流状态。

贯流通风机由于结构简单，具有薄而细长的出口截面，不必改变流动的方向等特点，使它适于装置在各种偏平形或长形的设备里。与其他风机相比，这种风机的动压较高，气流不

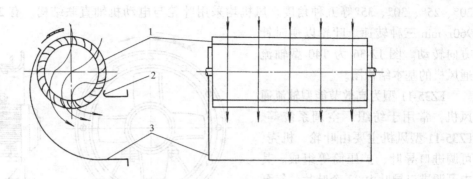

图 12-38 贯流通风机结构简图
1—叶轮　2—蜗舌　3—蜗壳

乱，可获得偏平而高速的气流，并且，气流到达的距离较长。贯流通风机的效率较低，一般为 35% ~ 60%，其噪声一般处于多翼离心通风机和轴流通风机之间。目前，贯流通风机广泛应用于低压通风换气、空调、车辆、家庭电器等设备上，以及制冷与空调房间的空气幕中。

参 考 文 献

1　章建发主编. 制冷机器. 北京：化学工业出版社，2000

2　缪道平，吴业正主编. 制冷压缩机. 北京：机械工业出版社，2001

3　朱立主编. 制冷压缩机. 北京：中国商业出版社，1997

4　张祉佑主编. 制冷空调设备使用维修手册. 北京：机械工业出版社，1998

5　缪道平主编. 活塞式制冷压缩机. 第2版，北京：机械工业出版社，1992

6　尉迟斌主编. 实用制冷与空调工程手册. 北京：机械工业出版社，2002

7　蒋能照. 余有水等编. 氟利昂制冷机. 上海：上海科学技术出版社，1983

8　张华俊编著. 制冷压缩机. 北京：科学出版社，1999

9　卜啸华主编. 制冷与空调技术问答. 北京：冶金工业出版社，机械工业出版社，2000

10　张金城主编. 简明制冷与空调工手册. 北京：机械工业出版社，1999

11　李松涛等编. 制冷原理与设备. 上海：上海科学技术出版社，1988

12　匡奕珍主编. 制冷压缩机. 北京：中国商业出版社，2001

13　魏龙. 冷冻机油对压缩式制冷系统的影响及选择. 压缩机技术，2001（6）

14　鱼剑琳，金立文. 无连杆往复压缩机的新发展. 压缩机技术，1996（3）

15　董天禄主编. 离心式/螺杆式制冷机组及应用. 北京：机械工业出版社，2002

16　郭庆堂主编. 简明空调用制冷设计手册. 北京：中国建筑工业出版社，1997

17　董天禄. 离心式和螺杆式制冷机组发展综述. 制冷技术，2001（4）

18　劳动和社会保障部教材办公室组织编写. 制冷空调工（中级）. 北京：中国劳动社会保障出版社，2001

19　韩宝琦，李树林主编. 制冷空调原理及应用. 北京：机械工业出版社，2002

20　张涵主编. 化工机器. 北京：化学工业出版社，2001

21　姜守忠主编. 制冷与空调设备. 北京：中国商业出版社，1997

22　屠大燕主编. 流体力学与流体机械. 北京：中国建筑工业出版社，1994

23　机械工业部编. 泵产品样本（上、下册）. 北京：机械工业出版社，1997

24　杨惠中、袁仲文、陆火庆编. 泵与风机. 上海：上海交通大学出版社，1992

25　沈阳鼓风机研究所，东北工学院流体机械教研室编著. 离心通风机. 北京：机械工业出版社，1984